高等学校教材

# Tanxing Lixue Jichu

# 弹性力学基础

刘润星　主编

人民交通出版社

## 内容提要

本书共分9章,其主要内容包括:绪论,应力状态分析,形变协调关系及物理方程,平面问题直角坐标解法,平面问题极坐标解法,空间问题求解及应用举例,能量法及其变分原理,薄板小挠度弯曲问题,有限单元法基础。

本书为高等学校土木工程类专业的专业基础课教材,也可供其他专业和有关工程技术人员学习参考。


图书在版编目(CIP)数据

弹性力学基础/刘润星主编.—北京:人民交通出版社,2009.5

ISBN 978-7-114-07816-3

Ⅰ.弹… Ⅱ.刘… Ⅲ.弹性力学 Ⅳ.0343

中国版本图书馆CIP数据核字(2009)第035069号

书　　名:弹性力学基础
著 作 者:刘润星
责任编辑:周往莲
出版发行:人民交通出版社
地　　址:(100011)北京市朝阳区安定门外外馆斜街3号
网　　址:http://www.ccpress.com.cn
销售电话:(010)59757969,59757973
总 经 销:人民交通出版社发行部
经　　销:各地新华书店
印　　刷:北京交通印务实业公司
开　　本:787×1092　1/16
印　　张:11.75
字　　数:298千
版　　次:2009年5月第1版
印　　次:2010年6月第2次印刷
书　　号:ISBN 978-7-114-07816-3
印　　数:1501~3000册
定　　价:25.00元

# 前言

弹性力学是理工科类专业的重要专业基础课,其内容逻辑严谨、计算推导严密,有较强的工程应用背景,是现代计算力学、实验力学和工程结构分析等学科的理论基础。由于它的系统性和理论性较强,而且对数学基础要求较高,对于普通本科专业(如土木工程专业)学生学习时有一定的难度。

编写本教材的目的,就是针对普通工科类专业本科生在掌握了理论力学、材料力学和结构力学等课程的基础上,初步掌握弹性力学的基本知识和基本的解算方法,为继续深入学习板壳理论、弹塑性理论、结构的有限元分析方法以及研究生学习打下坚实的基础。

根据编者多年的教学经验,教材着重于基础知识的理解和应用,强调基本概念、基本理论和解决问题的基本方法,注重联系工程实际。既强调理论内容的系统性、科学性,又着眼于解决实际问题的基本思路和方法。编写中力争吸取其他教材的优点,克服其缺点,在难度、深度和内容层次编排上进行了必要的改进,以适合普通本科生的学习。特别是一些较难、较深的理论,在教材中进行了必要的简单化,以便普通工科类专业学生在少学时的教学状况下学习时,易于理解和掌握基本知识、基本理论和解决问题的基本方法。

全书共9章,其中,绪论部分对弹性力学的研究对象、研究任务、基本假设和一些基本概念等做了必要的介绍和讲解;第2章和第3章是弹性力学的基础理论部分,着重讲解求解弹性力学问题的基本方程(平衡微分方程、几何方程和物理方程)和边界条件;第4章和第5章是弹性力学基础理论在平面问题求解中的应用,针对平面直角坐标系和极坐标系下的相对简单的问题,讲解了弹性力学理论求解方法的具体应用;第6章是弹性力学基础理论在空间问题求解中的应用,主要介绍了空间问题的理论求解方法和方法的具体应用;第7章主要讲解最小势能原理和位移变分法,以便为学生以后深入学习弹塑性理论和有限元方法打下必要的理论基础;第8章主要讲解了薄板小挠度弯曲问题的理论求解方法及其应用;第9章以弹性力学平面问题为主,结合弹性力学的基本量和求解方程的矩阵表示方法,以三节点三角形单元为例,介绍了有限单元法的基础理论和基本求解方法,以适当拓宽学生的知识视野。

为了加强实践性教学,并本着便于初学者掌握弹性力学的基本概念、理论和方法,结合工程类专业的特点,和适当拓宽的原则,教材中根据学习需要,选编了适量的和难度合适的例题、习题和思考题。

讲授课程的基本内容,如以平面问题为主,需要30~40课时;若包括空间问题、极小势能原理、薄板小挠度和有限元的问题等内容时,需要60~80课时。

本教材在编写过程中,吸收、引用了部分国内优秀弹性力学教材的观点、例题和习题。编者在此谨向这些文献的作者致以衷心的感谢。

本书在编写和出版过程中,得到了柴金义教授、李宏教授、张志国教授及赵志蒙、王智远等教师的大力支持和帮助,并提出了很多宝贵的意见。同时,教材在出版前的试用过程中,内蒙古大学交通学院04、05、06级土木工程专业学生也提出了大量宝贵的修订意见和建议,在此,编者向他们表示衷心的感谢。

尽管在几年的教学中发现和纠正了书中不少错误，但由于编者水平有限，疏漏之处在所难免，敬请读者提出宝贵意见，以便进一步修改与完善。

编　者

2009年2月

# 目　　录

# 第1章 绪 论

## §1-1 弹性力学的内容

### 1. 弹性力学的定义

弹性体力学或简称弹性力学，或称为弹性理论，是固体力学的一个重要的分支学科，主要研究固体由于受外力、边界约束或温度改变等因素作用下发生弹性变形时，应力、形变和位移的规律，从而为工程结构及其构件的强度、刚度和稳定性的设计提供理论依据。

弹性力学既是一门重要技术基础课，又是固体力学其他分支学科，如塑性力学、有限单元法、板壳力学、断裂力学、复合材料力学、试验力学等的基础，也是土建（桥梁、水利）、机械、航空等专业课程所必备的理论基础。近年来，弹性力学的研究方法也被用于生物力学和地质力学等边缘学科的研究中，拓展了它的应用范围。

### 2. 研究对象

弹性力学的研究对象是一般的弹性固体或非杆状的结构，例如短粗杆、板、壳、挡土墙、堤坝、地基等实体结构。对杆状构件作进一步的、较精确的分析，也要用到弹性力学。

### 3. 研究任务

弹性力学的任务是研究分析各种结构物或其构件在弹性阶段的应力和位移，校核它们的强度、刚度和稳定性，寻求其最优计算方法并加以改进。

### 4. 弹性力学与其他固体力学的区别

弹性力学课程的主要学习目的是使学生掌握分析弹性体应力和变形的基本方法，为今后进一步研究实际工程构件和结构的强度、刚度、可靠性、断裂和疲劳等固体力学问题建立必要的理论基础。

1）弹性力学与材料力学的区别

弹性力学与材料力学的研究内容和基本任务是基本相同的，研究对象也是近似的，而二者的研究方法却有比较大的差别。虽然研究问题的方法都是从静力平衡关系，变形协调和材料的物理性质三方面入手。但是材料力学的研究对象是杆件，且对杆件横截面的变形作了平面假定，综合分析的结果是问题求解的基本方程是常微分方程，对于常微分方程，数学求解是没有困难的。而弹性力学的研究对象是完全弹性体，如板等三维物体。问题分析只能从微分单元体入手，分析单元体的平衡、变形和应力—形变关系，因此，问题综合分析的结果是满足一定边界条件的偏微分方程，得出的结果是比较精确的，并且可用来校核材料力学里得出的近似解答。由于偏微分方程的边值问题，在数学上求解困难重重，除了少数特殊边界问题，一般弹性体问题很难得到解答。弹性力学分析没有平面假设，对研究对象同样要作必要的抽象和简化。

2）弹性力学与结构力学的区别

结构力学的研究对象为杆件结构，而弹性力学则不研究杆件结构。弹性力学吸收了结构力学中的超静定结构分析方法以后，大大扩展了它的应用范围，使得某些比较复杂的、本来是无法求解的问题，得到了解答。这些解答虽然在理论上具有一定的近似性，但应用在工程上，通常却是足够精确的。在20世纪50年代中叶发展起来的有限单元法中，把连续弹性体划分成有限大小的单元构件，然后用结构力学里的位移法、力法或混合法求解，更加显示了弹性力学与结构力学综合应用的良好效果。

总之，材料力学、结构力学和弹性力学这三门学科之间的界限不是很明显，更不是一成不变的。我们不应当强调它们之间的分工，而应当更多地发挥它们综合应用的作用，才能使它们更好地为我国的经济建设服务。

## §1-2 弹性力学的研究方法

弹性力学和其他固体力学的分支学科的研究方法都遵循这样的规律，即将具体的工程结构抽象、简化为力学模型，在此基础上，建立相应的数学模型，并寻找数学方程的求解方法，最后用实践检验其正确与可靠性。在解决具体工程问题时，为了突出问题的力学实质，需要把握主流变化规律，抓住其中的主要因素，引进必要的简化和假设，建立起一种用以代替研究对象的理想化的力学分析模型，即计算简图，进而建立本构关系和求解未知函数。

弹性体的应力、形变研究是对力学参量的量变、质变规律的研究，要依赖数学工具对力学模型相应建立起描述其变化规律的数学方程——即数学模型，从微分单元体分析入手，基本方程为偏微分方程。偏微分方程边值问题在数学上求解较困难，使得弹性力学的基本任务是研究弹性体由于外力荷载或者温度改变时物体内部所产生的位移、变形和应力分布等，为解决工程结构的强度、刚度和稳定性问题作准备，并不直接作强度和刚度分析。

求解弹性力学问题的方法归纳为以下三种。

### 1. 数学方法

数学方法包括常用的解析法和近似的数值解法。

解析法求解弹性力学问题，从本质上可以视为一个求解内部超静定问题，其求解可归纳为一个直接求解偏微分方程边值的问题，常用的方法为分离变量法，即运用力学概念设法分离变量，将偏微分方程组简化为常微分方程，另外还有级数解法、复变函数解法、积分变换等，其解答为封闭的精确解。解析法在数学上难度极大，仅适用于个别特殊边界条件问题，但它是其他方法的基础。

理论上讲，解析法可以求解任何形状弹性体的边值问题，但是由于问题的复杂性和它的基本方程（偏微分方程边值问题）从数学上求解的困难，使得解析方法的应用较困难，因而其理论（经典的解析方法）直接用于分析工程问题具有很大的局限性。因此，探讨近似解法是弹性力学发展中的特色，也有着重要意义。随着电子计算机的发展，有限差分法、有限单元法、边界单元法、变分法等各种有效的数值计算方法迅速发展起来，为弹性力学的发展和解决工程实际问题开辟了广阔的前景。

### 2. 实验法

即在弹性力学的理论基础上发展起来的光弹性力学方法、电测法等，为求解弹性力学问题提供了一种有效的途径。

3. 综合法

另外一种方法就是数学方法与实验方法相结合的方法。

## §1-3　弹性力学的基本假定

弹性力学分析中，必须根据已知物理量，通过静力平衡、几何变形和本构关系等，推导和确定基本未知量，即导出位移、应变和应力等与已知物理量的关系——基本求解方程。由于工程实际问题的复杂性是由多方面因素构成的，如果不分主次地考虑所有因素，问题是十分复杂的，数学推导将困难重重，实际上也不可能求解。

因此，必须按照所研究物体的性质以及求解问题的范围，在建立力学模型时，通常概括出决定固体材料弹性形变的本质因素，提出建立宏观形变基本规律的若干基本假定，略去一些影响很小的次要因素，使得在此基础上建立起来的力学计算模型既符合客观实际，又便于数学方法的有效处理，从而使所导出的本构方程的求解成为可能，使研究的问题限制在一个方便可行的范围之内。这对于弹性力学分析是十分必要的。

在今后的问题讨论中，如果没有特别的提示，均采用以下的弹性力学基本假设。

1. 连续性假设

假定物体是连续的，所谓连续性，是指整个物体的体积都被组成这个物体的材料或介质密实无间地填满，不留下任何空隙。这样，就可以认为无论是整个的弹性体或弹性体内部的任何一个单元体以及单元体界面之间，无论在加载之前或变形之后，构成弹性体的材料都是连续的。因此，可以认为物体内的一些物理量，例如应力、形变、位移等也是连续的，可以用位置坐标的连续函数表示它们的变化规律。

实际上，从微观的角度来看，一切物体都是微粒组成的，严格来说，都不符合上述假定。但是，从宏观上可以想见，只要微粒的尺寸以及相邻微粒之间的距离都比物体的尺寸小很多，那么，关于物体连续性的假设，就不会引起显著的误差，当然在宏观上所表现出来的性质是微观统计平均规律。

2. 均匀与各向同性假设

假定物体是均匀的，即整个物体是由同一材料组成的，各点处的材料的力学性质都相同，与各点的空间位置无关；如果物体内一点的各个方向上的材料的性质都相同，即物体的弹性在所有各个方向都相同，则称为各向同性。这样，整个物体的所有各部分才具有相同的弹性，因而物体的弹性才不随位置坐标和方向而变。如钢材的材料含有各向异性的晶体，但由于晶体很微小，而且是随机排列的，所以，钢材构件的弹性（包含无数多微小晶体随机排列时的微观弹性）大致是均匀的和各向相同的，而陶瓷可认为是均匀的和各向同性的。如果物体是由两种或两种以上的材料组成的，例如混凝土，那么，也只要每一种材料的颗粒远远小于物体而且在物体内均匀分布，这个物体就可以当作是均匀和各向同性的。但是竹、木等纤维材料以及现代的复合材料等，其力学性质随方向不同而有明显差异，即为各向异性材料。

3. 完全弹性假设

假定物体是完全弹性的。所谓弹性，指的是“物体在引起形变的外力消除以后能恢复原形”这一性质。所谓完全弹性，是指物体能完全恢复原形而没有任何残余形变。这样的物体在任一瞬时的形变就完全决定于它在这一瞬时所受的外力，与它过去的受力情况无关。

由材料力学已知：塑性材料物体，在应力未达到屈服极限以前，是近似的完全弹性体；脆性材料的物体，在应力未超过比例极限以前，也是近似的完全弹性体。在弹性力学中，这一假定还包含形变与引起形变的应力成正比的含义，即两者之间是有理想的线性关系的，这个线性关系完全服从胡克定律，并且弹性常数不随应力或形变的大小而变。应力与形变的线性关系服从胡可定律的材料，称为线弹性材料或线弹性体；另外一些材料（如橡胶、混凝土等）的应力与应变的关系为非线性的，则称为非线性弹性体。

凡是符合以上三个假定的物体，就称为**理想弹性体**。

材料的应力与应变关系称为**本构关系**，它表达的是材料在外力作用下抵抗变形的物理性能，因此又称为物理关系或者物理方程。本构关系满足完全弹性假设的材料模型包括线性弹性体和非线性弹性体。

线性弹性体是指荷载作用在一定范围内，应力和应变关系可以近似为线性关系的材料，外力卸载后，线性弹性体的变形可以完全恢复。线性弹性材料的本构关系就是物理学的胡克定理。在应力小于弹性极限条件下，低碳钢等金属材料是典型的线弹性材料。另外，一些有色金属和高分子材料等，材料在荷载作用下的应力应变关系不是线性的，但是卸载后物体的变形可以完全恢复，这种材料的性质可以简化为非线性弹性本构关系。



### 4. 小变形假设

假定物体受力以后，整个物体所有各点的位移都远远小于物体原来的尺寸，而且形变和转角都远小于1。这样，在建立物体变形以后的平衡方程时，就可以方便地用变形以前的尺寸来代替变形以后的尺寸，而不致引起显著的误差；并且，在考察物体的形变与位移的关系时，转角和应变的二次以上次幂或其乘积相对于其本身都可以略去不计。如，对于微小转角 $\alpha$，有 $\cos\alpha\approx1$，$\sin\alpha\approx\alpha$，$\tan\alpha\approx\alpha$；对于微小的正应变 $\varepsilon_x$，有 $1/(1+\varepsilon_x)\approx1$，等等。这样，弹性力学里的几何方程和平衡微分方程都简化为线性方程。在上述这些假定下，弹性力学问题都化为线性问题，从而可以应用叠加原理。本书中讨论的问题，都是理想弹性体的小变形问题。

### 5. 初始无应力、应变的假设

假定弹性体在未受荷载等因素作用之前处于一种无应力和应变的状态，称为“初始无应力、应变的状态”。实际弹性体内部都不可避免地存在着初应力和初应变，例如金属材料构件要经过冷轧、热处理、焊接等各种加工过程而成形，在受荷载作用之前其内部已经存在着加工过程中形成的初应力和初应变；此外由于结构物的制造和装配误差，也会使物体产生初应力和初应变。但这些初应力和初应变在建立弹性力学的计算模型时被看作是次要的因素，可不予考虑。实践证明，在弹性力学问题中，“初始无应力、应变的假设”是合理也是必要的。

## §1-4　弹性力学的基本概念

弹性力学中经常用到的基本概念：外力、应力、形变和位移。

### 1. 外力

来自弹性体外部的作用力或约束反力就是外力。根据作用的方式，将作用于物体的外力分为体积力、表面力,分别简称为体力和面力。

(1)体力,是指分布在物体整个体积内的外力,例如重力、惯性力、磁场中的磁力等,物体内各点所受体力一般是不相同的。

为了表明物体在某一点 $P$ 所受体力的大小和方向,在该点取包含 $P$ 点的物体内的微分体(即一小部分),它的体积为 $\Delta V$,如图 1-1a)。设作用于 $\Delta V$ 的体力为 $\Delta F$,则体力的平均集度为 $\Delta F/\Delta V$。如果把所取的微分体不断减小,即 $\Delta V$ 不断缩小,则 $\Delta F$ 和 $\Delta F/\Delta V$ 都将不断地改变大小、方向和作用点。命 $\Delta V$ 无限减小而趋于 $P$ 点,假定体力为连续分布,则 $\Delta F/\Delta V$ 将趋于一定的极限 $f$,即

$$\lim_{\Delta V \to 0} \frac{\Delta F}{\Delta V} = f$$

这个极限矢量 $f$ 就是该物体在 $P$ 点所受体力的集度。因为 $\Delta V$ 是标量,所以 $f$ 的方向就是 $\Delta F$ 的极限方向。矢量 $f$ 在坐标轴 $x$、$y$、$z$ 上的投影 $f_x$、$f_y$、$f_z$ 称为该物体在 $P$ 点的体力分量,以沿坐标轴正方向为正,沿坐标轴负方向为负。它们的量纲是 $L^{-2}MT^{-2}$ 或[力][长度]$^{-3}$。

(2)面力,是指分布在物体表面上的外力,例如液体压力、风力和物体之间的接触力等。物体表面上各点所受面力的情况一般是不相同的。

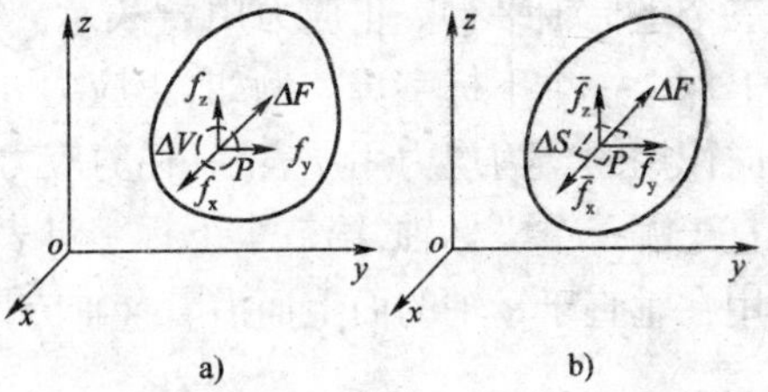


图 1-1　体力和面力

为了表明物体在表面上某一点 $P$ 所受面力的大小与方向,在该点取物体表面包含 $P$ 点的微分面积 $\Delta S$,如图 1-1b)。设作用于 $\Delta S$ 的面力为 $\Delta F$,则面力的平均集度为 $\Delta F/\Delta S$。命 $\Delta S$ 无限缩小而趋于 $P$ 点,假定面力为连续分布,则 $\Delta F/\Delta S$ 将趋于一定的极限 $\bar{f}$,即

$$\lim_{\Delta S \to 0} \frac{\Delta F}{\Delta S} = \bar{f}$$

这个极限矢量 $\bar{f}$ 就是物体在 $P$ 点所受的面力集度。因为 $\Delta S$ 是标量,所以 $\bar{f}$ 的方向就是 $\Delta F$ 的极限方向。矢量 $\bar{f}$ 在坐标轴 $x$、$y$、$z$ 上的投影 $\bar{f}_x$、$\bar{f}_y$、$\bar{f}_z$,称为该物体在 $P$ 点的面力分量,以沿坐标轴正方向为正,沿坐标轴负方向为负。它们的量纲为 $L^{-1}MT^{-2}$ 或[力][长度]$^{-2}$。

因为弹性力学的研究对象是在外力作用下处于平衡时的任意弹性变形固体,所以,作用在弹性体上的外力通常是已知的。

## 2. 内力

在外力等因素作用下,物体内部或不同部分之间将产生相互作用,即产生"附加的内部抵抗力",简称为内力。与材料力学相同,确定内力的方法是截面法。为讨论弹性体的强度,将单位面积的内力,即内力的集度定义为应力。

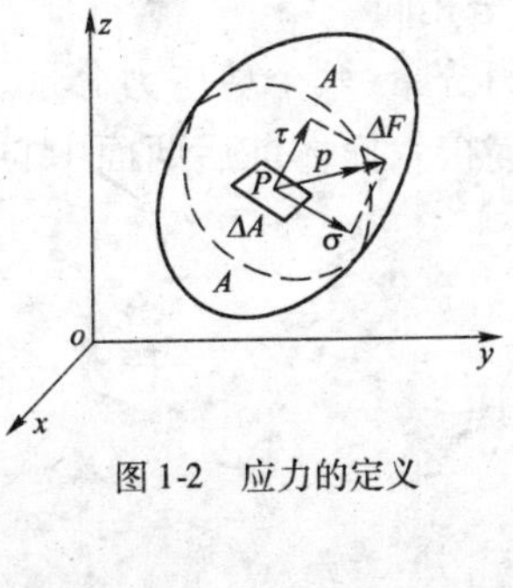


图 1-2　应力的定义

如图 1-2,设任意形状的物体在外力等因素作用下处于平衡状态,假设用经过 $P$ 点的一个截面 $mn$,将该物体分为 $A$ 和 $B$ 两部分,而将 $B$ 部分移去,移去的部分 $B$ 将在截面 $mn$ 上对留下的部分 $A$ 作用一定的内力。在截面 $mn$ 上取包含 $P$ 点的微分面积 $\Delta A$。设作用于 $\Delta A$ 上的内力为 $\Delta F$,则内力的平均集度,即平均应力为 $\Delta F/\Delta A$。命 $\Delta A$ 无限缩小而趋于 $P$ 点,假定内力连续分布,则 $\Delta F/\Delta A$ 将趋于一定的极限 $p$,即

$$\lim_{\Delta A \to 0} \frac{\Delta F}{\Delta A} = p$$

这个极限矢量 $p$ 就是物体在截面 $mn$ 上的 $P$ 点的应力。因为 $\Delta A$ 是标量，所以应力 $p$ 的方向就是 $\Delta F$ 的极限方向。

可见，凡是应力均必须说明是物体内哪一点，并且通过该点哪一个微分面的应力。

应力及其分量的量纲是 $L^{-1}MT^{-2}$ 或[力][长度]$^{-2}$。

对于应力，除了在推导某些公式的过程中以外，通常都用它沿坐标轴方向的分量，因为这些分量与物体的形变或材料强度都没有直接的关系。与物体的形变和材料强度直接相关的，是应力在其作用截面的法线方向及切线方向的分量，也就是正应力 $\sigma$ 及剪应力 $\tau$。

可见，经过物体内的同一点 $P$ 的不同截面上的应力是不同的。为了分析这一点的应力状态，在这一点从物体内取出一个微小的正平行六面体，即单元体，如图 1-3a)所示，它的棱边分别平行于三个坐标轴，而长度为 $PA = \mathrm{d}x$、$PB = \mathrm{d}y$、$PC = \mathrm{d}z$，如图 1-3b)。假定单元体各截面上的应力是均匀分布的，并将每一面上的应力矢量分解为一个正应力和两个剪应力，它们分别与三个坐标轴平行。正应力用 $\sigma$ 表示。为了表明这个正应力的作用面和作用方向，在正应力 $\sigma$ 上加上一个下标字母。例如，正应力 $\sigma_x$ 是作用在垂直于 $x$ 轴的面上，同时也是沿着 $x$ 轴的方向作用的。剪应力用 $\tau$ 表示，在剪应力 $\tau$ 上加上两个下标字母，第一个下标字母表明作用面垂直于哪一个坐标轴，第二个下标字母表明作用方向沿着哪一个坐标轴。例如，剪应力 $\tau_{xy}$，是作用在垂直于 $x$ 轴的面上而沿着 $y$ 轴方向作用的。



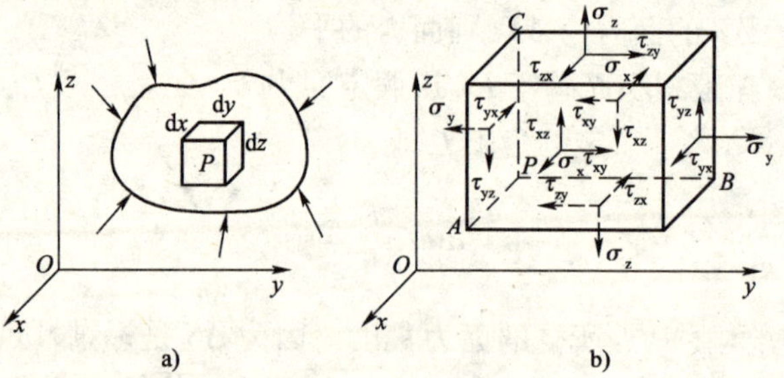


图 1-3　微分单元体及一点的应力状态

对应力分量的正负号具体规定为：

(1)如果某单元体截面的外法线是沿着坐标轴的正方向，则这个截面就称为一个正面，正面上的应力分量以沿坐标轴正方向为正，沿坐标轴负方向为负。

(2)如果某一个截面的外法线是沿着坐标轴的负方向，则这个截面就称为一个负面，负面上的应力分量以沿坐标轴负方向为正，沿坐标轴正方向为负。图 1-3b)所示的应力分量全都是按正方向画出的。

注意，虽然上述正负号的规定，对于正应力来说，和材料力学中的规定相同(拉应力为正而压应力为负)，但是，对于剪应力来说，却和材料力学中的规定不完全相同。

可见，在物体内任意点 $P$ 处的应力分量有九个，其中，三个正应力分量、六个剪应力分量。六个剪应力分量之间具有一定的互等关系。例如，以与 $x$ 轴平行的连接六面体前后两面中心的直线 $ab$ 为矩轴，列出力矩平衡方程 $\sum M_x = 0$，得

$$2(\tau_{yz}\mathrm{d}z\mathrm{d}x)\mathrm{d}y/2 - 2(\tau_{zy}\mathrm{d}y\mathrm{d}x)\mathrm{d}z/2 = 0$$

同理，可以列出 $\sum M_y = 0$ 和 $\sum M_z = 0$，简化以后，得出

$$\tau_{zy} = \tau_{yz} \qquad \tau_{zx} = \tau_{xz} \qquad \tau_{xy} = \tau_{yx}$$

这就证明了剪应力互等定理:作用在两个互相垂直的面上并且垂直于该两面交线的剪应力是互等的(大小相等,正负号也相同)。因此,剪应力记号的两个下标字母可以对调。

在这里,我们没有考虑应力由于位置不同而应有的改变,也就是把六面体中的应力当作均匀应力,而且也没有考虑体力的作用。但要注意,即使考虑到应力的变化和体力的作用,仍然可以推导出剪应力的互等性。

附带指出,如果采用材料力学中的正负号规定,则剪应力的互等性将表示成为 $\tau_{zy}=-\tau_{yz}$、$\tau_{zx}=-\tau_{xz}$、$\tau_{xy}=-\tau_{yx}$,显然,不如采用上述规定来得简单。但必须明确,在利用莫尔圆(应力圆)时,就必须采用材料力学中的规定。

### 3. 形变

形变就是形状的改变。物体的形状总可以用它各部分的长度和角度来表示。因此,物体的形变总可以归结为长度的改变和角度的改变。

为了分析物体在其某一点的形变状态,在这一点沿着坐标轴的正方向取三个微小的线段 $PA$、$PB$、$PC$,如图 1-3b)。物体变形以后,这三个线段的长度以及它们之间的直角一般都将有所改变。

(1)各线段的每单位长度的伸缩,即单位伸缩或相对伸缩,称为线应变,亦称正应变,用字母 $\varepsilon$ 表示。$\varepsilon_x$ 表示 $x$ 方向的线段 $PA$ 的线应变,其余类推。线应变以伸长时为正,缩短时为负,与正应力的正负号规定相一致。

(2)各线段之间的直角的改变,用弧度表示,称为切应变。用字母 $\gamma$ 表示。$\gamma_{yz}$ 表示 $y$ 与 $z$ 两方向的线段(即 $PB$ 与 $PC$)之间的直角的改变,其余类推。切应变以使直角变小时为正,变大时为负,与剪应力的正负号规定相一致。

线应变和切应变都是量纲为 1 的量,或无量纲的量。

### 4. 位移

位移是指位置的移动。物体内任意一点 $P$ 的位移,用它在 $x$、$y$、$z$ 三轴上的投影 $u$、$v$、$w$ 来表示,以沿坐标轴正方向为正,沿坐标轴负方向为负。这三个投影称为该点的位移分量。位移分量的量纲是 $L$ 或[长度]。

一般而论,弹性体内任意一点的体力分量、面力分量、应力分量、形变分量和位移分量,都是随着该点的位置而变的,因而都是位置坐标的函数。

## 思考题与习题

1-1　举例说明什么是均匀的各向异性体、非均匀的各向同性体、非均匀的各向异性体。

1-2　一般的混凝土构件和钢筋混凝土构件能否作为理想弹性体?一般的岩质地基和土基能否作为理想的弹性体?

1-3　各基本假设在弹性力学解决问题中有何用途?

1-4　应力和面力的符号规定有何异同?试分别画出单元体上正面和负面上的正的应力和正的面力的方向。

1-5　比较弹性力学和材料力学中关于剪应力的符号规定。

1-6　什么是形变与位移?其正负号是如何规定的?

1-7　试举例说明正的应力对应于正的形变。

1-8　选择题

(1)关于弹性力学的正确认识是________。

A. 计算力学在工程结构设计中的作用日益重要;

B. 弹性力学从微分单元体入手分析弹性体,因此与材料力学不同,不需要对问题作任何假设;

C. 任何弹性变形材料都是弹性力学的研究对象;

D. 弹性力学理论像材料力学一样,可以没有困难地应用于工程结构分析。

(2)弹性力学与材料力学的主要不同之处在于________。

A. 任务;

B. 研究对象;

C. 研究方法;

D. 基本假设。

(3)所谓"完全弹性体"是指________。

A. 材料应力应变关系满足胡克定律;

B. 材料的应力应变关系与加载时间历史无关;

C. 本构关系为非线性弹性关系;

D. 应力应变关系满足线性弹性关系。

# 第2章　应力状态分析

弹性力学理论的基本方程是从静力学、几何学和物理学三个方面出发建立的。本章从微分体的静力平衡条件方面入手，建立弹性体的平衡微分方程；分析一点的应力状态，建立应力边界条件和位移边界条件。这两类方程均与材料性质无关，属于普遍通用方程。

## §2-1　平衡微分方程

严格来说，所有工程问题在力学求解时都属于三维空间问题，即所有的力学行为都是在空间内发生的。但是，在一些工程问题中，结构的形状、约束和受力特点情况都具有一定的特点，经过适当的简化和抽象化处理，可以转化为"平面问题"，即所有的力学行为可以看作是在二维平面内发生的，这样不但可使计算工作大为简化，同时，解答的精度能满足工程需要。下面从弹性体内一点的平衡状况入手，通过平衡条件导出平衡微分方程。

### 1. 平面问题的平衡微分方程

平衡微分方程是从静力学方面出发，在平面问题的弹性体内取出微分正六面体，根据其平衡条件导出应力分量与体力分量之间的关系，即平面问题的平衡微分方程。

弹性体在外力作用下产生变形，最后达到平衡位置。而平衡不仅是指整个物体，而且弹性体的任何部分或一点也是平衡的。

如图2-1所示的从平面问题的弹性体中取出的微分正六面体，它在 $x$、$y$ 方向的尺寸分别为 $dx$、$dy$，为了计算方便，在 $z$ 方向的尺寸取为1个单位长度。

另外，应力分量是位置坐标 $x$ 和 $y$ 的函数，作用于左右两面或上下两面的应力分量具有微小的差量。例如，作用于左面的正应力为 $\sigma_x$，由于在右面的 $x$ 坐标发生了 $dx$ 改变量，于是作用于右面的正应力将是 $\sigma_x+\frac{\partial\sigma_x}{\partial x}dx+\frac{1}{2}\frac{\partial^2\sigma_x}{\partial x^2}dx^2+\cdots$，略去二阶及以上的微量后，则右面的正应力是 $\sigma_x+\frac{\partial\sigma_x}{\partial x}dx$。同理，对其他面上应力作同样的处理，如图2-1所示。

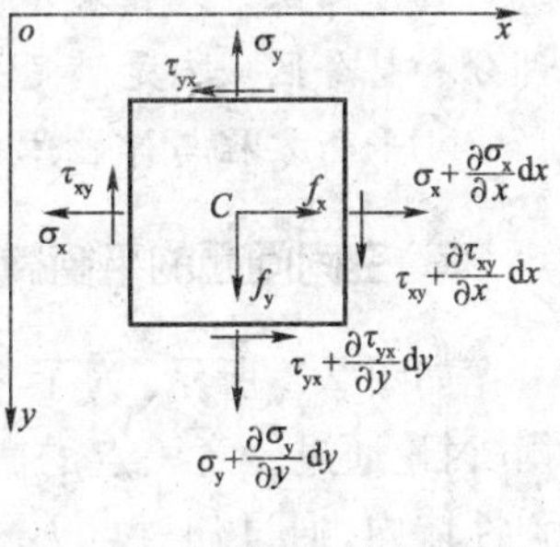


图2-1　平面问题微分体应力分量

因为六面体是微分体，所以，它在各面上所受的应力可认为是均匀分布的，并作用在对应面的中心；微分六面体上所受的体力，也可看作是均匀分布的，作用在单元体的体积中心。

(1)从力矩平衡方程（对六面体形心取矩）可以导出剪应力互等定理，即

$$\sum M_c=0$$

$$\left(\tau_{xy}+\frac{\partial\tau_{xy}}{\partial x}dx\right)dy\times1\times dx/2+\tau_{xy}dy\times1\times dx/2-\left(\tau_{yx}+\frac{\partial\tau_{xy}}{\partial x}dy\right)dx\times$$

$$1\times dy/2+\tau_{yx}dx\times1\times dy/2=0$$

注：在建立这一方程时，我们用了小变形假设，即用了弹性体变形以前的尺寸，而没有用平衡状态下的、变形后的尺寸。以后建立任何平衡方程时均作同样的处理，不再加以说明。

将上式整理后得

$$\tau_{xy}+\frac{1}{2}\frac{\partial\tau_{xy}}{\partial x}dx=\tau_{yx}+\frac{1}{2}\frac{\partial\tau_{yx}}{\partial x}dy$$

略去微量不计，得出

$$\tau_{xy}=\tau_{yx} \tag{2-1}$$

（2）以 $x$ 轴为投影轴，列出力的投影平衡方程 $\sum F_x=0$，得

$$\left(\sigma_x+\frac{\partial\sigma_x}{\partial x}dx\right)dy\times1-\sigma_x dy\times1+\left(\tau_{yx}+\frac{\partial\tau_{yx}}{\partial y}+dy\right)dx\times1-\tau_{yx}dx\times1+f_x dxdy\times1=0$$

对上式整理以后得

$$\frac{\partial\sigma_x}{\partial x}+\frac{\partial\tau_{yx}}{\partial y}+f_x=0$$

同理，由平衡方程 $\sum F_y=0$ 得到另一个相似的方程。于是得出平面问题中应力分量和体力分量之间的关系式，即平面问题中的平衡微分方程。

$$\left.\begin{aligned}\frac{\partial\sigma_x}{\partial x}+\frac{\partial\tau_{yx}}{\partial y}+f_x=0\\ \frac{\partial\sigma_y}{\partial y}+\frac{\partial\tau_{xy}}{\partial x}+f_y=0\end{aligned}\right\} \tag{2-2}$$

这两个微分方程中包含着三个独立的未知函数 $\sigma_x$、$\sigma_y$、$\tau_{xy}=\tau_{yx}$，因此，确定应力分量的问题是**超静定**的，而且必须考虑变形和位移等关系，才能解决问题。

平衡微分方程描述弹性体内部任意一点的平衡，确立了应力分量与体力之间的微分关系，是弹性力学的第一个基本方程，又称为纳维（Navier）方程。

注：①在讨论微分单元体平衡时，考虑到坐标的微小变化将导致应力分量的相应改变。即坐标有增量时，应力分量也有对应的增量。这个增量作为高阶小量，如果不涉及微分单元体平衡时是可以不考虑的。

②在六面体上，一般还有作用在前后两面的正应力，但由于他们自成平衡，完全不影响平面问题平衡方程的建立。

③平衡微分方程表示了区域内任意一点的微分体的平衡条件，从而必然保证任一有限大部分和整个区域内是满足平衡条件的。因此，这样考虑的静力学条件是严格和精确的。

④平衡方程与弹性体材料无关。

## 2．空间问题的平衡微分方程

如图 2-2 所示，为了考察弹性体内部的平衡，讨论通过任意一点的微分体单元的平衡，在弹性体内，通过任意点 $P$，用三组与坐标轴平行的平面截取一正六面体单元，单元体的棱边分别与 $x$、$y$、$z$ 轴平行，棱边长分别为 $dx$、$dy$、$dz$。

与平面问题相似，因为应力分量一般情况下是位置坐标的函数，故作用在六面体两对面的应

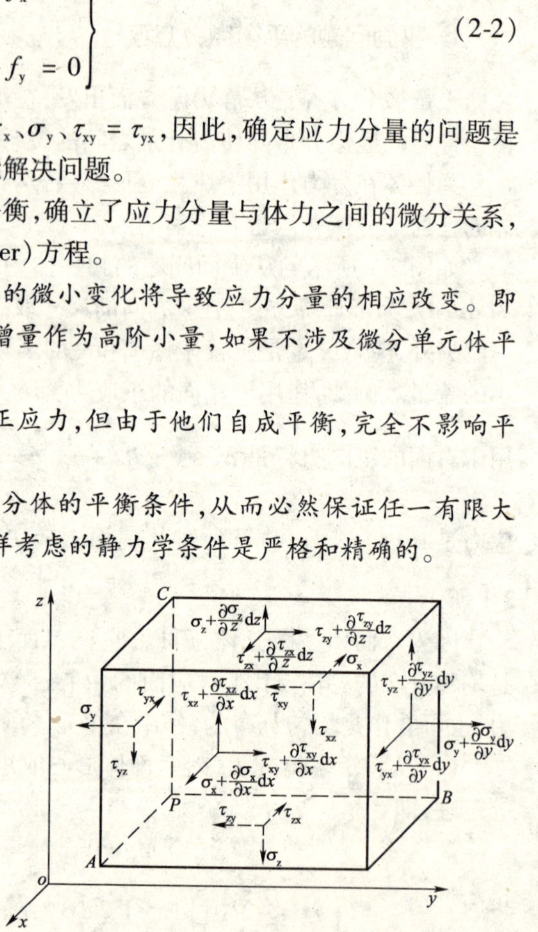


图 2-2　空间问题微分体应力分量

力分量不完全相同,而具有微小的差量。对在 $x$、$y$、$z$ 正、负面上的应力分量的处理方法同第1条所述的平面问题的处理方法完全一致,如图2-2所示。同样,由于所取六面体是微小的,因而可认为体力是均匀分布的,作用在它的体积中心;单元体各平面上的应力也是均匀分布的。

(1)以连接六面体前后两面中心的直线 $ab$ 为矩轴,列出力矩平衡方程 $\sum M_{ab}=0$,得

$$\left(\tau_{yz}+\frac{\partial\tau_{yz}}{\partial_y}dy\right)dzdx\times dy/2+\tau_{yz}dxdz\times dy/2-\left(\tau_{zy}+\frac{\partial\tau_{zy}}{\partial_z}dz\right)dxdy\times dz/2-\tau_{zy}dxdy\times dz/2=0$$

除以 $dxdydz$,合并相同的项,得

$$\tau_{yz}+\frac{1}{2}\frac{\partial\tau_{yz}}{\partial y}dy-\tau_{zy}-\frac{1}{2}\frac{\partial\tau_{zy}}{\partial z}dz=0$$

略去微量以后,得 $\tau_{yz}=\tau_{zy}$。同样,以连接左右两面和上下两面的中心直线为矩轴,列力矩平衡方程,可以求出 $\tau_{xz}=\tau_{zx}$ 和 $\tau_{xy}=\tau_{yx}$,即前面已经证明了的剪应力互等定理。

(2)以 $x$ 轴为投影轴,列出投影的平衡方程 $\sum F_x=0$,得

$$\left(\sigma_x+\frac{\partial\sigma_x}{\partial x}dx\right)dydz-\sigma_x dydz+\left(\tau_{yx}+\frac{\partial\tau_{yx}}{\partial y}dy\right)dzdx-\tau_{yx}dzdx+\left(\tau_{zx}+\frac{\partial\tau_{zx}}{\partial_z}dz\right)dxdy-$$

$$\tau_{zx}dxdy+f_x dxdydz=0$$

由其余两个平衡方程 $\sum F_y=0$ 和 $\sum F_z=0$,可以得出与上式相似的两个方程。将这三个方程约简以后,除以 $dxdydz$,得

$$\left.\begin{aligned}\frac{\partial\sigma_x}{\partial x}+\frac{\partial\tau_{xy}}{\partial y}+\frac{\partial\tau_{xz}}{\partial z}+f_x=0\\ \frac{\partial\tau_{yx}}{\partial x}+\frac{\partial\sigma_y}{\partial y}+\frac{\partial\tau_{yz}}{\partial z}+f_y=0\\ \frac{\partial\tau_{zx}}{\partial x}+\frac{\partial\tau_{zy}}{\partial y}+\frac{\partial\sigma_z}{\partial z}+f_z=0\end{aligned}\right\}\tag{2-3}$$

这就是空间问题的平衡方程,又叫纳维(Navier)方程。

注:弹性体在外力作用下会产生变形,最后达到平衡位置后,不仅整个物体是平衡的,而且在弹性体中的任何部分也都是平衡的。

由上述方程推导可见,剪应力是成对出现的,也就是说,空间弹性力学问题中的9个应力分量中仅有6个是独立的。同时,也可以看出,平面问题只是空间问题的特殊情形。

## §2-2 平面问题中一点的应力状态

过弹性体内一点所有截面的应力矢量的集合称为一点的**应力状态**。应力状态对于研究物体的强度是十分重要的。应力状态的确定,不仅可以描述物体内一点各个截面的应力变化规律,还可以由此推导出弹性体相应的应力边界条件。

### 1. 一点的应力状态

一点的应力不仅随着点的位置改变而变化,而且由于截面的法线方向不同,截面上的应力也不同。因此必须探讨一点任意截面应力之间的变化关系。应力分量能够描述一点的应力状

态，因此确定不同截面应力分量的变化规律，就可以确定应力状态。显然，作为弹性体内部一个确定点的各个截面的应力矢量，其应力状态必然存在一定的关系，为了准确地描述一点的应力状态，必须使用合理的应力参数。

假定已知弹性体内任意一点 $P$ 的坐标面上的应力分量为 $\sigma_x$、$\sigma_y$、$\tau_{xy}=\tau_{yx}$，如图2-3a）所示，试求出经过该点的、平行于 $z$ 轴而与 $x$ 轴和 $y$ 轴相倾斜的任何斜面上的应力。

1）任意斜截面上的应力

用截面法取如图2-3b）所示斜截面，$n$ 代表斜面 $AB$ 的外法线方向，其方向余弦为

$$\cos(n,x)=l \qquad \cos(n,y)=m$$

并用 $p_x$ 及 $p_y$ 代表斜面 $AB$ 上的全应力 $p$ 在 $x$ 轴及 $y$ 轴上的投影。

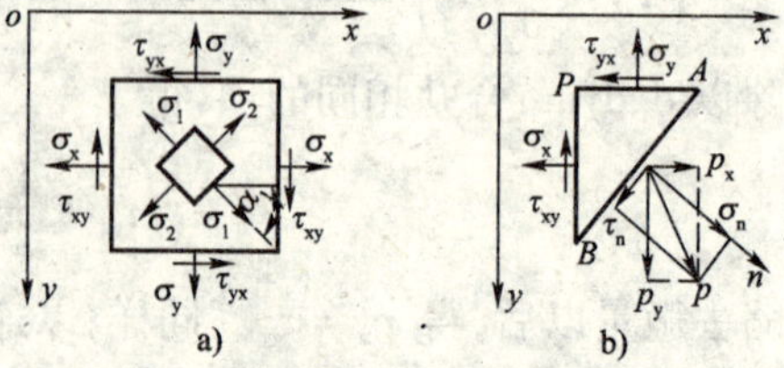

图2-3 平面问题一点的应力状态

设斜面 $AB$ 的长度为 ds，则 $PB$ 及 $PA$ 面的长度分别为 $l$ds 及 $m$ds，而 $PAB$ 的面积为 $l$ds$m$ds/2。垂直于图平面的尺寸取为1个单位长度。于是，由平衡条件 $\sum F_x=0$ 和 $\sum F_y=0$，得

$$p_x\mathrm{d}s-\sigma_x l\mathrm{d}s-\tau_{yx}m\mathrm{d}s+f_x\frac{l\mathrm{d}s\cdot m\mathrm{d}s}{2}=0$$

$$p_y\mathrm{d}s-\sigma_y m\mathrm{d}s-\tau_{xy}l\mathrm{d}s+f_y\frac{l\mathrm{d}s\cdot m\mathrm{d}s}{2}=0$$

其中，$f_x$、$f_y$ 为 $x$、$y$ 方向的体力分量。将上两式除以 ds，然后命 ds 趋于零（命斜面 $AB$ 趋于 $P$ 点），即得

$$p_x=l\sigma_x+m\tau_{yx} \qquad p_y=m\sigma_y+l\tau_{xy} \tag{2-4}$$

2）斜截面应力表达式

命斜面上的正应力为 $\sigma_n$，剪应力为 $\tau_n$，则由上面的 $p_x$ 和 $p_y$ 在正应力和剪应力方向的投影可得

$$\sigma_n=lp_x+mp_y \qquad \tau_n=lp_y-mp_x \tag{2-5}$$

将式（2-4）$p_x$ 和 $p_y$ 的表达式代入式（2-5），可以得出斜面 $AB$ 上正应力和剪应力的表达式：

$$\sigma_n=l^2\sigma_x+m^2\sigma_y+2ml\tau_{xy} \quad \tau_n=lm(\sigma_y-\sigma_x)+(l^2-m^2)\tau_{xy} \tag{2-6}$$

注：如果已知 $P$ 点处的应力分量 $\sigma_x$、$\sigma_y$、$\tau_{xy}$，就可以求得经过 $P$ 点的任一斜截面上的正应力 $\sigma_n$ 和剪应力 $\tau_n$。

3）主应力、应力主面与应力主向

（1）主应力、应力主向定义　如经过 $P$ 点的某一斜截面上的剪应力等于零，则该斜面上的正应力称为在 $P$ 点的一个**主应力**，而该斜截面称为在 $P$ 点的一个**应力主面**，该斜截面的法线方向（即主应力方向）称为在 $P$ 点的一个**应力主向**。

（2）主应力公式推导　因在某一应力主面上的剪应力全为零，则全应力等于该面上的正应力，也就等于主应力 $\sigma$，由式（2-4）可知该面上的全应力在坐标轴上的投影：$p_x=l\sigma$、$p_y=m\sigma$，将式（2-4）代入，即

$$l\sigma=p_x=l\sigma_x+m\tau_{xy}$$
$$m\sigma=p_y=m\sigma_y+l\tau_{xy}$$

由上两式分别可以解出

$$\frac{m}{l}=\frac{\sigma-\sigma_x}{\tau_{xy}} \qquad \frac{m}{l}=\frac{\tau_{xy}}{\sigma-\sigma_y} \tag{2-7}$$

由于上两式等号左边都是 $m/l$,因而它们的等号右边也应该相等,可得

$$\sigma^2-(\sigma_x+\sigma_y)\sigma+(\sigma_x\sigma_y-\tau_{xy}^2)=0$$

由上式可求得两个主应力为:

$$\left.\begin{matrix}\sigma_1\\ \sigma_3\end{matrix}\right\}=\frac{\sigma_x+\sigma_y}{2}\pm\sqrt{\left(\frac{\sigma_x-\sigma_y}{2}\right)^2+\tau_{xy}^2} \tag{2-8}$$

由于根号内的数值总是正的,故 $\sigma_1$ 和 $\sigma_3$ 这两个根都是实根,且 $\sigma_1\geqslant\sigma_3$。由上可知:

$$\sigma_1+\sigma_3=\sigma_x+\sigma_y \tag{2-9}$$

(3)应力主向以及 $\sigma_1$ 和 $\sigma_3$ 的方位关系　设 $\sigma_1$ 与 $x$ 轴的夹角为 $\alpha_1$,由图 2-3a)有 $\tan\alpha_1=\frac{\sin\alpha_1}{\cos\alpha_1}=\frac{\cos(90°-\alpha_1)}{\cos\alpha_1}=\frac{m_1}{l_1}$,由 $\frac{m}{l}=\frac{\sigma-\sigma_x}{\tau_{xy}}$,可得

$$\tan\alpha_1=\frac{m_1}{l_1}=\frac{\sigma_1-\sigma_x}{\tau_{xy}} \tag{2-10}$$

设 $\sigma_3$ 与 $x$ 轴的夹角为 $\alpha_3$,由图 2-3a)有 $\tan\alpha_3=\frac{\sin\alpha_3}{\cos\alpha_3}=\frac{\cos(90°-\alpha_3)}{\cos\alpha_3}=\frac{m_3}{l_3}$,由 $\frac{m}{l}=\frac{\tau_{xy}}{\sigma-\sigma_y}$

得 $\tan\alpha_3=\frac{m_3}{l_3}=\frac{\tau_{xy}}{\sigma_3-\sigma_y}$,又因为 $-(\sigma_1-\sigma_x)=\sigma_3-\sigma_y$,所以有

$$\tan\alpha_3=\frac{m_3}{m_1}=-\frac{\tau_{xy}}{\sigma_1-\sigma_x} \tag{2-11}$$

由式(2-10)和式(2-11),可得

$$\tan\alpha_1\tan\alpha_3=-1$$

说明主应力 $\sigma_1$ 的方向与主应力 $\sigma_3$ 的方向互相垂直,如图 2-3a)所示。

(4)最大正应力与最小正应力　为了简便起见,将 $x$ 轴和 $y$ 轴分别放在 $\sigma_1$ 和 $\sigma_3$ 的方向,于是有

$$\tau_{xy}=0 \qquad \sigma_x=\sigma_1 \qquad \sigma_y=\sigma_3 \tag{2-12}$$

由式(2-6)的第一式及式(2-12)可求出最大与最小正应力,即

$$\sigma_n=l^2\sigma_1+m^2\sigma_3$$

利用关系式 $l^2+m^2=1$ 消去 $m^2$,得

$$\sigma_n=l^2\sigma_1+(1-l^2)\sigma_3=l^2(\sigma_1-\sigma_3)+\sigma_3$$

因为 $l^2$ 的最大值为 1,而最小值为 0,所以 $\sigma_n$ 的最大值为 $\sigma_1$,最小值为 $\sigma_3$。也就是说,两个主应力也就是最大正应力与最小正应力。

**2. 最大剪应力、最小剪应力及其作用面**

同样,将 $x$ 轴和 $y$ 轴分别放在 $\sigma_1$ 和 $\sigma_3$ 的方向,按式(2-6)第二式及式(2-12),得任一斜面上的剪应力为 $lm(\sigma_3-\sigma_1)$,用关系式 $l^2+m^2=1$ 消去上式中的 $m^2$,得

$$\tau_n=\pm l\sqrt{1-l^2}(\sigma_3-\sigma_1)=\pm\sqrt{l^2-l^4}(\sigma_3-\sigma_1)$$

由上式可知,当 $\frac{1}{2}-l^2=0$ 时,$\tau_n$ 为最大或最小,于是得 $l=\pm\sqrt{\frac{1}{2}}$,而此时最大与最小的剪应力为 $\pm\frac{\sigma_1-\sigma_3}{2}$,发生在与 $x$ 轴及 $y$ 轴(即应力主向)成45°的斜面上。

# §2-3　空间问题中一点的应力状态

## 1. 一点的应力状态

假定物体在任意一点 $P$ 的 6 个直角坐标面上的应力分量 $\sigma_x$、$\sigma_y$、$\sigma_z$、$\tau_{xy}=\tau_{yx}$、$\tau_{xz}=\tau_{zx}$、$\tau_{yz}=\tau_{zy}$均为已知,如图 1-3 所示,现在,要确定经过 $P$ 点的任意一斜面上的应力。可围绕 $P$ 点用平行坐标轴的三对平面截取一微分单元体,再过此单元取一个与 $P$ 点相距为无穷小的任意斜截面 $ABC$,斜面与经过 $P$ 点而平行于坐标面的三个平面形成一个微分四面体 $PABC$,如图 2-4 所示。当四面体 $PABC$ 无限减小而趋于 $P$ 点时,平面 $ABC$ 上的应力就可以认为是过 $P$ 点的任意斜面上的应力。

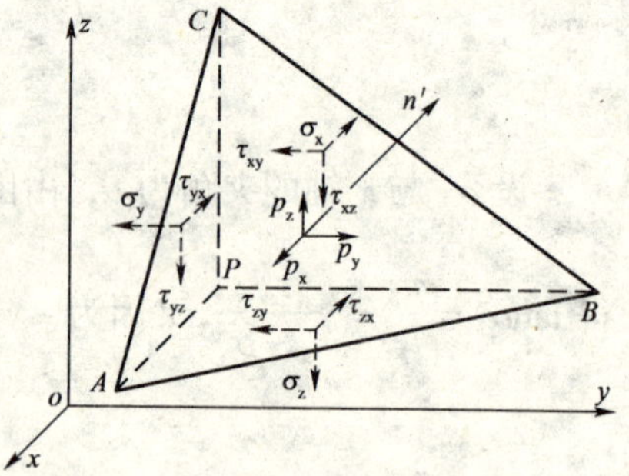

图 2-4　空间问题一点的应力状态

令平面 $ABC$ 的法线为 $n'$,其方向余弦为:

$$\cos(n',x)=l,\cos(n',y)=m,\cos(n',z)=n$$

令三角形 $ABC$ 的面积为 $\mathrm{d}s$,则三角形 $PBC$、$PCA$、$PAB$ 的面积分别为 $l\mathrm{d}s$、$m\mathrm{d}s$、$n\mathrm{d}s$,四面体 $PABC$ 的体积用 $\mathrm{d}V$ 表示。

因为 $PABC$ 是微分体,可以认为该微分体各截面上的应力是均匀分布的。设三角形 $ABC$ 上的全应力为 $p$,则 $p$ 沿三个坐标轴方向的分量分别用 $p_x$、$p_y$、$p_z$ 表示。

根据四面体平衡条件 $\sum F_x=0$,得

$$p_x\mathrm{d}s-\sigma_x l\mathrm{d}s-\tau_{yx}m\mathrm{d}s-\tau_{zx}n\mathrm{d}s+f_x\mathrm{d}V=0$$

除以 $\mathrm{d}s$,并移项,得

$$p_x+f_x\frac{\mathrm{d}V}{\mathrm{d}s}=l\sigma_x+m\tau_{yx}+n\tau_{zx}$$

当四面体 $PABC$ 无限减小而趋于 $P$ 点时,由于 $\mathrm{d}V$ 是比 $\mathrm{d}s$ 更高一阶的微量,所以$\frac{\mathrm{d}V}{\mathrm{d}s}$趋于零。于是得出式(2-13)中的第一式。其余两式,由平衡条件 $\sum F_y=0$ 和 $\sum F_z=0$ 整理得出。即

$$\left.\begin{aligned}p_x&=l\sigma_x+m\tau_{yx}+n\tau_{zx}\\p_y&=l\tau_{xy}+m\sigma_y+n\tau_{zy}\\p_z&=l\tau_{xz}+m\tau_{yz}+n\sigma_z\end{aligned}\right\}\tag{2-13}$$

设三角形 $ABC$ 面上的正应力为 $\sigma_n$,则有

$$\sigma_n=lp_x+mp_y+np_z$$

将式(2-13)代入上式,并用 $\tau_{yx}$、$\tau_{xz}$、$\tau_{yz}$分别代替 $\tau_{xy}$、$\tau_{zx}$、$\tau_{zy}$,即得

$$\sigma_n=l^2\sigma_x+m^2\sigma_y+n^2\sigma_z+2mn\tau_{yz}+2nl\tau_{zx}+2ml\tau_{xy}\tag{2-14}$$

设三角形 $ABC$ 上的剪应力为 $\tau_n$,则由 $p^2=\sigma_n^2+\tau_n^2=p_x^2+p_y^2+p_z^2$,得

$$\tau_n^2=p_x^2+p_y^2+p_z^2-\sigma_n^2\tag{2-15}$$

由式(2-14)及(2-15)可见,在物体内的任一点,如果已知 6 个坐标面上的应力分量 $\sigma_x$、$\sigma_y$、$\sigma_z$、$\tau_{xy}$、$\tau_{zx}$、$\tau_{yz}$,就可以求得过该点任意斜截面上的正应力 $\sigma_n$ 和剪应力 $\tau_n$。因此,可以说单元体上的 6 个应力分量完全决定了一点的应力状态。

2. 主应力

物体内一点的应力分量是随坐标系的旋转而改变的,那么,对于这个确定的点,是否可以找到这样一个坐标系,在这个坐标系下,该点只有正应力分量,而剪应力分量为零,答案是肯定的。也就是说,对于物体内某点,肯定能找到三个相互垂直的微分面,该微分面上只有正应力而没有剪应力。

与平面问题一样,剪应力为零的微分面称为主微分平面,简称**主平面**。主平面的法线方向称为应力主轴或者称为**应力主方向**。主平面上的正应力称为**主应力**。

1)主应力公式推导

假设在 $P$ 点有一个应力主面存在,由于该面上的剪应力等于零,则该面上的全应力就等于该面上的正应力,即等于主应力 $\sigma$。于是该面上的全应力在坐标轴上的投影为:

$$p_x = l\sigma \qquad p_y = m\sigma \qquad p_z = n\sigma$$

将式(2-13)代入上式,得

$$\left.\begin{aligned} p_x &= l\sigma = l\sigma_x + m\tau_{yx} + n\tau_{zx} \\ p_y &= m\sigma = l\tau_{xy} + m\sigma_y + n\tau_{zy} \\ p_z &= n\sigma = l\tau_{xz} + m\tau_{yz} + n\sigma_z \end{aligned}\right\} \tag{2-16}$$

此外,方向余弦的关系为:

$$l^2 + m^2 + n^2 = 1 \tag{2-17}$$

如果将式(2-16)和式(2-17)联立求解,能够解出 $\sigma$、$l$、$m$、$n$ 的一组解答,就得到 $P$ 点的一个主应力以及与之对应的应力主面和应力主向。也可用简便方法求解,即将式(2-16)改写为:

$$\left.\begin{aligned} l(\sigma_x - \sigma) + m\tau_{yx} + n\tau_{zx} &= 0 \\ l\tau_{xy} + m(\sigma_y - \sigma) + n\tau_{zy} &= 0 \\ l\tau_{xz} + m\tau_{yz} + n(\sigma_z - \sigma) &= 0 \end{aligned}\right\} \tag{2-18}$$

上式为 $l$、$m$、$n$ 的三个齐次线性方程。因为 $l$、$m$、$n$ 不可能全为零,所以这三个方程的系数行列式应该等于零,即

$$\begin{vmatrix} \sigma_x - \sigma & \tau_{yx} & \tau_{zx} \\ \tau_{xy} & \sigma_y - \sigma & \tau_{zy} \\ \tau_{xz} & \tau_{yz} & \sigma_z - \sigma \end{vmatrix} = 0$$

用 $\tau_{yz}$、$\tau_{zx}$、$\tau_{xy}$ 代替 $\tau_{zy}$、$\tau_{xz}$、$\tau_{yx}$,将行列式展开,得 $\sigma$ 的三次方程:

$$\sigma^3 - I_1\sigma^2 + I_2\sigma - I_3 = 0 \tag{2-19}$$

式中:$I_1 = \sigma_x + \sigma_y + \sigma_z$;

$I_2 = \sigma_y\sigma_z + \sigma_z\sigma_x + \sigma_x\sigma_y - \tau_{yz}^2 - \tau_{zx}^2 - \tau_{xy}^2$;

$I_3 = \sigma_x\sigma_y\sigma_z - \sigma_x\tau_{yz}^2 - \sigma_y\tau_{zx}^2 - \sigma_z\tau_{xy}^2 + 2\tau_{zy}\tau_{xz}\tau_{yx}$。

方程(2-19)为 $P$ 点应力状态的特征方程,解此方程可得出 $\sigma$ 的三个根 $\sigma_1$、$\sigma_2$、$\sigma_3$,且 $\sigma_1 \geqslant \sigma_2 \geqslant \sigma_3$,它们就是 $P$ 点的 3 个主应力。同时,也必然存在三个互相正交的应力主平面和应力主向。

2)主平面的确定

为了求得与主应力 $\sigma_1$ 相应的方向余弦 $l_1$、$m_1$、$n_1$，可以利用式(2-18)中的任意两式，例如其中的前两式，得

$$(\sigma_x-\sigma_1)l_1+\tau_{yx}m_1+\tau_{zx}n_1=0 \qquad \tau_{xy}l_1+(\sigma_y-\sigma_1)m_1+\tau_{zy}n_1=0$$

将上列两式均除以 $l_1$，得

$$\tau_{yx}\frac{m_1}{l_1}+\tau_{zx}\frac{n_1}{l_1}+(\sigma_x-\sigma_1)=0 \qquad (\sigma_y-\sigma_1)\frac{m_1}{l_1}+\tau_{zy}\frac{n_1}{l_1}+\tau_{xy}=0$$

由此可以解出比值$\frac{m_1}{l_1}$及$\frac{n_1}{l_1}$。于是可由式(2-17)得出

$$l_1=\frac{1}{\sqrt{1+\left(\frac{m_1}{l_1}\right)^2+\left(\frac{n_1}{l_1}\right)^2}} \tag{2-20}$$

由式(2-20)可以解出 $l_1$，并由已知的比值 $m_1/l_1$ 及 $n_1/l_1$ 求得 $m_1$ 及 $n_1$。同理，可以求得与主应力 $\sigma_2$ 相应的 $l_2$、$m_2$、$n_2$ 以及与 $\sigma_3$ 相应的 $l_3$、$m_3$、$n_3$。由此，也就确定了主平面的方位角。

**3. 讨论**

现在来考察：在受力物体内的任意一点，究竟是否存在着主应力？存在着几个主应力？它们之间又有什么关系呢？

(1)我们知道，实系数的三次方程式(2-19)至少有一个实根，因而至少存在着1个主应力以及与之对应的应力主面。把这个主应力称为 $\sigma_3$，并将 $z$ 轴放在这个应力主向，则 $\sigma_z=\sigma_3$，而 $\tau_{xz}=\tau_{zx}=0$、$\tau_{yz}=\tau_{zy}=0$，于是平行六面体上的应力如图2-3所示(垂直于图平面的 $\sigma_z=\sigma_3$ 没有画出)。根据§2-2中的分析，可以断定有两个主应力 $\sigma_1$ 和 $\sigma_2$，作用在互相垂直并与图平面垂直的两个应力主面上，此时必有 $\tau_{xy}=\tau_{yx}=0$。如图2-3a)所示。这就证明，在受力物体内的任意一点，一定存在三个互相垂直的应力主面及对应的三个主应力。

(2)三次方程式(2-19)又可以写成根式方程，即 $(\sigma-\sigma_1)(\sigma-\sigma_2)(\sigma-\sigma_3)=0$ 展开后，有

$$\sigma^3-(\sigma_1+\sigma_2+\sigma_3)\sigma^2+(\sigma_1\sigma_2+\sigma_2\sigma_3+\sigma_3\sigma_1)\sigma-\sigma_1\sigma_3\sigma_3=0 \tag{2-21}$$

将式(2-21)与式(2-19)对比，可得

$$\left.\begin{aligned}I_1&=\sigma_x+\sigma_y+\sigma_z=\sigma_1+\sigma_2+\sigma_3\\I_2&=\sigma_y\sigma_z+\sigma_z\sigma_x+\sigma_x\sigma_y-\tau_{yz}^2-\tau_{zx}^2-\tau_{xy}^2=\sigma_1\sigma_2+\sigma_2\sigma_3+\sigma_3\sigma_1\\I_3&=\sigma_x\sigma_y\sigma_z-\sigma_x\tau_{yz}^2-\sigma_y\tau_{zx}^2-\sigma_z\tau_{xy}^2+2\tau_{zy}\tau_{xz}\tau_{yx}=\sigma_1\sigma_2\sigma_3\end{aligned}\right\} \tag{2-22}$$

由于主应力是表征应力状态的一种物理量，显然，在一定的应力状态下，物体内的任意一点处的主应力不会随着坐标系而改变(尽管应力分量随坐标系而改变)，所以有方程：

$$\sigma_x+\sigma_y+\sigma_z=\sigma_1+\sigma_2+\sigma_3 \tag{2-23}$$

式(2-23)左边的 $\sigma_1+\sigma_2+\sigma_3$ 不会随坐标而改变，因而右边的 $\sigma_x+\sigma_y+\sigma_z$ 也不会随着坐标系而改变。可见，在受力物体内的任意一点，三个互相垂直的面上的正应力之和是不变量(不随着坐标系而改变的量)，并且等于该点的三个主应力之和。$I_1, I_2, I_3$ 分别称为应力张量的第一、第二和第三**不变量**。**应力不变量**具有以下性质：

①不变性。由于一点的正应力和应力主轴方向取决于弹性体所受的外力和约束条件，而与坐标系的选取无关，对于任意一个确定点，特征方程的三个根是确定的，因此，$I_1$、$I_2$、$I_3$ 的值

均与坐标轴的选取无关。

②实数性。特征方程的三个根,就是一点的三个主应力,根据三次方程根的性质,容易证明三个根均为实根,所以一点的三个主应力均为实数。

③正交性。任一点的应力主方向,即三个应力主轴是正交的。

可以证明:三个主应力中最大的一个就是该点的最大正应力,最小的一个就是该点的最小正应力。由此可见,在三个主应力相等的特殊情况下,所有各截面上的正应力都相同(也就等于主应力),而剪应力都等于零。还可以证明:最大与最小的剪应力,在数值上等于最大主应力与最小主应力之差的一半,作用在通过中间主应力、且平均"最大主应力与最小主应力方向的夹角"的平面上(限于篇幅,这里不作证明)。

**[例 2-1]** 已知弹性体内一点的应力状态为:$\sigma_x = 4\text{MPa}$,$\sigma_y = 6\text{MPa}$,$\sigma_z = 5\text{MPa}$,$\tau_{xy} = \tau_{yx} = 2\text{MPa}$,$\tau_{xz} = \tau_{zx} = 3\text{MPa}$,$\tau_{yz} = \tau_{zy} = 1\text{MPa}$。试确定主应力的大小及最大主应力相对于坐标轴的方向余弦。

**解:**(1)确定主应力。

从式(2-20)求得

$I_1 = \sigma_x + \sigma_y + \sigma_z = 4 + 6 + 5 = 15(\text{MPa})$

$I_2 = \sigma_y\sigma_z + \sigma_z\sigma_x + \sigma_x\sigma_y - \tau_{yz}^2 - \tau_{zx}^2 - \tau_{xy}^2 = 4\times5 + 6\times5 + 4\times6 - 1^2 - 3^2 - 2^2 = 60(\text{MPa})$

$I_3 = \sigma_x\sigma_y\sigma_z - \sigma_x\tau_{yz}^2 - \sigma_y\tau_{zx}^2 - \sigma_z\tau_{xy}^2 + 2\tau_{zy}\tau_{xz}\tau_{yx} = 4\times6\times5 - 4\times1^2 - 6\times3^2 - 5\times2^2 + 2\times1\times 3\times2 = 54(\text{MPa})$

再由方程(2-19),可得

$$\sigma^3 - 15\sigma^2 + 60\sigma - 54 = 0$$

解此方程可得三个根,即主应力为:

$$\sigma_1 = 9\text{MPa},\sigma_2 = 4.73\text{MPa},\sigma_3 = 1.27\text{MPa}$$

(2)最大主应力相对于原坐标轴的方向余弦。

为了获得最大主应力对应的方向余弦,在此应用式(2-18),将 $\sigma_1$ 值代入,得到

$$-5l + 2m + n = 0, 2l - 3m + n = 0, 3l + m - 4n = 0$$

使用上面的任意两式和 $l^2 + m^2 + n^2 = 1$,就很容易确定 $l_1$、$m_1$、$n_1$ 的值。同样 $\sigma_2$、$\sigma_3$ 对应的方向余弦也可以很容易确定。

特别是 $l = m = n$,例如 $\sigma_1 = 9\text{MPa}$,与坐标轴成等角,则有

$$l^2 + m^2 + n^2 = 3l^2 = 3m^2 = 3n^2 = 1$$

则
$$l = m = n = 1/\sqrt{3}$$

即
$$\cos\alpha = \cos\beta = \cos\gamma = l \qquad \alpha = \beta = \gamma = 54.74°$$

## §2-4 边界条件

### 1. 平面问题的应力边界条件

边界条件其实就是已知条件,即弹性体表面上的已知面力函数或已知位移函数。

平面问题的应力边界条件可以有两种表达方式:一是在受力的弹性体边界上取出一个微分体,考虑其平衡条件,得出普通的应力边界条件;另一种表达方式是,在同一边界面上,应力

分量的边界值就等于对应的面力分量，由于面力分量是给定的，应力分量的绝对值等于面力分量的绝对值，而面力分量的方向就是应力分量的方向，并可按照应力分量的正负号规定来确定应力分量的正负号。

1）边界条件的一般表达式

如图2-3b）所示，在特殊情况下，如果$AB$是物体受面力作用的边界面$s$，则$p_x$、$p_y$成为面力分量$\bar{f}_x(s)$、$\bar{f}_y(s)$，于是由式（2-4）得出

$$(l\sigma_x + m\tau_{yx})_s = \bar{f}_x(s) \qquad (m\sigma_y + l\tau_{xy})_s = \bar{f}_y(s) \tag{2-24}$$

其中，$(\sigma_x)_s$、…、$(\tau_{yx})_s$是应力分量的边界值，而面力分量$\bar{f}_x(s)$和$\bar{f}_y(s)$在边界上是坐标的已知函数，$l$和$m$是边界外法线的方向。式（2-24）就是平面问题的应力**边界条件**，它表明应力分量的边界值与面力分量之间的关系。

在应用应力边界条件时，应力分量与面力分量是分别作用于不同的面上的，且各自有不同的正负号规定。由于微分体是微小的，所以式（2-24）是表示在边界点$P$处单元体面上的应力分量与边界面（一般为斜面）上的面力分量之间的关系。应力边界条件是在边界上建立的，故必须把边界$s$的坐标表达式代入到左边的应力分量中，边界条件才能够成立。

注：应力边界条件实际上就是过边界点所取三棱柱的平衡条件，它反映了已知量（$\bar{f}_x$、$\bar{f}_y$）和几何形状（$l,m$）与未知量（$\sigma_x$、$\sigma_y$、$\tau_{xy}$）之间的关系。弹性力学边值问题的难点就在于如何寻找待求的应力（或位移）分量的函数表达形式，并保证使其满足弹性体表面上已知的边界条件和几何形状。



2）特殊边界问题

当边界面垂直于某一坐标轴（即坐标面）时，应力边界条件可以简化为简单的形式。

（1）在垂直于$x$轴的边界上，$l=\pm1$，$m=0$，应力边界条件简化为：

$$(l\sigma_x)_s = \pm\bar{f}_x(s) \qquad (l\tau_{yx})_s = \pm\bar{f}_y(s) \tag{2-25}$$

（2）在垂直于$y$轴的边界上，$l=0$，$m=\pm1$，应力边界条件简化为：

$$(m\tau_{yx})_s = \pm\bar{f}_x(s) \qquad (m\sigma_y)_s = \pm\bar{f}_y(s) \tag{2-26}$$

（3）正负号规定：在正坐标面上，应力分量与面力分量同号；在负坐标面上，应力分量与面力分量异号（即当边界面的外法线沿坐标轴正方向时，两者的正负号相同；当边界的外法线沿坐标轴负向时，两者的正负号相反）。

［**例2-2**］　在平面问题中，边界$y=c$、$y=d$分别为正、负$y$坐标面，写出应力边界条件。

**解**：按照式（2-26）可写出其应力边界条件的表达式为：

在$y=c$边界上（边界面的外法线指向正$y$方向），$(\sigma_y)_{y=c}=\bar{f}_y(x)$，$(\tau_{yx})_{y=c}=\bar{f}_x(x)$。

在$y=d$边界上（边界面的外法线指向负$y$方向），$(\sigma_y)_{y=d}=-\bar{f}_y(x)$，$(\tau_{xy})_{y=d}=-\bar{f}_x(x)$。

注：在平面问题中，每边都有表示$x$向和$y$向的两个边界条件。并且，在边界面为正、负$x$面时，应力边界条件中并没有$\sigma_y$；在正、负$y$面时，应力边界条件中没有$\sigma_x$。这说明，平行于边界面上的正应力，它的边界值与面力分量并不直接相关。

## 2. 空间问题的应力边界条件

如图2-4所示，在特殊情况下，如果$ABC$是物体上受面力作用的边界面$s_\sigma$，则$p_x$、$p_y$、$p_z$成为面力分量$\bar{f}_x(s)$、$\bar{f}_y(s)$、$\bar{f}_z(s)$，由式（2-13）得出

$$\left.\begin{aligned}(l\sigma_x + m\tau_{xy} + n\tau_{xz})_{s\sigma} &= \bar{f}_x(s)\\(l\tau_{yx} + m\sigma_y + n\tau_{yz})_{s\sigma} &= \bar{f}_y(s)\\(l\tau_{zx} + m\tau_{zy} + n\sigma_z)_{s\sigma} &= \bar{f}_z(s)\end{aligned}\right\}\tag{2-27}$$

同样，$(\sigma_x)_{s\sigma}$、…、$(\tau_{yz})_{s\sigma}$是应力分量的边界值，面力分量$\bar{f}_x(s)$、$\bar{f}_y(s)$、$\bar{f}_z(s)$在边界上是坐标的已知函数，$l$、$m$ 和 $n$ 是边界外法线的方向。式(2-27)就是空间问题的应力**边界条件**。

以上公式在推导过程中未涉及物体材料的物理性质，因此，上述各式不仅适用于弹性力学，也适用于塑性力学等问题。

### 3. 位移边界条件

(1)在位移边界问题中，物体在全部或部分边界 $s_u$ 上的位移分量都是已知函数，即在边界上有：

$$(u)_s = \bar{u}(s) \qquad (v)_s = \bar{v}(s) \qquad (w)_s = \bar{w}(s)\ (\text{在 } s_u \text{ 上}) \tag{2-28}$$

其中，$(u)_s$、$(v)_s$ 和$(w)_s$ 是位移函数在边界上的值，$\bar{u}(s)$、$\bar{v}(s)$和 $\bar{w}(s)$表示边界上的已知位移分量，且在边界上是坐标的已知函数。式(2-28)称为弹性力学问题的位移(或约束)边界条件。例如，对于完全固定边界 $\bar{u} = \bar{v} = \bar{w} = 0$，有$(u)_s = 0$，$(v)_s = 0$，$(w)_s = 0$(在 $s_u$ 上)。

(2)如为平面问题，则位移条件为：

$$(u)_s = \bar{u}(s) \qquad (v)_s = \bar{v}(s) \qquad (\text{在 } s_u \text{ 上}) \tag{2-29}$$

### 4. 混合边界条件

(1)物体的一部分边界具有已知位移，因而具有位移边界条件；另一部分边界则具有已知面力，因而具有应力边界条件。

(2)在同一部分边界上，还可能出现混合边界条件，即两个边界条件中的一个是位移边界条件，而另一个则是应力边界条件。如，设某一个 $x$ 面是链杆支承边，如图 2-5a)所示，则在 $x$ 方向有位移边界条件$(u)_s = \bar{u}(s) = 0$，而在 $y$ 方向有应力边界条件$(\tau_{xy})_s = \bar{f}_y(s) = 0$。

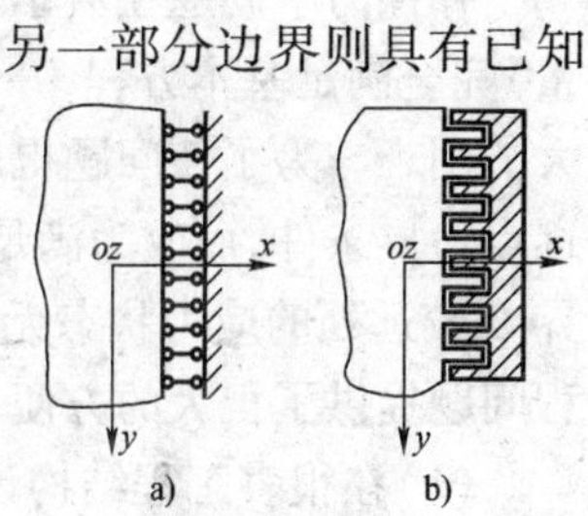

图 2-5

又如，某一个 $x$ 面是齿槽形边，如图 2-5b)所示，则在 $x$ 方向有应力边界条件$(\sigma_x)_s = \bar{f}_x(s) = 0$，而在 $y$ 方向有位移边界条件$(v)_s = \bar{v}(s) = 0$。在垂直于 $y$ 轴的边界上，以及与坐标斜交的边界上，都可能有与此相似的混合边界条件。

## §2-5　圣维南原理

### 1. 圣维南原理的陈述

求解弹性力学问题就是在给定的边界条件下求解基本方程。一般来讲，对于弹性力学，物体表面的外力是按一定的规律分布的，而实际问题中表面力很难与它一致。这样，弹性力学问题的求解和应用将受到极大的限制。为了扩大解的适用范围，放宽这种限制，圣维南提出了局部影响原理，即圣维南原理。

(1)第一种陈述　如果把物体表面一小部分边界(或面积)上(次要边界)的面力，用分布不同、但静力等效的面力(主矢相同,对于同一点的主矩也相同)所替代,那么,近处的应力分布将有显著改变,但是,离这一小部分边界(或面积)稍远处,其影响可以不计。

(2)第二种陈述　如果物体表面一小部分边界上(次要边界)的面力是一自相平衡的力系(主矢量和主矩都等于零),那么,这个面力就只会在靠近受力表面附近产生显著的应力,远处(与受力表面之尺寸相较)产生的应力可以忽略不计。这是因为主矢量和主矩都等于零的面力,与无面力状态是静力等效的,只能在近处产生显著的应力。

上述两种陈述是一致的。因为静力等效的两组面力,它们的差异是一个平衡力系。其意义是,作用在局部边界上的面力,若以分布方式不同但静力等效的面力替换,这种变换仅引起面力作用附近(近处)应力的差异,而对于作用区较远的区域(远处)的应力的影响较小或没有什么影响,且可以忽略不计。

圣维南原理是一个被实验、理论分析和计算多方面证明的原理,在弹性力学的分析中广泛应用。可以说,没有局部影响原理,弹性力学问题的分析寸步难行。例如,用一个钳子夹住铁杆,钳子对铁杆的作用相当于一组平衡力系。实验证明,无论作用力多大,在距离力的作用区域比较远处,几乎没有应力产生。

注:①圣维南原理只适用于“一小部分”边界,大部分的或主要的边界上,不能应用圣维南原理;

②圣维南原理绝不能离开“静力等效”。



### 2. 圣维南原理提供的方便

弹性力学问题在数学上被称为边值问题或边界问题,待求的未知量(应力、形变和位移分量)完全满足基本方程,并不困难;但是要使其在边界上逐点完全满足边界条件,往往发生很大的困难。为了使问题得以简化或有解,在符合该原理的那部分边界 $C$ 上,可以放弃严格的逐点边界条件,而改为满足另一组静力等效的、以合力形式表示的整体边界条件,这对于距边界 $C$ 较远处的应力状态无显著的影响。在下面情况下,圣维南原理可以简化计算,对解决工程问题提供了很大的方便。

(1)在很多工程结构计算中,都会遇到这样的情况,在物体一小部分边界上,仅仅知道物体所受的面力的合成,而面力的分布方式并不明确,因而不能逐点地写出这部分边界上的应力边界条件,所以难以求解或无法求解。根据圣维南原理,可以在这一小部分的边界上,直接写出合力条件进行求解。

(2)在工程结构的受力分析中,应用圣维南原理,有时可以近似地判断应力分布和应力集中的情况。

(3)在物体一小部分边界上的位移条件不能精确满足时,有时也可以应用圣维南原理得到有用的解答。

①例如,设有柱形构件,在两端截面的形心受到大小相等而方向相反的拉力 $F$,如图 2-6a)。如果把一端或两端的拉力变换为静力等效的力,如图 2-6b)或图 2-6c),则只有虚线画出的两端端部范围的应力分布有显著的变化,而其余部分所受到的影响可以不计。如果将两端的拉力变换为均匀分布的拉力,集度等于 $F/A$,其中 $A$ 为构件的横截面面积,如图 2-6d),仍然只有靠近两端部分的应力受到显著影响。即在上述情况下,离开两端较远处的应力分布,并没有显著的差别。

另外,如图 2-6d)所示,由于面力连续均匀分布,边界条件简单,应力是很容易求得的,而且解答很简单。在其余三种情况下，由于面力并非连续分布，甚至只知其合力为 $F$，而不知其分布方式，应力是难以求解的。根据圣维南原理，将 2-6d）所示情况下的应力解答应用到其余三种情况，虽然不能满足两端的应力边界条件，但仍然可以表明离杆端较远处的应力状态，而并没有显著的误差。

②如在图 2-6a）所示的构件，如果两端的力 $F$ 不是作用于截面的形心，而是具有一定的偏心距离，那么作用在每一端的面力，不管它的分布方式如何，与作用于截面形心的力 $F$ 不是静力等效的。这时的应力，与上述四种情况下的应力相比，就不仅是靠近两端处有差异，而且在整个构件中都是不相同的。

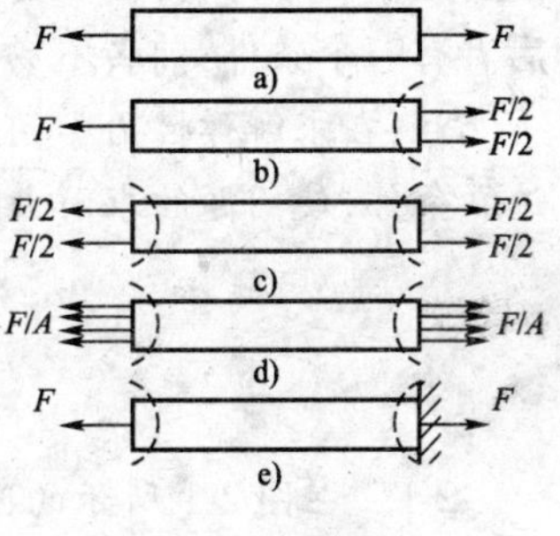

图 2-6　圣维南原理

③当物体一小部分边界上的位移条件不能满足时，也可以应用圣维南原理得到有用的解答。例如，设图 2-6e）右端是固定端，则在该端有位移边界条件 $(u)_s=\bar{u}=0$ 和 $(v)_s=\bar{v}=0$。把图2-6d）所示情况下的简单解答应用于这一情况时，这个位移边界条件是不能满足的。但右端的面力，一定是经过截面形心的力 $F$。因此，根据圣维南原理，把上述简单解答应用于这一情况时，仍然是靠近两端处有显著误差，而在离两端较远处，误差是可以不计的。

④当没有体力的作用时，离边界较远的小孔口边界上有平衡力系作用时，只能在小孔口附近产生局部的应力。又如在结构中开设孔口或不开孔口，两者的应力也只能在孔口附近区域有显著的差别。

**[例 2-3]**　如图 2-7 所示，厚度 $\delta=1$ 的梁中，左、右端（$x=\pm l$）的边界上作用有一般分布的面力 $\bar{f}_x(y)$、$\bar{f}_y(y)$，设 $l$ 远大于 $h$。试考察圣维南原理的应用。

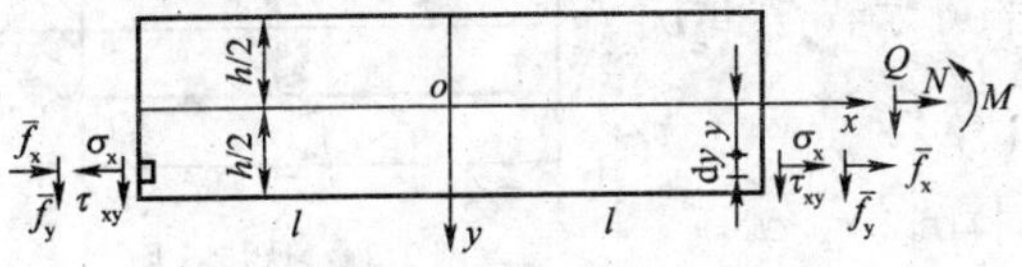

图 2-7　[例 2-3]图

**解：**（1）按照严格的应力边界条件（2-24），应力分量在左右两端的边界上应满足

$$(\sigma_x)_{x=\pm l}=\pm\bar{f}_x(y),\ (\tau_{xy})_{x=\pm l}=\pm\bar{f}_y(y) \tag{2-30}$$

式（2-30）要求在边界上 $y$ 值不同的各点，应力分量与对应的面力分量必须处处对等，这种严格的边界条件是较难满足的。

（2）当 $l$ 远大于 $h$ 时，$x=\pm l$ 是梁边界的一小部分，可以应用圣维南原理。即应力的主矢量和主矩的绝对值，应分别等于面力的主矢量和主矩的绝对值；而面力的主矢量和主矩的方向，就是应力的主矢量和主矩的方向，并可按应力分量的正负号规定来确定应力的主矢量和主矩的正负号。

因此，在 $x=\pm l$ 的次要边界上，可以列出三个主矢量和主矩对等的积分边界条件（设梁的宽度，即 $z$ 方向的尺寸为 1）代替式（2-30），即

$$\left.\begin{aligned}&\int_{-(h/2)}^{h/2}(\sigma_x)_{x=\pm l}\mathrm{d}y=\pm\int_{-h/2}^{h/2}\bar{f}_x(y)\mathrm{d}y\\&\int_{-(h/2)}^{h/2}(\sigma_x)_{x=\pm l}\mathrm{d}y\cdot y=\pm\int_{-h/2}^{h/2}\bar{f}_x(y)\mathrm{d}y\cdot y\\&\int_{-(h/2)}^{h/2}(\tau_{xy})_{x=\pm l}\mathrm{d}y=\pm\int_{-h/2}^{h/2}\bar{f}_y(y)\mathrm{d}y\end{aligned}\right\} \tag{2-31}$$

（3）如果不是给出面力的分布，而是直接给出单位宽度上面力的主矢量，如图 2-7 中所示的 $N$、$Q$、$M$，则在 $x=l$ 的一小部分边界上，三个积分条件可改写成为：

$$
\left.\begin{aligned}
\int_{-h/2}^{h/2}(\sigma_x)_{x=\pm l}\mathrm{d}y = N \\
\int_{-h/2}^{h/2}(\sigma_x)_{x=\pm l}\mathrm{d}y\cdot y = M \\
\int_{-h/2}^{h/2}(\tau_x)_{x=\pm l}\mathrm{d}y = Q
\end{aligned}\right\} \tag{2-32}
$$

将式(2-30)所列的严格的边界条件与式(2-31)和式(2-32)所列的近似的边界条件相比，前者是精确条件，为函数方程，后者是近似的积分条件，为简单的代数方程；前者有两个条件，后者有三个条件；前者不易满足，后者易于满足。

注：在求解弹性力学问题时，常常在局部边界上应用近似的三个积分边界条件代替严格的边界条件，使问题的求解大为简化。

## 思考题与习题

2-1　在图 2-1 所示的微分六面体中，若将形心的力矩平衡条件 $\sum M_c = 0$，改为对角点的力矩平衡条件，将导出什么样形式的方程？若每一面上的应力分量不是均匀分布的，将导出什么样形式的平衡方程？

2-2　试说明弹性力学问题中"静定问题"的概念。

2-3　图 2-8 所示为矩形截面悬臂梁，按材料力学的计算公式求得 $\sigma_x$ 的表达式为 $\sigma_x = -2q\dfrac{x^3 y}{h^3 l}$，不计体力，试用平衡方程导出 $\sigma_y$、$\tau_{xy}$ 的表达式，设 $L$ 远大于 $h$。

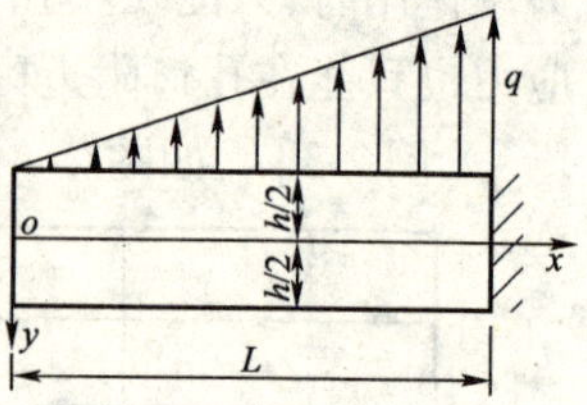

图 2-8　习题 2-3 图

2-4　设弹性体内已知一点处的应力分量，试求 $\sigma_1$、$\sigma_2$、$\alpha_1$。

(1) $\sigma_x = 100\text{MPa}$、$\sigma_y = 0$、$\tau_{xy} = 10\sqrt{50}\text{MPa}$；

(2) $\sigma_x = 0$、$\sigma_y = 200\text{MPa}$、$\tau_{xy} = -400\text{MPa}$；

(3) $\sigma_x = 100\text{MPa}$、$\sigma_y = -150\text{MPa}$、$\tau_{xy} = 0$；

(4) $\sigma_x = -100\text{MPa}$、$\sigma_y = -150\text{MPa}$、$\tau_{xy} = 50\text{MPa}$。

2-5　已知弹性体内一点的应力分量为 $\sigma_x = 50\text{MPa}$、$\sigma_y = 0$、$\sigma_z = -30\text{MPa}$、$\tau_{xy} = 30\text{MPa}$、$\tau_{yz} = -50\text{MPa}$、$\tau_{zx} = 80\text{MPa}$。试求过该点的方向余弦为 $l = 1/2$、$m = -1/2$、$n = -\sqrt{2}/2$ 的斜截面的总应力 $p$ 和正应力 $\sigma_n$、$\tau_n$。

2-6　设 $h_2$ 远大于 $b$，$L$ 远大于 $h$，试写出图 2-9 所示问题的全部应力和位移边界条件。

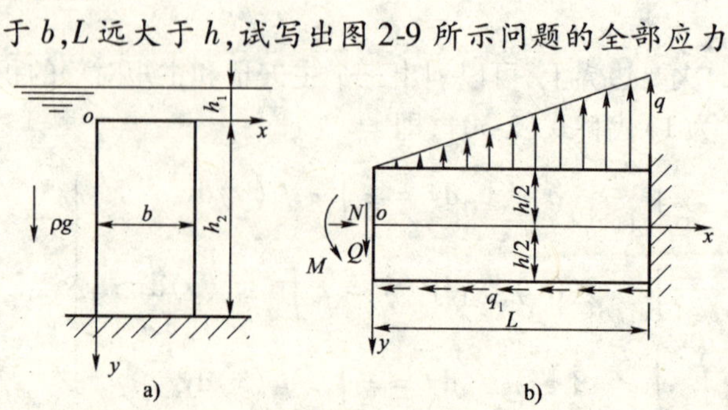

图 2-9　习题 2-6 图

a) 溢流坝；b) 悬臂梁

**提示**:对于图 2-8b),在 $x=\pm h/2$ 的上、下边界上要逐点满足应力边界条件;在 $x=0$ 的次要边界上,可以列出三个积分的应力边界条件;在 $x=L$ 的次要边界上:$(u)_{x=L}=0,(u)_{x=L}=0$。这两个位移边界条件可以改用三个积分的应力边界条件来代替。

2-7　(1)试写出图 2-10a)问题的全部应力边界条件;

(2)确定图 2-10b)问题的全部位移边界条件。

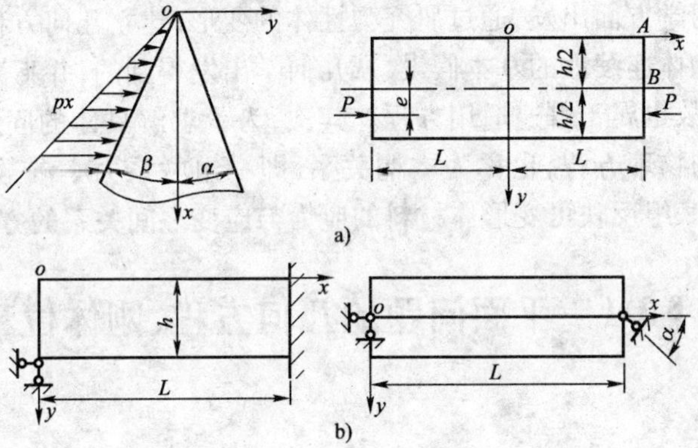


图 2-10　习题 2-7 图

2-8　应用圣维南原理,列出图 2-11a)、图 2-11b)所示两个问题中 $OA$ 边的三个积分应力边界条件,并比较两者的面力是否等效(设厚度取为 1,$h$ 远大于 $b$)?

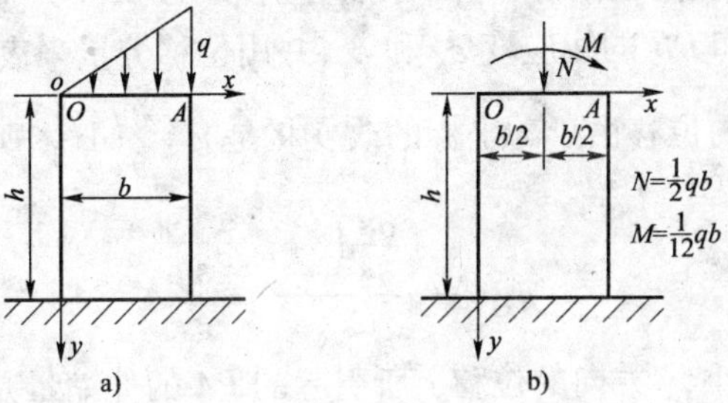


图 2-11　习题 2-8 图

# 第3章　形变协调关系及物理方程

本章首先从几何学方面出发，通过研究弹性体的变形，建立几何方程和形变协调方程。这两类方程都是基于物体连续性的基本假设，从几何学出发得到的，并不涉及弹性体形变的原因和物体的材料性质，故也属于普遍适用方程。其次，为了求解具体的问题，还要建立反映可变形材料的固有特性的物理方程，也称为本构关系，即一组联系力学参数与运动学参数的方程式。具体地讲，就是一组反映可变形体材料的应力与应变之间关系的方程。

## §3-1　平面问题的几何方程、刚体位移

### 1. 几何方程

1）线应变

经过弹性体内的任意一点 $P$，沿 $x$、$y$ 轴的正方向取微分长度的线段 $PA=\mathrm{d}x$ 和 $PB=\mathrm{d}y$，如图3-1所示。假定弹性体受力以后，$P$、$A$、$B$ 三点分别移动到 $P'$、$A'$、$B'$。

首先，来求线段 $PA$ 和 $PB$ 的线应变 $\varepsilon_x$ 和 $\varepsilon_y$，并用位移分量来表示。设 $P$ 点在 $x$ 方向的位移是 $u$，则 $A$ 点在 $x$ 方向的位移由于 $x$ 坐标的改变将是 $u+\frac{\partial u}{\partial x}\mathrm{d}x$。则线段 $PA$ 的线应变是：

$$\varepsilon_x=\frac{u+\frac{\partial u}{\partial x}\mathrm{d}x-u}{\mathrm{d}x}=\frac{\partial u}{\partial x} \tag{3-1}$$

在这里，由于位移微小，$y$ 方向的位移 $v$ 所引起的 $PA$ 的伸缩量是高一阶的微量，因此可忽略不计。同理，线段 $PB$ 的线位移是：

$$\varepsilon_y=\frac{\partial v}{\partial y} \tag{3-2}$$

2）角应变

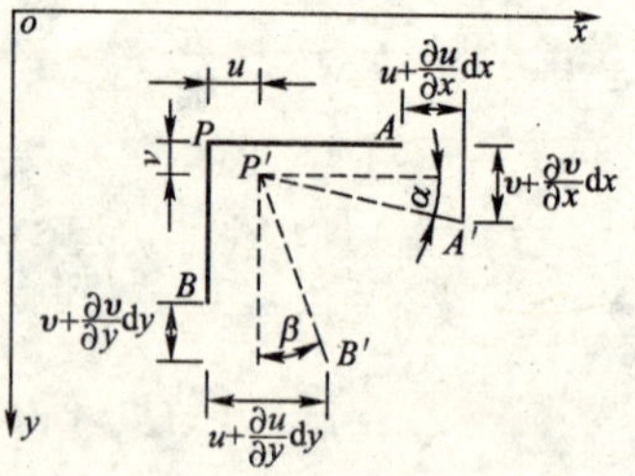


图3-1　正应变及切应变几何图示

现在来求出线段 $PA$ 和 $PB$ 之间的直角的改变，也就是切应变 $\gamma_{xy}$，用位移分量来表示。由图3-1可见，这个切应变是由两部分组成的：一部分是由 $y$ 方向的位移 $v$ 引起的，即 $x$ 方向的线段 $PA$ 的转角 $\alpha$；另一部分是由 $x$ 方向的位移 $u$ 引起的，即 $y$ 方向的线段 $PB$ 的转角 $\beta$。

（1）$PA$ 的转角　设 $P$ 点在 $y$ 方向的位移分量是 $v$，则 $A$ 点在 $y$ 方向的位移分量将是 $v+\frac{\partial v}{\partial x}\mathrm{d}x$，故线段 $PA$ 的转角是：

$$\alpha=\frac{v+\frac{\partial v}{\partial x}\mathrm{d}x-v}{\mathrm{d}x}=\frac{\partial v}{\partial x}$$

（2）$PB$ 的转角　同理可知线段 $PB$ 的转角是：

$$\beta = \frac{\partial u}{\partial y}$$

于是线段 $PA$ 和 $PB$ 之间的直角的改变(以减小为正)也就是切应变 $\gamma_{xy}$,为:

$$\gamma_{xy} = \alpha + \beta = \frac{\partial v}{\partial x} + \frac{\partial u}{\partial y} \tag{3-3}$$

综合式(3-1)、式(3-2)、式(3-3)三式,就是平面问题中的几何方程:

$$\varepsilon_x = \frac{\partial u}{\partial x}, \varepsilon_y = \frac{\partial v}{\partial y}, \gamma_{xy} = \frac{\partial v}{\partial x} + \frac{\partial u}{\partial y} \tag{3-4}$$

由以上几何方程可见,当弹性体的位移分量完全确定时,形变分量即完全确定。反之,当形变分量完全确定时,位移分量却不能完全确定。

## 2. 刚体位移

1)刚体位移的概念

令形变分量为零,即 $\varepsilon_x = 0, \varepsilon_y = 0, \gamma_{xy} = 0$,求出相应的位移分量。即

$$\frac{\partial u}{\partial x} = 0 \qquad \frac{\partial v}{\partial y} = 0 \qquad \frac{\partial v}{\partial x} + \frac{\partial u}{\partial y} = 0 \tag{3-5}$$

将式(3-5)前二式分别对 $x$ 和 $y$ 积分,得

$$u = f_1(y) \qquad v = f_2(x)$$

其中,$f_1$ 和 $f_2$ 为任意函数。代入式(3-5)的第三式中,有

$$-\frac{\mathrm{d}f_1(y)}{\mathrm{d}y} = \frac{\mathrm{d}f_2(x)}{\mathrm{d}x}$$

这一方程的左边是 $y$ 的函数,只随 $y$ 变化;而右边是 $x$ 的函数,只随 $x$ 而变。因此,只可能两边都等于同一常数 $\omega$。于是有

$$\frac{\mathrm{d}f_1(y)}{\mathrm{d}y} = -\omega \qquad \frac{\mathrm{d}f_2(y)}{\mathrm{d}x} = \omega$$

积分以后得

$$f_1(y) = u_0 - \omega y \qquad f_2(x) = v_0 + \omega x$$

上式中的 $u_0$ 及 $v_0$ 为任意常数,故有

$$u = u_0 - \omega y \qquad v = v_0 + \omega x \tag{3-6}$$

式(3-6)所示的位移,是"形变为零"时的位移,也就是所谓"与形变无关的位移",因此就是**刚体位移**。实际上 $u_0$ 及 $v_0$ **分别为物体沿** $x$ **轴及** $y$ **轴方向上的刚体位移,而** $\omega$ **为物体绕** $z$ **轴的刚体转动的角位移**。

2)刚体位移的证明

(1)当 $u_0$、$v_0$ 及 $\omega$ 三个常数中,只有 $u_0$ 不为零时,由式(3-6)可知,物体中任意一点的位移分量都是 $u = u_0, v = 0$。这就是说,物体的所有各点只沿 $x$ 方向移动同样的距离 $u_0$。由此可见,$u_0$ 代表物体沿 $x$ 方向的刚体平移。同理可证,$v_0$ 代表物体沿 $y$ 方向的刚体平移。

(2)在三个常数中,只有当 $\omega$ 不为零时,由式(3-6)可知,物体中任意一点的位移分量是 $u = -\omega y, v = \omega x$。据此,物体内任意一点 $P$ 的坐标$(x,y)$沿着 $y$ 方向移动 $\omega x$,并沿着负 $x$ 方向移动 $\omega y$,如图 3-2 所示,点 $P$ 的合成位移为:

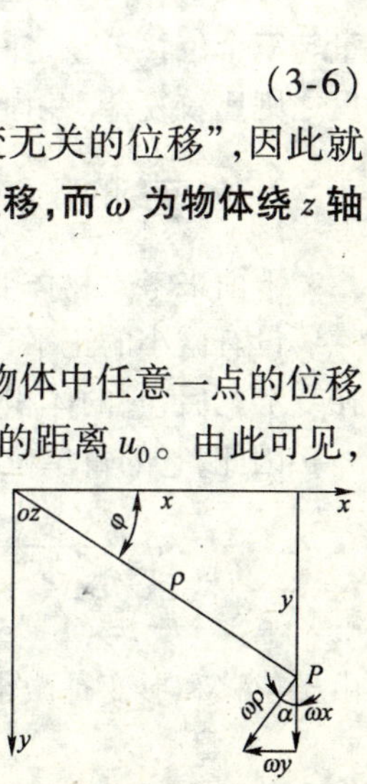

图 3-2　刚体位移

$$\sqrt{u^2+v^2}=\sqrt{(-\omega y)^2+(\omega x)^2}=\omega\ \sqrt{y^2+x^2}=\omega\rho$$

其中，$\rho$ 为 $P$ 点至 $z$ 轴的距离。命合成位移的方向与 $y$ 轴的夹角为 $\alpha$，可知：

$$\tan\alpha=\omega y/\omega x=y/x=\tan\varphi$$

可见，合成位移的方向与径向线段 $OP$ 垂直，也就是沿着 $OP$ 切向。既然 $OP$ 线上的所有各点移动的方向都是沿着切向，且移动的距离等于径向距离 $\rho$ 乘以 $\omega$，由此可知，$\omega$ 代表物体绕 $z$ 轴的刚体转动，但须注意位移是微小的。

因物体在形变位移为零时可以有**刚体位移**，则当物体发生一定的形变时，由于约束条件的不同，它可能具有不同的刚体位移，因此它的位移并不是完全确定的。在平面问题中，常数 $u_0$、$v_0$ 及 $\omega$ 的任意性就反映了位移的不确定性，而为了完全确定位移，就必须有三个适当的位移约束条件来确定这三个常数。

## §3-2　空间问题的几何方程

### 1. 空间问题的几何方程

如图 3-3 所示变形微分体，在空间问题中，形变分量和位移分量应当满足下列六个方程，即空间问题的几何方程。

$$\left.\begin{aligned}\varepsilon_x&=\frac{\partial u}{\partial x},\gamma_{yz}=\frac{\partial w}{\partial y}+\frac{\partial v}{\partial z}\\ \varepsilon_y&=\frac{\partial v}{\partial y},\gamma_{zx}=\frac{\partial u}{\partial z}+\frac{\partial w}{\partial x}\\ \varepsilon_z&=\frac{\partial w}{\partial z},\gamma_{xy}=\frac{\partial v}{\partial x}+\frac{\partial u}{\partial y}\end{aligned}\right\}\tag{3-7}$$

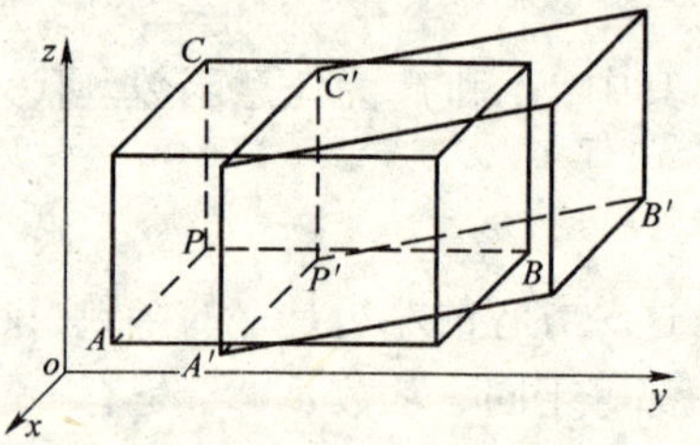

图 3-3　三维问题的应变几何图示

上式中的 $\varepsilon_x=\frac{\partial u}{\partial x}$、$\varepsilon_y=\frac{\partial v}{\partial y}$和 $\gamma_{xy}=\frac{\partial v}{\partial x}+\frac{\partial u}{\partial y}$，已在 §3-1 中导出，其余三式可用同样方法导出。

方程组(3-7)称为空间问题的几何方程，又称为柯西(Cauchy)方程，它给出了六个形变分量与三个位移分量之间的关系。如果已知位移分量，则不难通过(3-7)求出相应的形变分量，反之则比较复杂。由此可见，平面问题只是空间问题的特殊问题。

### 2. 体应变的概念

下面来考察物体变形后单位体积的变化，即体积应变。

设有微小的正平行六面体，其棱边的长度为 dx、dy、dz。在变形之前，他的体积是 dxdydz；在变形之后，它的体积将成为$(dx+\varepsilon_x dx)(dy+\varepsilon_y dy)(dz+\varepsilon_z dz)$。

因此，它的每单位体积的体积应变(即体应变)是：

$$\theta=\frac{(dx+\varepsilon_x dx)(dy+\varepsilon_y dy)(dz+\varepsilon_z dz)-dxdydz}{dxdydz}$$

$$=(1+\varepsilon_x)(1+\varepsilon_y)(1+\varepsilon_z)-1=\varepsilon_x+\varepsilon_y+\varepsilon_z+\varepsilon_y\varepsilon_z+\varepsilon_z\varepsilon_x+\varepsilon_x\varepsilon_y+\varepsilon_x\varepsilon_y\varepsilon_z$$

由于位移和形变是微小的，可略去线应变的乘积项(更高阶的微量)，则上式简化为：

$$\theta=\varepsilon_x+\varepsilon_y+\varepsilon_z\tag{3-8}$$

由几何方程(3-7)和式(3-8)可得

$$\theta = \frac{\partial u}{\partial x} + \frac{\partial v}{\partial y} + \frac{\partial w}{\partial z} \tag{3-9}$$

它表明了体应变与位移之间的简单微分关系。

## §3-3 形变协调方程

物体受力变形后必然保持相互协调,不允许出现撕裂、套叠等现象,即形变后的位移为单值连续函数。因此,六个形变分量 $\varepsilon_x$、$\varepsilon_y$、$\varepsilon_z$、$\gamma_{xy} = \gamma_{yx}$、$\gamma_{zx} = \gamma_{xz}$、$\gamma_{zy} = \gamma_{yz}$之间必须满足一定的协调方程。

### 1. 平面问题的形变协调方程

现在,来考察平面问题(二维问题)的形变协调方程。

由于位移分量只在几何方程中存在,可先从几何方程中消去位移分量。考察几何方程(3-4),将 $\varepsilon_x$ 和 $\varepsilon_y$ 分别对 $y$ 和 $x$ 求二阶导数后相加,得

$$\frac{\partial^2 \varepsilon_x}{\partial y^2} + \frac{\partial^2 \varepsilon_y}{\partial x^2} = \frac{\partial^3 u}{\partial x \partial y^2} + \frac{\partial^3 v}{\partial y \partial x^2} = \frac{\partial^2}{\partial x \partial y}\left(\frac{\partial u}{\partial y} + \frac{\partial v}{\partial x}\right) = \frac{\partial^2 \gamma_{xy}}{\partial x \partial y}$$

于是得到

$$\frac{\partial^2 \varepsilon_x}{\partial y^2} + \frac{\partial^2 \varepsilon_y}{\partial x^2} = \frac{\partial^2 \gamma_{xy}}{\partial x \partial y} \tag{3-10}$$

这个关系式称为形变协调方程,也称为相容方程。

形变协调方程的物理意义:在连续性假定下,物体的形变是满足几何方程的,并由此可以导出形变协调方程。也就是说连续体的形变分量 $\varepsilon_x$、$\varepsilon_y$、$\gamma_{xy}$不是互相独立的,而是相关的,它们之间必须满足形变协调方程,才能保证对应的位移分量 $u$ 和 $v$ 的存在。如果任意选取函数 $\varepsilon_x$、$\varepsilon_y$、$\gamma_{xy}$,若不能满足形变协调方程,那么,由三个几何方程中的任何两个求出的位移分量,将与第三个几何方程不能相容,也就是相互矛盾。这就是说,不满足形变协调方程的形变分量,不是弹性体中实际存在的形变分量,也求不出对应的位移分量。

例如,试取不满足相容方程(3-4)的形变分量

$$\varepsilon_x = a \qquad \varepsilon_y = b \qquad \gamma_{xy} = cxy \tag{3-11}$$

则由几何方程(3-4)中的前二式得

$$\frac{\partial u}{\partial x} = a \qquad \frac{\partial v}{\partial y} = b$$

对上两式积分,得

$$u = ax + f_1(y) \qquad v = by + f_2(x) \tag{3-12}$$

再将式(3-11)中的第三式代入几何方程(3-4)第三式,又得出

$$\frac{\partial u}{\partial y} + \frac{\partial v}{\partial x} = cxy \tag{3-13}$$

显然,式(3-12)和式(3-13)不能相容,也就是互相矛盾的。

### 2. 空间问题的形变协调方程

类似于平面问题,首先从几何方程中消去位移分量,将式(3-7)中的第二式左边对 $z$ 的二

阶导数与第三式左边对 $y$ 的二阶导数相加，得

$$\frac{\partial^2 \varepsilon_y}{\partial z^2}+\frac{\partial^2 \varepsilon_z}{\partial y^2}=\frac{\partial^3 v}{\partial y \partial z^2}+\frac{\partial^3 w}{\partial z \partial y^2}=\frac{\partial^2}{\partial y \partial z}\left(\frac{\partial v}{\partial z}+\frac{\partial w}{\partial y}\right)=\frac{\partial^2 \gamma_{yz}}{\partial y \partial z}$$

同理，可得其余两个相似的方程。归纳为空间问题的形变协调方程：

$$\frac{\partial^2 \varepsilon_x}{\partial y^2}+\frac{\partial^2 \varepsilon_y}{\partial x^2}=\frac{\partial^2 \gamma_{xy}}{\partial x \partial y}, \quad \frac{\partial^2 \varepsilon_y}{\partial z^2}+\frac{\partial^2 \varepsilon_z}{\partial y^2}=\frac{\partial^2 \gamma_{yz}}{\partial y \partial z}, \quad \frac{\partial^2 \varepsilon_z}{\partial x^2}+\frac{\partial^2 \varepsilon_x}{\partial z^2}=\frac{\partial^2 \gamma_{xz}}{\partial x \partial z} \tag{3-14}$$

将几何方程式(3-7)中的后三式分别对 $x$、$y$、$z$ 求导，得

$$\frac{\partial \gamma_{yz}}{\partial x}=\frac{\partial^2 w}{\partial y \partial x}+\frac{\partial^2 v}{\partial z \partial x}, \quad \frac{\partial \gamma_{zx}}{\partial y}=\frac{\partial^2 u}{\partial z \partial y}+\frac{\partial^2 w}{\partial x \partial y}, \quad \frac{\partial \gamma_{xy}}{\partial z}=\frac{\partial^2 v}{\partial x \partial z}+\frac{\partial^2 u}{\partial y \partial z}$$

由此而得

$$\frac{\partial}{\partial x}\left(-\frac{\partial \gamma_{yz}}{\partial x}+\frac{\partial \gamma_{zx}}{\partial y}+\frac{\partial \gamma_{xy}}{\partial z}\right)=\frac{\partial}{\partial x}\left(2\frac{\partial^2 u}{\partial y \partial z}\right)=2\frac{\partial^2}{\partial y \partial z}\left(\frac{\partial u}{\partial x}\right) \tag{3-15}$$

由式(3-7)中的第一式可见，上式右边括弧内的表达式就是 $\varepsilon_x$，于是，从方程(3-15)及其他方程的变换，可得

$$\left.\begin{aligned}
2\frac{\partial^2 \varepsilon_x}{\partial y \partial z}&=\frac{\partial}{\partial x}\left(-\frac{\partial \gamma_{yz}}{\partial x}+\frac{\partial \gamma_{xz}}{\partial y}+\frac{\partial \gamma_{xy}}{\partial z}\right)\\
2\frac{\partial^2 \varepsilon_y}{\partial x \partial z}&=\frac{\partial}{\partial y}\left(\frac{\partial \gamma_{yz}}{\partial x}-\frac{\partial \gamma_{xz}}{\partial y}+\frac{\partial \gamma_{xy}}{\partial z}\right)\\
2\frac{\partial^2 \varepsilon_z}{\partial x \partial y}&=\frac{\partial}{\partial z}\left(\frac{\partial \gamma_{yz}}{\partial x}+\frac{\partial \gamma_{xz}}{\partial y}-\frac{\partial \gamma_{xy}}{\partial z}\right)
\end{aligned}\right\} \tag{3-16}$$

方程组(3-16)称为空间问题或三维问题的形变协调方程，也称为相容方程。它同样表示要使以位移分量为未知函数的六个几何分量不相矛盾，那么，六个形变分量必须满足形变协调方程。

另外，通过与上述相似的步骤，还可以导出无数多的相容方程，都是形变分量所应当满足的。但可以证明，如果六个形变分量满足了相容方程(3-16)，就可以保证位移分量的存在，也就可以用几何方程(3-7)求得位移分量。

从几何学的角度出发，进一步对形变协调方程的意义加以解释。假想把物体分割成无数个微分平行六面体，并使每一个微元体发生形变。这时，如果表示微元体变形的六个形变分量不满足一定的关系，则物体变形后，微元体之间就会出现“撕裂”或“套叠”等现象，如图 3-4 所示，从而破坏了变形后物体的整体性和连续性。为使变形后的微元体能重新拼合成连续体，形变分量必须满足一定的协调关系。因此，形变分量满足形变协调方程，是保证物体变形连续的一个必要条件。

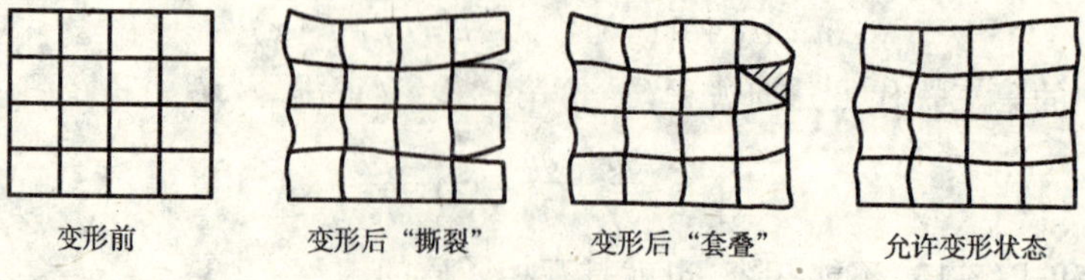


图 3-4　允许变形图示

可以证明，如果物体是单连通的，则形变分量满足形变协调方程，是保证物体连续的充分条件。从数学的角度来看，如果形变分量满足形变协调方程，则对于单连通弹性体，就一定能

通过几何方程的积分求得单值连续的位移分量。如果能正确地求出物体各点的位移函数 $u$、$v$、$w$,并根据几何方程求出各形变分量,则形变协调方程自然满足,因为形变协调方程本身是从几何方程推导出来的。从物理意义来看,如果位移函数是连续的,变形自然也就是可以协调的。因此,在以后采用位移法求解时,形变协调方程自然满足,而采用应力法求解时,则需要同时考虑形变协调方程。对于多连体,形变分量满足形变协调方程,只是弹性体连续的必要条件,还需要加上位移单值的条件才是充分的。

## §3-4 物理方程

在弹性力学问题中,对于各向同性材料来说,在弹性范围内应力分量与形变分量存在着简单的线性关系。这种关系通常称为复杂应力状态下的广义虎克定律,在弹性力学问题中的也称为**物理方程**。

### 1. 空间问题的物理方程

1)物理方程的基本形式

在三向应力状态下,各向同性体中的形变分量与应力分量之间的关系服从虎克定律,即

$$\left.\begin{aligned}\varepsilon_x &= \frac{1}{E}[\sigma_x-\mu(\sigma_y+\sigma_z)],\gamma_{xy}=\frac{1}{G}\tau_{xy}\\ \varepsilon_y &= \frac{1}{E}[\sigma_y-\mu(\sigma_z+\sigma_x)],\gamma_{zx}=\frac{1}{G}\tau_{zx}\\ \varepsilon_z &= \frac{1}{E}[\sigma_z-\mu(\sigma_x+\sigma_y)],\gamma_{zy}=\frac{1}{G}\tau_{zy}\end{aligned}\right\} \tag{3-17}$$

式中,$E$ 为弹性模量;$G$ 是剪切弹性模量,又称为刚度模量;$\mu$ 是侧向收缩系数,又称泊松比。三者之间的关系为:

$$G=\frac{E}{2(1+\mu)} \tag{3-18}$$

将式(3-17)前三式相加,得 $\varepsilon_x+\varepsilon_y+\varepsilon_z=\frac{1-2\mu}{E}(\sigma_x+\sigma_y+\sigma_z)$,即

$$\theta=\frac{1-2\mu}{E}\Theta \tag{3-19}$$

其中,$\theta=\varepsilon_x+\varepsilon_y+\varepsilon_z$,是体应变;$\Theta=\sigma_x+\sigma_y+\sigma_z$。可见,体应变 $\theta$ 与 $\Theta$ 成正比。因此,$\Theta=\sigma_x+\sigma_y+\sigma_z$ 也称为体积应力,而比例常数 $E/(1-2\mu)$ 也就称为体积模量。需注意,$E$、$G$、$\mu$ 是不随坐标而改变的弹性常数。

2)应力分量用形变分量来表示的物理方程

为了使用方便,下面来导出物理方程的另一种形式,即将应力分量用形变分量来表示。由方程(3-17)中的第一式可得

$$\varepsilon_x=\frac{1}{E}[(1+\mu)\sigma_x-\mu(\sigma_x+\sigma_y+\sigma_z)]=\frac{1}{E}[(1+\mu)\sigma_x-\mu\Theta]$$

求解可得

$$\sigma_x=\frac{1}{1+\mu}(E\varepsilon_x+\mu\Theta)$$

将 $\Theta=\dfrac{E}{1-2\mu}\theta$ 代入,得

$$\sigma_x=\frac{E}{1+\mu}\left(\frac{\mu}{1-2\mu}\theta+\varepsilon_x\right)$$

同理,可导出与此相似的两个方程。再由式(3-17)中的后三式求解剪应力分量,得

$$\left.\begin{aligned}\sigma_x&=\frac{E}{1+\mu}\left(\frac{\mu}{1-2\mu}\theta+\varepsilon_x\right),\quad \tau_{xy}=\frac{E}{2(1+\mu)}\gamma_{xy}\\\sigma_y&=\frac{E}{1+\mu}\left(\frac{\mu}{1-2\mu}\theta+\varepsilon_y\right),\quad \tau_{zx}=\frac{E}{2(1+\mu)}\gamma_{zx}\\\sigma_z&=\frac{E}{1+\mu}\left(\frac{\mu}{1-2\mu}\theta+\varepsilon_z\right),\quad \tau_{zy}=\frac{E}{2(1+\mu)}\gamma_{zy}\end{aligned}\right\}\tag{3-20}$$

这是空间问题物理方程的第二种形式,其中应力分量是用形变分量来表示的,可用于按位移求解的方法。

### 2. 平面问题的物理方程

如前所述,一个工程问题要简化为平面问题,需在结构的形状、受力和约束方面具有一定的特点。

①几何方面:要求结构的形状为柱形体,且横截面形状沿形心轴保持不变。一个方向(或轴向)尺寸,或者比另外两个方向(或横截面方向)尺寸大得多,或者比另外两个方向尺寸小得多。

②受力方面:结构上仅承受面内荷载,即所有的荷载(体力和面力)都作用在横截面内,轴向无荷载作用,且荷载沿轴向保持不变。

③约束方面:结构表面约束情况沿轴向保持不变。且当边界表面上全部给定面力边界条件时,要求边界上的面力构成自平衡力系。

同时满足以上条件的工程问题就可以简化为平面问题来求解,而且解的精度足够满足工程要求。根据几何方面的特点,平面问题可以分为两类:平面应力问题和平面应变问题。

1)平面应力问题

(1)平面应力问题的特征。

①研究对象的几何特点:一个方向的尺寸远小于其他两个方向的尺寸,即 $z$ 方向的尺寸远小于其他两个方向的尺寸。如图 3-5a)所示,承受面内荷载的很薄的等厚度薄板和安装于轴上的受内压力的圆环就属于典型的平面应力问题。又如深梁、平板支墩,也属于此类问题。

②外荷载特点:在板边上受有平行于板的对称中面、且不沿厚度变化的面力或约束。板的侧面($z$ 面)为自由面,无面力作用。同时,体力也平行于板的对称中面,且不沿厚度变化。

③应力特点:如图 3-5a)所示,设薄板的厚度为 $\delta$,以薄板的中面为 $xoy$ 面,以垂直于中面的任一直线为 $z$ 轴,因为板的自由面上($z=\pm\delta/2$)不受力,故有

$$(\sigma_z)_{z=\pm\delta/2}=0\qquad(\tau_{zx})_{z=\pm\delta/2}=0\qquad(\tau_{zy})_{z=\pm\delta/2}=0$$

又因为板很薄,外力不沿板厚变化,应力沿着板的厚度又是连续分布的,因此可以认为在整个薄板的所有各点都有 $\sigma_z=0$、$\tau_{zx}=0$、$\tau_{zy}=0$,根据剪应力的互等定理,必然有

$$\tau_{xz}=\tau_{zx}=0\qquad\tau_{yz}=\tau_{zy}=0$$

这样,就只剩下平行于 $xoy$ 面的三个平面应力分量 $\sigma_x$、$\sigma_y$、$\tau_{xy}=\tau_{yx}$,所以,具有这样特点的问题称为平面应力问题。

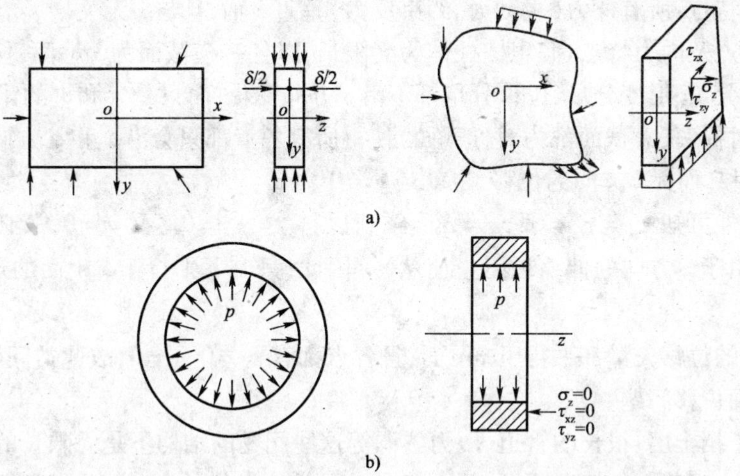


图 3-5　平面应力问题

a)受面内荷载作用的薄板；b)受内压力的薄壁圆环

(2)平面应力问题的物理方程。

在平面应力问题中，$\sigma_z=0$，由式(3-17)，物理方程可化简为：

$$\varepsilon_x=\frac{1}{E}(\sigma_x-\mu\sigma_y),\quad \varepsilon_y=\frac{1}{E}(\sigma_y-\mu\sigma_x),\quad \gamma_{xy}=\frac{2(1+\mu)}{E}\tau_{xy} \tag{3-21}$$

注：$\varepsilon_z=-\frac{\mu}{E}(\sigma_x+\sigma_y)$，即 $\varepsilon_z$ 可以直接由 $\sigma_x$ 和 $\sigma_y$ 来确定，因而不作为独立的未知函数，并由 $\varepsilon_z$ 求得薄板厚度的改变。另外，在平面应力问题中，因为 $\tau_{yz}=\tau_{xz}=0$，所以 $\gamma_{yz}=\gamma_{xz}=0$。

2)平面应变问题

(1)平面应变问题的特征。

①研究对象的几何特点：一个方向的尺寸远大于其他两个方向的尺寸，如图 3-6 所示的重力水坝和受内压力管道问题，在 $z$ 方向的尺寸大于其他方向的尺寸；垂直 $z$ 轴的所有截面的大小、形状、方位角相同。又如，挡土墙、很长的管道、压力隧洞问题等，很接近于平面应变问题。

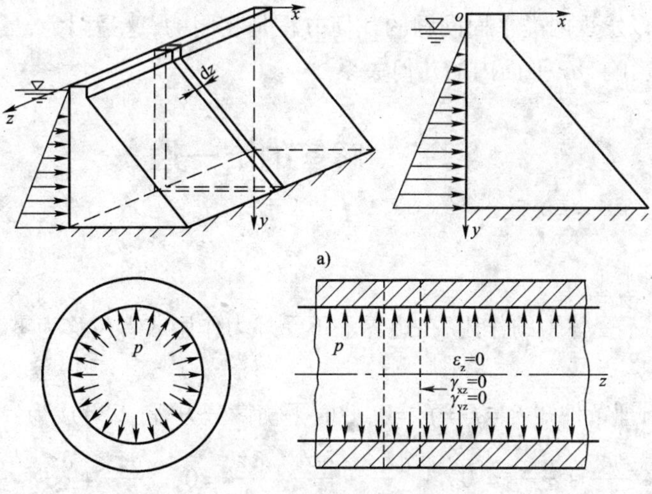


图 3-6　平面应变问题

a)重力水坝；b)压力薄壁管道

②外荷载特点：所有外力（主动力、约束反力）垂直 $z$ 轴，且与 $z$ 无关。

③形变特点及内力特点：假想棱柱体为无限长，以任一横截面为 $xoy$ 面，任一纵线为 $z$ 轴，则所有剪应力分量、形变分量、位移分量都不沿 $z$ 方向变化，而只是 $x$ 和 $y$ 的函数。同时，在此情况下，由于对称（任意截面都为对称截面）使得所有各点都只会沿 $x$ 和 $y$ 方向移动，即只有 $u$ 和 $v$ 方向的位移，而无 $z$ 方向的位移，也就是 $w=0$。

由对称条件可知 $\tau_{zx}=\tau_{xz}=0$、$\tau_{yz}=\tau_{zy}=0$，所以，$\gamma_{zx}=\gamma_{zy}=0$。又 $w=0$，故必然 $\varepsilon_z=0$（$\sigma_z$ 一般不等于零，由于 $z$ 方向的伸缩被阻止使然）。因此，只剩下平行于 $xoy$ 面的形变分量 $\varepsilon_x$、$\varepsilon_y$、$\gamma_{xy}=\gamma_{yx}$。

因为各点的位移矢量都平行于 $xoy$ 面，且各点都有 $\varepsilon_z=0$、$w=0$，故此类问题称为平面应变问题，或叫平面位移问题。

虽然，对于挡土墙、很长的管道、压力隧洞等这些问题的结构不是无限长的，而且在两端面上的条件也与中间截面的情况不同，并不符合无限长柱形体的条件，但是实践证明，离开两端较远处，按平面应变问题进行分析计算，得出的结果却是工程上可用的。

(2)平面应变问题的物理方程。

在平面应变问题中，因为物体的所有各点都不沿 $z$ 方向移动，$w=0$，所以 $z$ 方向的线段都没有伸缩，即 $\varepsilon_z=0$。于是 $\sigma_z=\mu(\sigma_x+\sigma_y)$，代入式(3-17)，得物理方程为：

$$\varepsilon_x=\frac{1-\mu^2}{E}\left(\sigma_x-\frac{\mu}{1-\mu}\sigma_y\right),\quad \varepsilon_y=\frac{1-\mu^2}{E}\left(\sigma_y-\frac{\mu}{1-\mu}\sigma_x\right),\quad \gamma_{xy}=\frac{2(1+\mu)}{E}\tau_{xy} \tag{3-22}$$

可以看出，如果把平面应力问题的物理方程中的 $E$、$\mu$ 分别换为 $E/(1-\mu^2)$ 和 $\mu/(1-\mu)$，也能得到平面应变问题的物理方程。

3)两类平面问题的主要区别

(1)平衡微分方程是相同的。虽然应力分量 $\sigma_z$ 不同，但由于它自成平衡，不会影响 $xoy$ 平面内的平衡条件。

(2)物理关系是不相同的。因为两类平面问题的 $\sigma_z$ 和 $\varepsilon_z$ 不相同，它们在物理关系中的出现，就导致了不同的物理关系。

(3)同时也可以发现两类平面问题的几何方程是相同的，这是因为，虽然两类平面问题的 $\varepsilon_z$ 不相同，但它不影响 $xoy$ 平面内的几何关系。

## §3-5 解答的唯一性

### 1. 引理

设弹性体内部不受体力的作用，在边界上不受外力作用或者位移为零，则弹性体内各点的应力、形变均等于零。

**证明：**(1)由引理条件知 $f_x=f_y=f_z=0$，此时平衡微分方程(2-3)成为：

$$\frac{\partial\sigma_x}{\partial x}+\frac{\partial\tau_{xy}}{\partial y}+\frac{\partial\tau_{xz}}{\partial z}=0,\quad \frac{\partial\tau_{yx}}{\partial x}+\frac{\partial\sigma_y}{\partial y}+\frac{\partial\tau_{yz}}{\partial z}=0,\quad \frac{\partial\tau_{zx}}{\partial x}+\frac{\partial\tau_{zy}}{\partial y}+\frac{\partial\sigma_z}{\partial z}=0 \tag{3-23}$$

将式(3-23)的第一、第二、第三式先分别乘以 $u$、$v$、$w$，然后相加，并在弹性体内的全部体积内进行积分，得

$$\iiint_V \left[\left(\frac{\partial\sigma_x}{\partial x}+\frac{\partial\tau_{xy}}{\partial y}+\frac{\partial\tau_{xz}}{\partial z}\right)u+\left(\frac{\partial\tau_{yx}}{\partial x}+\frac{\partial\sigma_y}{\partial y}+\frac{\partial\tau_{yz}}{\partial z}\right)v+\left(\frac{\partial\tau_{zx}}{\partial x}+\frac{\partial\tau_{zy}}{\partial y}+\frac{\partial\sigma_y}{\partial z}z\right)w\right]\mathrm{d}x\mathrm{d}y\mathrm{d}z=0 \tag{3-24}$$

或者整理为：

$$\iiint_V \left[\frac{\partial}{\partial x}(\sigma_x u+\tau_{yx}v+\tau_{zx}w)+\frac{\partial}{\partial y}(\tau_{xy}u+\sigma_y v+\tau_{zy}w)+\frac{\partial}{\partial z}(\tau_{xz}u+\tau_{yz}v+\sigma_z w)\right]\mathrm{d}x\mathrm{d}y\mathrm{d}z-$$
$$\iiint_V \left[\sigma_x\frac{\partial u}{\partial x}+\sigma_y\frac{\partial v}{\partial y}+\sigma_z\frac{\partial w}{\partial z}+\tau_{xy}\left(\frac{\partial u}{\partial y}+\frac{\partial v}{\partial x}\right)+\tau_{yz}\left(\frac{\partial v}{\partial z}+\frac{\partial w}{\partial y}\right)+\tau_{xz}\left(\frac{\partial u}{\partial z}+\frac{\partial w}{\partial x}\right)\right]\mathrm{d}x\mathrm{d}y\mathrm{d}z=0 \tag{3-25}$$

由 Green 理论，即 $\oint_A Bn_i\mathrm{d}A=\int_V\frac{\partial B}{\partial x_i}\mathrm{d}V$，将上式前半部分换算成面积积分，则有

$$\oiint_a [(\sigma_x u+\tau_{yx}v+\tau_{zx}w)l+(\tau_{xy}u+\sigma_y v+\tau_{zy}w)m+(\tau_{xz}u+\tau_{yz}v+\sigma_z w)]n\mathrm{d}A-$$
$$\iiint_V [(\sigma_x\varepsilon_x+\sigma_y\varepsilon_y+\sigma_z\varepsilon_z)+\tau_{xy}\gamma_{xy}+\tau_{yz}\gamma_{yz}+\tau_x\gamma_{xy}]\mathrm{d}x\mathrm{d}y\mathrm{d}z=0 \tag{3-26}$$

按边界条件整理式(3-26)的前半部分，则有

$$\oiint_a (\bar{f}_x u+\bar{f}_y v+\bar{f}_z w)\mathrm{d}A-\iiint_V [(\sigma_x\varepsilon_x+\sigma_y\varepsilon_y+\sigma_z\varepsilon_z)+\tau_{xy}\gamma_{xy}+\tau_{yz}\gamma_{yz}+\tau_x\gamma_{xy}]x\mathrm{d}y\mathrm{d}z \tag{3-27}$$

(2)由边界条件知：

$$\oiint_a (\bar{f}_x u+\bar{f}_y v+\bar{f}_z w)\mathrm{d}A=0$$

因此有

$$\iiint_V [(\sigma_x\varepsilon_x+\sigma_y\varepsilon_y+\sigma_z\varepsilon_z)+\tau_{xy}\gamma_{xy}+\tau_{yz}\gamma_{yz}+\tau_x\gamma_{xy}]x\mathrm{d}y\mathrm{d}z=0$$

则

$$\sigma_x\varepsilon_x+\sigma_y\varepsilon_y+\sigma_z\varepsilon_z+\tau_{xy}\gamma_{xy}+\tau_{yz}\gamma_{yz}+\tau_{xz}\gamma_{xz}=0 \tag{3-28}$$

利用物理方程将式(3-28)中的应力分量用形变分量来表示，则式(3-28)成为：

$$\lambda(\varepsilon_x+\varepsilon_y+\varepsilon)^2+G[2(\varepsilon_x+\varepsilon_y+\varepsilon_z)^2+\gamma_{xy}^2+\gamma_{yz}^2+\gamma_{xz}^2]=0$$

式中，$\lambda=\frac{E\mu}{(1+\mu)(1-2\mu)}$，$G=\frac{E}{2(1+\mu)}$。由式(3-28)可知

$$\varepsilon_x=\varepsilon_y=\varepsilon_z=\gamma_{xy}=\gamma_{yz}=\gamma_{xz}=0$$

由物理方程知

$$\sigma_x=\sigma_y=\sigma_z=\tau_{xy}=\tau_{yz}=\tau_x=0$$

引理得证。

**2. 解的唯一性定理**

设弹性体受体力作用，在边界上所受的外力或位移为已知，则弹性体处于平衡时，体内各点应力分量、形变分量和位移分量的解答是唯一的。也就是说，在给定的线弹性力学问题中，假定弹性体中无初应力，那么，只要所给的解答能满足该问题范围内的全部方程、边界条件以及多连体中的位移单值条件，它便是正确的、唯一的解答。

**证明：**(1)在同一边界条件下，若弹性体的应力、应变和位移分量有两组不同的解，分别

设为：

$\sigma_x^{(1)}\quad \sigma_y^{(1)}\quad \sigma_z^{(1)}\quad \tau_{xy}^{(1)}\quad \tau_{yz}^{(1)}\quad \tau_{zx}^{(1)}$ 和 $\sigma_x^{(2)}\quad \sigma_y^{(2)}\quad \sigma_z^{(2)}\quad \tau_{xy}^{(2)}\quad \tau_{yz}^{(2)}\quad \tau_{zx}^{(2)}$

$\varepsilon_x^{(1)}\quad \varepsilon_y^{(1)}\quad \varepsilon_z^{(1)}\quad \gamma_{xy}^{(1)}\quad \gamma_{yz}^{(1)}\quad \gamma_{zx}^{(1)}$ 和 $\varepsilon_x^{(2)}\quad \varepsilon_x^{(2)}\quad \varepsilon_y^{(2)}\quad \varepsilon_z^{(2)}\quad \gamma_{xy}^{(2)}\quad \gamma_{yz}^{(2)}\quad \gamma_{zx}^{(2)}$

$u_1\quad v_1\quad w_1$ 和 $u_2\quad v_2\quad w_2$

因为边界条件相同，故上述两组解在边界条件上的值必然相等。

(2)又设另一组新解，其应力、应变和位移各为：

$\sigma_x^* = \sigma_x^{(1)} - \sigma_x^{(2)}, \sigma_y^* = \sigma_y^{(1)} - \sigma_y^{(2)}, \tau_{xy}^* = \tau_{xy}^{(1)} - \tau_{xy}^{(2)}, \tau_{yz}^* = \tau_{yz}^{(1)} - \tau_{yz}^{(2)}, \tau_{zx}^* = \tau_{zx}^{(1)} - \tau_{zx}^{(2)}$

$\varepsilon_x^* = \varepsilon_x^{(1)} - \varepsilon_x^{(2)}, \varepsilon_y^* = \varepsilon_y^{(1)} - \varepsilon_y^{(2)}, \gamma_{xy}^* = \gamma_{xy}^{(1)} - \tau_{xy}^{(2)}, \gamma_{yz}^* = \gamma_{yz}^{(1)} - \gamma_{yz}^{(2)}, \gamma_{zx}^* = \gamma_{zx}^{(1)} - \gamma_{zx}^{(2)}$

$u^* = u_1 - u_2, v^* = v_1 - v_2, w^* = w_1 - w_2$

①两组应力分量分别都满足平衡微分方程：

$$\left.\begin{aligned}\left(\frac{\partial \sigma_x}{\partial x}+\frac{\partial \tau_{xy}}{\partial y}+\frac{\partial \tau_{xz}}{\partial z}+f_x\right)^{(1)}=0\\ \left(\frac{\partial \tau_{yx}}{\partial x}+\frac{\partial \sigma_y}{\partial y}+\frac{\partial \tau_{yz}}{\partial z}+f_y\right)^{(1)}=0\\ \left(\frac{\partial \tau_{zx}}{\partial x}+\frac{\partial \tau_{zy}}{\partial y}+\frac{\partial \sigma_z}{\partial z}+f_z\right)^{(1)}=0\end{aligned}\right\} \text{和} \left.\begin{aligned}\left(\frac{\partial \sigma_x}{\partial x}+\frac{\partial \tau_{xy}}{\partial y}+\frac{\partial \tau_{xz}}{\partial z}+f_x\right)^{(2)}=0\\ \left(\frac{\partial \tau_{yx}}{\partial x}+\frac{\partial \sigma_y}{\partial y}+\frac{\partial \tau_{yz}}{\partial z}+f_y\right)^{(2)}=0\\ \left(\frac{\partial \tau_{zx}}{\partial x}+\frac{\partial \tau_{zy}}{\partial y}+\frac{\partial \sigma_z}{\partial z}+f_z\right)^{(2)}=0\end{aligned}\right\} \tag{3-29}$$

将以上两组平衡方程的对应两式分别相减后，得

$$\left.\begin{aligned}\left(\frac{\partial \sigma_x}{\partial x}+\frac{\partial \tau_{xy}}{\partial y}+\frac{\partial \tau_{xz}}{\partial z}\right)^{(1)}-\left(\frac{\partial \sigma_x}{\partial x}+\frac{\partial \tau_{xy}}{\partial y}+\frac{\partial \tau_{xz}}{\partial z}\right)^{(2)}=0\\ \left(\frac{\partial \tau_{yx}}{\partial x}+\frac{\partial \sigma_y}{\partial y}+\frac{\partial \tau_{yz}}{\partial z}\right)^{(1)}-\left(\frac{\partial \tau_{yx}}{\partial x}+\frac{\partial \sigma_y}{\partial y}+\frac{\partial \tau_{yz}}{\partial z}\right)^{(2)}=0\\ \left(\frac{\partial \tau_{zx}}{\partial x}+\frac{\partial \tau_{zy}}{\partial y}+\frac{\partial \sigma_z}{\partial z}\right)^{(1)}-\left(\frac{\partial \tau_{zx}}{\partial x}+\frac{\partial \tau_{zy}}{\partial y}+\frac{\partial \sigma_z}{\partial z}\right)^{(2)}=0\end{aligned}\right\} \tag{3-30}$$

②第一组解和第二组解在边界上的值是相等的。同理，可推出

$$\sigma_x^* l + \tau_{xy}^* m + \tau_{zx}^* n = 0,\quad \tau_{yx}^* l + \sigma_y^* m + \tau_{yz}^* n = 0,\quad \tau_{zx}^* l + \tau_{zy}^* m + \sigma_z^* n = 0 \tag{3-31}$$

③由式(3-30)和式(3-31)可知，$\sigma_x^*$、$\sigma_g^*$…应力都对应于一个无体力、无面力的自然状态，且在边界上为零，由引理可知，在弹性体的全部体内有

$$\sigma_x^{(1)} = \sigma_x^{(2)},\quad \sigma_y^{(1)} = \sigma_y^{(2)},\quad \tau_{xy}^{(1)} = \tau_{xy}^{(2)},\quad \tau_{yz}^{(1)} = \tau_{yz}^{(2)},\quad \tau_{zx}^{(1)} = \tau_{zx}^{(2)}$$

(3)同理可以证明，形变分量和应力分量也存在 $\varepsilon_x^{(1)} = \varepsilon_x^{(2)}, \cdots; u_1 = u_2, \cdots$。故得证。

由唯一性定理可知，求解弹性力学问题的方法，可以针对具体问题，灵活多变。但是，只要解答满足该问题所应满足的全部方程、边界条件以及多连体中的位移单值条件，就是正确的解答、唯一的解答。

## 思考题与习题

3-1　试叙述形变协调方程的物理意义及其用途，为什么说它在多连体问题中，仅是能求得单值连续位移的必要而非充分的条件？

3-2　已知平面弹性体内任意一点的形变分量为：

$$\varepsilon_x = \frac{1}{E}\left(\frac{\partial^2 f}{\partial y^2} - \mu \frac{\partial^2 f}{\partial x^2}\right), \quad \varepsilon_y = \frac{1}{E}\left(\frac{\partial^2 f}{\partial x^2} - \mu \frac{\partial^2 f}{\partial y^2}\right), \quad \gamma_{xy} = -\frac{2(1+\mu)}{E}\frac{\partial^2 f}{\partial x \partial y}$$

当应变状态存在时，试确定 $f(x,y)$ 应满足的关系式，式中 $E$、$\mu$ 为弹性常数。

**答案：**$\dfrac{\partial^4 f}{\partial x^4} + 2\dfrac{\partial^4 f}{\partial x^2 \partial y^2} + \dfrac{\partial^4 f}{\partial y^4} = 0$

3-3　已知弹性体内任意一点的位移分量为：

$$u = u_0 + C_{11}x + C_{12}y + C_{13}z, v = v_0 + C_{21}x + C_{22}y + C_{23}z, w = w_0 + C_{31}x + C_{32}y + C_{33}z$$

试求形变分量，并证明该弹性体内各个形变分量为常量（即所谓均匀变形）；在变形以后，物体内的平面保持为平面，平行面保持平行；直线保持为直线，平行线保持平行；正平行六面体变成倾斜六面体；圆球面变成为椭球面。

3-4　试证明在§3-1节中的刚体位移分量 $u_0$、$v_0$ 及 $\omega$，实际是弹性体中坐标原点的相应位移分量。

3-5　如果某一问题中：

(1) $\sigma_z = \tau_{yz} = \tau_{zx} = 0$，只存在平面应力分量 $\sigma_x$、$\sigma_y$、$\tau_{xy}$，且它们不沿 $z$ 方向变化，仅为 $x$、$y$ 的函数，此问题是否就是平面应力问题？

(2) $\varepsilon_z = \gamma_{yz} = \gamma_{zx} = 0$，只存在平面应变分量 $\varepsilon_x$、$\varepsilon_y$、$\gamma_{xy}$，且它们不沿 $z$ 方向变化，仅为 $x$、$y$ 的函数，此问题是否就是平面应变问题？

3-6　如图3-7所示，在一个永不变形的刚性模具中压缩一物体，底模为正方形，各边长为 $a$，模高为 $h$。物体上表面受均布压力 $p$ 作用。设物体与模壁之间没有摩擦，其泊松比为 $\mu$。求物体内的应力分布。

**答案：**$\sigma_x = \sigma_y = -\dfrac{\mu}{1-\mu}p, \sigma_z = -p, \tau_{xy} = \tau_{yx} = 0$

3-7　分析说明：

(1) 如图3-8a)所示，在不受任何面力作用的空间体表面附近薄层中，该问题接近于平面应力问题。

(2) 如图3-8b)所示，在板上处处受法向约束且不受面力作用的等厚度薄板中，当板边上只有 $x$、$y$ 方向的面力或约束，且不沿厚度变化时，该问题接近于平面应变问题。

3-8　试比较两类平面问题的异同点。

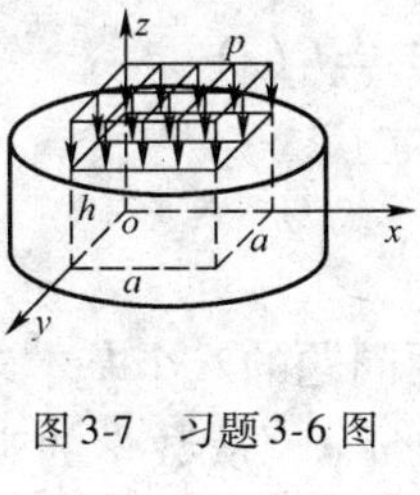


图3-7　习题3-6图

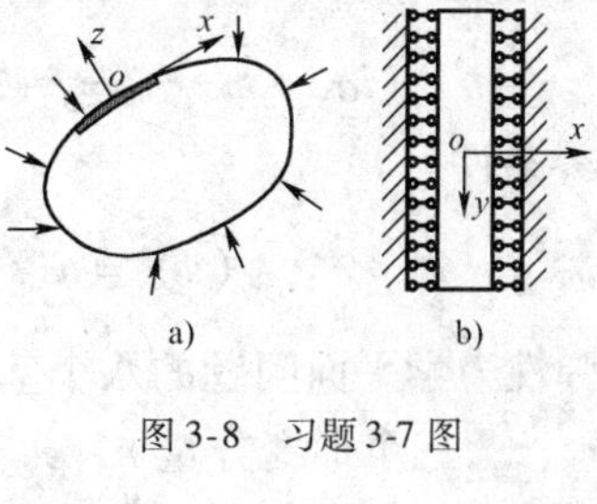


图3-8　习题3-7图

# 第4章　平面问题直角坐标解法

## §4-1　用直角坐标表示的基本方程

### 1. 基本方程

1）两个平衡微分方程

$$\frac{\partial \sigma_x}{\partial x}+\frac{\partial \tau_{yx}}{\partial y}+f_x=0,\quad \frac{\partial \sigma_y}{\partial y}+\frac{\partial \tau_{xy}}{\partial x}+f_y=0$$

2）几何方程

$$\varepsilon_x=\frac{\partial u}{\partial x},\quad \varepsilon_y=\frac{\partial v}{\partial y},\quad \gamma_{xy}=\frac{\partial v}{\partial x}+\frac{\partial u}{\partial y}$$

3）物理方程

（1）平面应力问题：

$$\varepsilon_x=\frac{1}{E}(\sigma_x-\mu\sigma_y),\quad \varepsilon_y=\frac{1}{E}(\sigma_y-\mu\sigma_x),\quad \gamma_{xy}=\frac{1}{G}\tau_{xy}=\frac{2(1+\mu)}{E}\tau_{xy}$$

（2）平面应变问题：

$$\varepsilon_x=\frac{1-\mu^2}{E}\left(\sigma_x-\frac{\mu}{1-\mu}\sigma_y\right),\quad \varepsilon_y=\frac{1-\mu^2}{E}\left(\sigma_y-\frac{\mu}{1-\mu}\sigma_x\right),\quad \gamma_{xy}=\frac{1}{G}\tau_{xy}=\frac{2(1+\mu)}{E}\tau_{xy}$$

### 2. 边界条件

1）应力边界条件

$$(l\sigma_x+m\tau_{yx})_s=\bar{f}_x(s),\qquad (m\sigma_y+l\tau_{xy})_s=\bar{f}_y(s)$$

2）位移边界条件

$$(u)_s=\bar{u}(s),\qquad (v)_s=\bar{v}(s)$$

以上求解弹性力学平面问题的八个基本方程中，包含平面问题的八个基本未知量，即三个应力分量 $\sigma_x$、$\sigma_y$、$\tau_{xy}$，三个形变分量 $\varepsilon_x$、$\varepsilon_y$、$\gamma_{xy}$ 和两个位移分量 $u$、$v$。从数学的观点看，用八个方程联立求解八个未知量是足够的。这些函数在区域内必须满足基本方程，在边界上必须满足边界条件。根据给定的边界条件类型，可将弹性力学问题分为三类。

第一类：应力边值问题。已知或给定弹性体表面的面力（实际给定了边界应力），这类问题在弹性力学一般问题的解法中常见。

第二类：位移边值问题。已知或给定弹性体表面的位移（实际给定了物体边界的约束条件），这类问题在数值解法的有限元方法中常用。

第三类:混和边界问题。部分边界给定面力,其余边界给定位移。但是注意,**在同一边界的同一方向上不能同时全部给出应力和位移边界条件。**

## §4-2 平面问题基本解法概述

与结构力学相似,在弹性力学里求解问题,也有三种基本方法,就是按位移求解,按应力求解和混合求解。由于未知函数及其所应满足的方程数目较多,相关问题难以直接求解。为此,通常采用类似于代数方程中的消元法进行求解。

### 1. 按位移求解的方法,又称位移法

它是以位移分量为基本未知函数,从基本方程和边界条件中消去应力分量和形变分量,推导出只包含位移分量的微分方程和边界条件,再由此求出位移分量表达式,然后再用几何方程求出形变分量,从而用物理方程可求出应力分量。该方法在弹性力学中使用极少。

### 2. 按应力求解的方法,又称应力法

它是以应力分量为基本未知函数,从基本方程和边界条件中消去位移分量和形变分量,推导出只包含应力分量的微分方程和边界条件,再由此求出应力分量,然后再用物理方程求出形变分量,从而用几何方程求出位移分量。该方法在弹性力学中的应用较广泛。

按应力求解弹性力学具体问题时,主要用逆解法和半逆解法。

(1)所谓逆解法,就是根据问题的性质(如由材料力学等的知识、弹性体边界上面力分布情况或经验等),假定全部应力分量(含待定常数)的形式,使它们满足基本方程;然后考察相应边界上的位移或面力条件,再与实际边界条件相比较,若相同,则可认为所假设的应力分量是问题的解;最后根据边界条件确定待定常数。

(2)所谓半逆解法,就是针对所要求解的问题特点,根据弹性体的边界形状和受力情况,假设部分应力分量(含待定常数)的函数形式;然后由基本方程和边界条件求出另一部分未知量,这样,就可得出全部的未知量。

但是,不管是逆解法还是半逆解法,都要针对求解的问题,紧紧抓住弹性体的边界形状和受力情况,假设出全部或部分的应力分量的某种函数形式,然后从相应的微分方程中求出解答,并由边界条件确定积分常数。

### 3. 混合求解的方法

它是同时以某些位移分量和应力分量作为基本未知函数,从基本方程和边界条件中导出只包含这些基本未知函数的微分方程和边界条件,由此求出这些基本未知函数,然后再用适当的方程求出其他的未知函数。

## §4-3 直角坐标中按位移求解平面问题

以位移分量 $u$ 和 $v$ 作为基本未知量求解弹性力学问题,把平衡微分方程和边界条件变换成用位移分量表示的形式,求解问题时不需要变换协调方程。下面来导出按位移法求解平面问题的方程和边界条件。

### 1. 对于平面应力问题

1)用位移分量表示的平衡方程

先从物理方程式(3-21)中求出应力分量,并用形变分量来表示。

$$\sigma_x=\frac{E}{1-\mu^2}(\varepsilon_x+\mu\varepsilon_y),\sigma_y=\frac{E}{1-\mu^2}(\varepsilon_y+\mu\varepsilon_x),\tau_{xy}=\frac{E}{2(1+\mu)}\gamma_{xy} \tag{4-1}$$

再将几何方程(3-4)代入,就得到用位移分量表示应力分量的表达式:

$$\sigma_x=\frac{E}{1-\mu^2}\left(\frac{\partial u}{\partial x}+\mu\frac{\partial v}{\partial y}\right),\sigma_y=\frac{E}{1-\mu^2}\left(\frac{\partial v}{\partial y}+\mu\frac{\partial u}{\partial x}\right),\tau_{xy}=\frac{E}{2(1+\mu)}\left(\frac{\partial v}{\partial x}+\frac{\partial u}{\partial y}\right) \tag{4-2}$$

将式(4-2)代入区域内的两个平衡微分方程(2-2),得

$$\left.\begin{aligned}\frac{E}{1-\mu^2}\left(\frac{\partial^2 u}{\partial x^2}+\frac{1-\mu}{2}\frac{\partial^2 u}{\partial y^2}+\frac{1+\mu}{2}\frac{\partial^2 v}{\partial x\partial y}\right)+f_x=0\\ \frac{E}{1-\mu^2}\left(\frac{\partial^2 v}{\partial y^2}+\frac{1-\mu}{2}\frac{\partial^2 v}{\partial x^2}+\frac{1+\mu}{2}\frac{\partial^2 u}{\partial x\partial y}\right)+f_y=0\end{aligned}\right\} \tag{4-3}$$

式(4-3)就是按位移求解平面应力问题时所用的基本微分方程,实际上它就是用位移分量表示的平衡微分方程。

2)用位移分量表示的应力边界条件

将应力分量表达式(4-2)代入边界条件(2-24),简化以后,得

$$\left.\begin{aligned}\frac{E}{1-\mu^2}\left[l\left(\frac{\partial u}{\partial x}+\mu\frac{\partial v}{\partial y}\right)+m\frac{1-\mu}{2}\left(\frac{\partial u}{\partial y}+\frac{\partial v}{\partial x}\right)\right]_s=\bar{f}_x\\ \frac{E}{1-\mu^2}\left[m\left(\frac{\partial v}{\partial y}+\mu\frac{\partial u}{\partial x}\right)+l\frac{1-\mu}{2}\left(\frac{\partial u}{\partial y}+\frac{\partial v}{\partial x}\right)\right]_s=\bar{f}_y\end{aligned}\right\}(\text{在 } s_\sigma \text{ 上}) \tag{4-4}$$

式(4-4)就是用位移表示的应力边界条件,也就是按位移求解平面应力问题时所用的应力边界条件。位移边界条件仍然如式(2-29)所示,即

$$(u)_s=\bar{u}(s),\qquad (v)_s=\bar{v}(s)(\text{在 } s_u \text{ 上})$$

总之,按位移求解平面应力问题时,要使得位移分量在区域内满足微分方程(4-3),并在边界上满足位移边界条件式(2-29)或应力边界条件式(4-4)。求出位移分量以后,即可用几何方程(3-4)求得形变分量,再用式(4-1)求得应力分量。

### 2. 对于平面应变问题

平面应变问题与平面应力问题相比,除了物理方程不同外,其他的方程与边界条件都相同,只要将式(4-3)和式(4-4)中的 $E$ 换为 $E/(1-\mu^2)$,$\mu$ 换为 $\mu/(1-\mu)$,就可以得出平面应变问题按位移求解时,用位移分量表示的平衡微分方程和边界条件。若已按平面应力问题求得问题的解答,只需将解答中的 $E$ 和 $\mu$ 作相同转换,就可以得出对应的平面应力问题的解答。

### 3. 按位移求解平面问题应用

位移法能适应于各种边界条件问题的求解。其缺点是,对于具体问题,要从复杂的平衡微分方程和边界条件求解位移函数,原则上可以求解任何的问题,但实际上很难做到。因此,已得出的位移法函数解答很少。但是,位移法仍然是弹性力学的一种基本解法,它在弹性力学的

各种近似解法中有着广泛的应用。下面举两个简单的例题，来说明位移法的应用。

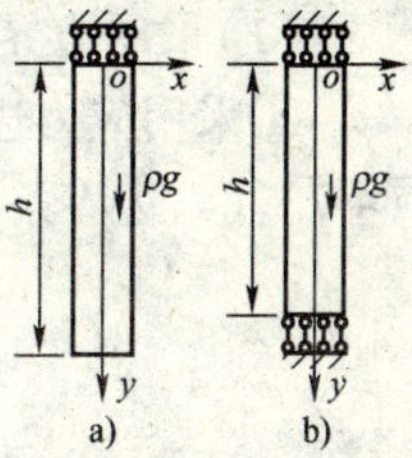

图 4-1 ［例 4-1］图

**［例 4-1］** 如图 4-1a）所示的杆件问题，在 $y$ 方向的上端为固定，而下端为自由，受自重体力 $f_x=0$、$f_y=\rho g$（$\rho$ 是杆的密度，$g$ 是重力加速度）的作用。试用位移法求解此问题。

**解**：可以看出，本问题为平面应力问题。为了简化计算，将本题作为一维问题处理，设 $u=0, v=v(y)$，泊松比 $\mu=0$。将这些位移分量和体力分量代入用位移分量表示的平衡微分方程式(4-3)，其中第一式自然满足，而第二式成为：

$$\frac{d^2v}{dy^2}=-\frac{\rho g}{E}$$

进行二次积分后，解出

$$v=-\frac{\rho g}{2E}y^2+Ay+B \tag{4-5}$$

上下边的边界条件是

$$(v)_{y=0}=0,\quad (\sigma_y)_{y=h}=0 \tag{4-6}$$

将式(4-5)代入式(4-6)第一式，得 $B=0$；将式(4-5)（取 $B=0$）代入式(4-1)第二式，再代入式(4-6)第二式，即得

$$A=\frac{\rho gh}{E}$$

由此得出解答

$$v=\frac{\rho g}{2E}(2hy-y^2),\quad \sigma_y=\rho g(h-y)$$

对于图 4-1b）所示的问题，读者可以类似的方法求出其解答。

**［例 4-2］** 如图 4-2 所示，半空间体容重为 $\rho g$，在水平面上作用有均布压力 $q$，求半空间体的位移分量和应力分量。

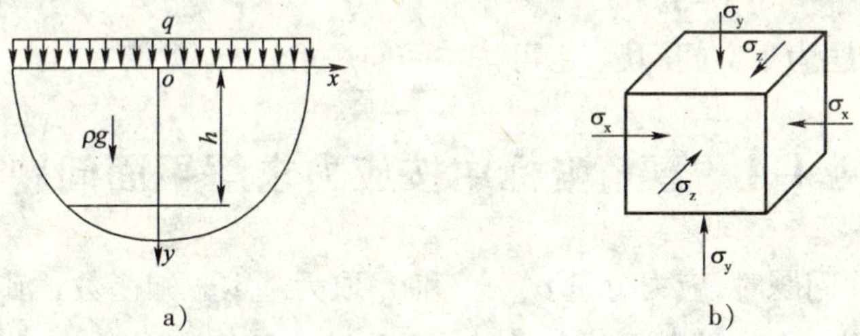

图 4-2 ［例 4-2］图

**解**：设 $z$ 轴垂直于纸面，则 $xoz$ 平面为边界面。由已知条件可知体力分量为 $f_x=0, f_y=\rho g$。

用逆解法：由于空间体的任意铅垂轴 $y$ 为对称轴，故可假设

$$u=0,\qquad v=v(y)$$

将这些量和体力分量代入基本方程(4-3)，其中第一式自然满足，而第二式成为：

$$\frac{d^2v}{dy^2}=-\frac{\rho g(1-\mu^2)}{E}$$

由此式的二次积分，可解出竖向位移：

$$v=\frac{d^2v}{dy^2}=-\frac{\rho g(1-\mu^2)}{2E}y^2+Ay+B \tag{4-7}$$

(1)采用边界条件确定积分常数 $A$、$B$,此问题具有混合边界条件。

①采用应力边界条件确定 $A$。当 $y=0$ 时,$l=0,m=-1$,面力为 $\bar{f}_x=0,\bar{f}_y=q$,将它们和式(4-7)代入边界条件式(4-4)中,第一式自然满足,而第二式成为:

$$\frac{E}{1-\mu^2}\left[\frac{\rho g(1-\mu^2)}{E}y+A\right]_{y=0}=q$$

由此可解出 $A=\dfrac{q(1-\mu^2)}{E}$,此时,$v=-\dfrac{\rho g(1-\mu^2)}{2E}y^2+\dfrac{q(1-\mu^2)}{E}y+B$ (4-8)

②采用位移边界条件确定 $B$。设半空间体在距边界 $y=h$ 深度处没有位移,即位移为零。则应力边界条件为 $(v)_{y=h}=0$,将式(4-8)代入,解得

$$B=\frac{\rho g(1-\mu^2)}{2E}h^2-\frac{q(1-\mu^2)}{E}h=\frac{h(1-\mu^2)}{E}\left(\frac{\rho g}{2}h-q\right)$$

将 $B$ 带入式(4-8),得

$$v=\frac{1-\mu^2}{E}\left[\frac{\rho g}{2}(h^2-y^2)+q(h-y)\right] \tag{4-9}$$

考虑到该问题为平面应变问题,可将式(4-9)中的 $E$ 换为 $\dfrac{E}{1-\mu^2}$,$\mu$ 换为 $\dfrac{\mu}{1-\mu}$,即得铅垂位移为:

$$v=\frac{(1+\mu)(1-2\mu)}{(1-\mu)E}\left[\frac{\rho g}{2}(h^2-y^2)+q(h-y)\right]$$

最大位移发生在边界处($y=0$),即

$$v=\frac{(1+\mu)(1-2\mu)}{(1-\mu)E}\left(\frac{\rho g}{2}h^2+qh\right) \tag{4-10}$$

(2)应力分量。

将式(4-10)代入平面应变问题的物理方程中,即得

$$\sigma_x=-\frac{\mu}{1-\mu}Z(q+\rho gy),\quad \sigma_y=-(q+\rho gy),\quad \tau_{xy}=0$$

另外,注意该问题为半空间问题,也可按空间问题求解,详见第6章。

## §4-4 直角坐标中按应力求解平面问题

按应力求解平面问题时,应力分量 $\sigma_x$、$\sigma_y$ 和 $\tau_{xy}$ 取为基本未知函数。其他未知函数中的形变分量可以简单地用应力分量表示。为了用应力分量表示位移函数,需将物理方程代入几何方程,然后通过积分等运算求出位移分量。因此,用应力分量表示位移分量的表达式较为复杂,其中包含了待定的积分项,且很难求出。所以,**按应力法求解应力函数时,通常只求解全部为应力边界条件的问题。**

按应力求解平面问题时,需要用应力分量表示的协调方程或相容方程。同样,可用消元法导出按应力求解平面问题的方程。

### 1. 平面应力问题的相容方程

在平衡微分方程(2-2)中应力分量有三个,而方程只有两个,还不足以求出应力分量。因此,需要从几何方程和物理方程中消去位移分量和形变分量,可导出只含有应力分量的补充方

程。将物理方程(3-21)代入形变协调方程(3-10),得

$$\frac{\partial^2}{\partial y^2}(\sigma_x-\mu\sigma_y)+\frac{\partial^2}{\partial x^2}(\sigma_y-\mu\sigma_x)=2(1+\mu)\frac{\partial^2\tau_{xy}}{\partial x\partial y} \tag{4-11}$$

利用平衡微分方程,可以简化上式,将平衡方程(2-2)写成

$$\begin{cases}\dfrac{\partial\tau_{yx}}{\partial y}=-\dfrac{\partial\sigma_x}{\partial x}-f_x\\ \dfrac{\partial\tau_{xy}}{\partial x}=-\dfrac{\partial\sigma_y}{\partial y}-f_y\end{cases} \tag{4-12}$$

再将以上二式分别对 $x$ 及 $y$ 求导后相加,并注意 $\tau_{xy}=\tau_{yx}$,得

$$2\frac{\partial^2\tau_{xy}}{\partial x\partial y}=-\frac{\partial^2\sigma_x}{\partial x^2}-\frac{\partial^2\sigma_y}{\partial y^2}-\frac{\partial f_x}{\partial x}-\frac{\partial f_y}{\partial y} \tag{4-13}$$

将其代入式(4-11),整理后得到用应力分量表示的相容方程:

$$\left(\frac{\partial^2}{\partial x^2}+\frac{\partial^2}{\partial y^2}\right)(\sigma_x+\sigma_y)=-(1+\mu)\left(\frac{\partial f_x}{\partial x}+\frac{\partial f_y}{\partial y}\right) \tag{4-14}$$

### 2. 平面应变问题的相容方程

对于平面应变问题,进行同样的推演,或将平面应力问题相容方程中的 $\mu$ 换为 $\dfrac{\mu}{1-\mu}$ 也可得出另一个与此相似的方程,即得到用应力分量表示的相容方程:

$$\left(\frac{\partial^2}{\partial x^2}+\frac{\partial^2}{\partial y^2}\right)(\sigma_x+\sigma_y)=-\frac{1}{1-\mu}\left(\frac{\partial f_x}{\partial x}+\frac{\partial f_y}{\partial y}\right) \tag{4-15}$$

### 3. 按应力求解的基本方程及思路

1)按应力求解时协调方程或相容方程的形式

(1)只包含形变分量的相容方程,称为形变协调方程或相容方程。形变分量必须满足这个方程,才能保证位移分量的存在,即

$$\frac{\partial^2\varepsilon_x}{\partial y^2}+\frac{\partial^2\varepsilon_y}{\partial x^2}=\frac{\partial^2\gamma}{\partial x\partial y}$$

(2)只包含应力分量(基本未知函数)的相容方程。

①对于平面应力问题:

$$\left(\frac{\partial^2}{\partial x^2}+\frac{\partial^2}{\partial y^2}\right)(\sigma_x+\sigma_y)=-(1+\mu)\left(\frac{\partial f_x}{\partial x}+\frac{\partial f_y}{\partial y}\right)$$

②对于平面应变问题:

$$\left(\frac{\partial^2}{\partial x^2}+\frac{\partial^2}{\partial y^2}\right)(\sigma_x+\sigma_y)=-\frac{1}{1-\mu}\left(\frac{\partial f_x}{\partial x}+\frac{\partial f_y}{\partial y}\right)$$

2)解决问题的基本思路

(1)归纳起来讲,按应力求解平面问题时,应力分量 $\sigma_x$、$\sigma_y$ 和 $\tau_{xy}$ 必须满足的条件是:在区域内的平衡微分方程(2-2);在区域内的相容方程(4-14)或方程(4-15);在边界上的应力边界条件式(2-24),设边界全部为应力边界条件的问题。

(2)位移边界条件一般是无法改用应力分量及其导数来表示的。因此,对于位移边界问题和混合边界问题,一般不宜按应力求解。

(3)对于平面问题,可以证明:如果满足了平衡微分方程和相容方程,也满足了应力边界条件,那么,在单连体情况下,应力分量就完全确定了。但是在多连体情况下,应力分量表达式中可能还保留待定函数或待定常数。即在由这些应力分量求出的位移分量表达式中,由于通过了积分运算,可能出现位移多值项,表示弹性体的同一点具有不同的位移值,而在连续体中这是不可能的。根据"位移必须为单值"的条件,命位移多值项的系数等于零,就可以完全确定应力分量。

3)单连体与多连体的定义

所谓**单连体**,就是指在物体内所作的任意一根闭合曲线,都可以使它在物体内不断收缩而趋于一点(如实心体和空心球体),或只具有单个连续边界的弹性体。所谓**多连体**就是具有两个或两个以上连续边界的物体,对于物体内所作的任意一根闭合曲线,不能够在物体内不断收缩而趋于一点(如圆环或圆筒),在平面问题中也就是指有孔口的物体。

### 4. 常体力问题的应力函数

1)用应力分量表示的相容方程及其意义

在很多的工程问题中,体力分量 $f_x$ 与 $f_y$ 是常量,不随坐标而改变,例如重力、加速度为常量时平行移动物体的惯性力等就是常量的体力。在常体力的情况下,相容方程(4-14)和(4-15)的右边都成为零,两种平面问题的相容方程都简化为:

$$\left(\frac{\partial^2}{\partial x^2}+\frac{\partial^2}{\partial y^2}\right)(\sigma_x+\sigma_y)=0 \tag{4-16}$$

可见,在常体力情况下,$\sigma_x+\sigma_y$ 应当满足拉普拉斯微分方程,即调和方程,也就是 $\sigma_x+\sigma_y$ 应当是调和函数。为了书写方便,用记号 $\nabla^2$ 代表 $\frac{\partial^2}{\partial x^2}+\frac{\partial^2}{\partial y^2}$,把方程(4-16)简写为:

$$\nabla^2(\sigma_x+\sigma_y)=0 \tag{4-17}$$

在常体力情况下,平衡微分方程(2-2)、相容方程(4-16)和应力边界条件式(2-24)中都不包含弹性常数,而且对于两种平面问题是相同的。

注:当体力为常量时,在单连体的应力边界问题中可得出这样的结论:如果两个弹性体具有相同的边界形状,并受到同样分布的外力,那么,就不管两个弹性体的材料是否相同,也不管它们是在平面应力或平面应变情况下,应力分量 $\sigma_x$、$\sigma_y$ 和 $\tau_{xy}$ 的分布是相同的(两种平面问题中的应力分量 $\sigma_z$,以及形变和位移,却不一定分布相同)。因此,必然有:

①针对于某种材料的物体所求出的应力分量 $\sigma_x$、$\sigma_y$ 和 $\tau_{xy}$,也适用于具有同样边界、并受同样外力的其他材料的物体;针对平面应力问题所求出的这些应力分量,也适用于边界相同、外力相同的平面应变问题。这对于弹性力学解答在工程上的应用,提供了极大的方便。

②在用实验方法(光弹试验)量测结构或构件的上述应力分量时,可以使用便于量测的材料来制造模型,以代替不便于量测的结构或构件材料;可以用平面应力情况下的薄板模型,来代替平面应变该情况下的长柱形的结构或构件。这对于实验应力分析,也提供了极大的方便。

③在常体力情况下,对于单连体的应力边界问题,还可把体力作用改变为面力的作用,以便于解答问题和实验量测。

2)常体力情况下的应力函数求解

由以上的分析可见,在体力为常量的情况下,按应力求解平面问题,确定应力分量只涉及三个方程,即应力分量 $\sigma_x$、$\sigma_y$ 和 $\tau_{xy}$ 应当满足平衡微分方程

$$
\left.\begin{aligned}
\frac{\partial \sigma_x}{\partial x}+\frac{\partial \tau_{xy}}{\partial y}+f_x=0 \\
\frac{\partial \sigma_y}{\partial y}+\frac{\partial \tau_{xy}}{\partial x}+f_y=0
\end{aligned}\right\} \tag{4-18}
$$

和相容方程

$$
\nabla^2(\sigma_x+\sigma_y)=0 \tag{4-19}
$$

并在边界上满足应力边界条件式(2-24)。对于多连体,还需考虑位移单值条件。

首先,来考虑平衡微分方程(4-18)。这是一个齐次微分方程组,它的解答包含两部分,即它的任意一个特解及下列齐次微分方程的通解:

$$
\left.\begin{aligned}
\frac{\partial \sigma_x}{\partial x}+\frac{\partial \tau_{xy}}{\partial y}=0 \\
\frac{\partial \sigma_y}{\partial y}+\frac{\partial \tau_{xy}}{\partial x}=0
\end{aligned}\right\} \tag{4-20}
$$

(1)特解可以取为:

$$
\sigma_x=-f_x \cdot x、\quad \sigma_y=-f_y \cdot y、\quad \tau_{xy}=0, \tag{4-21}
$$

也可以取为:

$$
\sigma_x=0、\quad \sigma_y=0、\quad \tau_{xy}=-f_x \cdot y-f_y \cdot x,
$$

或

$$
\sigma_x=-f_x \cdot x-f_y \cdot y、\quad \sigma_y=-f_x \cdot x-f_y \cdot y、\quad \tau_{xy}=0,
$$

等能满足微分方程(4-18)的形式。

(2)齐次方程的通解。

对于齐次方程(4-20)的通解,可根据微分方程理论,即偏导数具有相容性的理论求解。设函数 $f=f(x,y)$,则有

$$
\frac{\partial}{\partial x}\left(\frac{\partial f}{\partial y}\right)=\frac{\partial}{\partial y}\left(\frac{\partial f}{\partial x}\right) \tag{4-22}
$$

若函数 $C$ 和 $D$ 满足下列关系式:

$$
\frac{\partial}{\partial x}(C)=\frac{\partial}{\partial y}(D)
$$

那么,对照式(4-22)一定存在某一函数 $f$,使得 $C=\dfrac{\partial f}{\partial y}$、$D=\dfrac{\partial f}{\partial x}$,为了求得齐次微分方程(4-20)的通解,将其第一个方程改写为:

$$
\frac{\partial \sigma_x}{\partial x}=\frac{\partial}{\partial y}(-\tau_{xy})
$$

则一定存在某一函数 $A(x,y)$,使得

$$
\sigma_x=\frac{\partial A}{\partial y},\ -\tau_{xy}=\frac{\partial A}{\partial x} \tag{4-23}
$$

同样,将式(4-20)中第二个方程改写为:

$$
\frac{\partial \sigma_y}{\partial y}=\frac{\partial}{\partial x}(-\tau_{xy})
$$

可见,一定存在某一函数 $B$,使得

$$
\sigma_y=\frac{\partial B}{\partial x},\ -\tau_{xy}=\frac{\partial B}{\partial y} \tag{4-24}
$$

由式(4-23)和式(4-24)得

$$\frac{\partial A}{\partial x}=\frac{\partial B}{\partial y} \tag{4-25}$$

因而,又一定存在某一函数 $\phi(x,y)$,使得

$$A=\frac{\partial \phi}{\partial y},\quad B=\frac{\partial \phi}{\partial x} \tag{4-26}$$

将式(4-26)分别代入式(4-23)和式(4-24),即得通解:

$$\sigma_x=\frac{\partial^2 \phi}{\partial y^2},\quad \sigma_x=\frac{\partial^2 \phi}{\partial x^2},\quad -\tau_{xy}=\frac{\partial^2 \phi}{\partial x \partial y} \tag{4-27}$$

将通解式(4-27)与任意一组特解叠加,例如与特解式(4-21)叠加,即得平衡微分方程(4-18)的全解:

$$\sigma_x=\frac{\partial^2 \phi}{\partial y^2}-f_x\cdot x,\quad \sigma_y=\frac{\partial^2 \phi}{\partial x^2}-f_y\cdot y,\quad -\tau_{xy}=\frac{\partial^2 \phi}{\partial x \partial y} \tag{4-28}$$

$\phi(x,y)$ 称为平面问题的应力函数,又称为艾瑞应力函数。由于式(4-28)是从平衡微分方程导出的解答,所以必然满足该方程。同时,推导解答式(4-28)的过程,也就证明了应力函数 $\phi(x,y)$ 的存在性。还应指出的是,虽然 $\phi(x,y)$ 还是一个待定的未知函数,但是,用 $\phi(x,y)$ 表示三个应力分量 $\sigma_x$、$\sigma_y$、$\tau_{xy}$ 后,使得平面问题的求解得到很大的简化,使待求的未知函数从三个变换为一个,也就是从求解应力分量 $\sigma_x$、$\sigma_y$ 和 $\tau_{xy}$ 变换为求解应力函数 $\phi(x,y)$。

为了求解应力函数 $\phi(x,y)$,下面来分析应力函数应满足的条件。

由于式(4-28)所表示的应力分量应满足相容方程(4-19),将式(4-28)代入相容方程(4-19),得到

$$\left(\frac{\partial^2}{\partial x^2}+\frac{\partial^2}{\partial y^2}\right)\left(\frac{\partial^2 \phi}{\partial x^2}-f_x\cdot x+\frac{\partial^2 \phi}{\partial y^2}-f_y\cdot y\right)=0$$

因 $f_x$、$f_y$ 为常量,于是上式简化为:

$$\left(\frac{\partial^2}{\partial x^2}+\frac{\partial^2}{\partial y^2}\right)\left(\frac{\partial^2 \phi}{\partial x^2}+\frac{\partial^2 \phi}{\partial y^2}\right)=0 \tag{4-29}$$

或者展开成为:

$$\left(\frac{\partial^4 \phi}{\partial x^4}+2\frac{\partial^4 \phi}{\partial x^2 \partial y^2}+\frac{\partial^4 \phi}{\partial y^4}\right)=0 \tag{4-30}$$

这就是用应力函数表示的相容方程。由此可见,应力函数应当满足重调和方程,也就是说,它应当是重调和函数。式(4-28)或式(4-30)可以简写为:

$$\nabla^2\nabla^2\phi=0 \quad 或 \quad \nabla^4\phi=0$$

此外,将式(4-28)代入应力边界条件式(2-24),则应力边界条件也可以用应力函数 $\phi(x,y)$ 表示。通常为了书写简便,仍然写成式(2-24)的形式。

3)常体力情况下平面问题的具体解法

当体力为常量时,按应力求解平面问题,最后归纳为求解一个应力函数 $\phi(x,y)$,它必须满足:

(1)在区域内的相容方程,即

$$\left(\frac{\partial^4 \phi}{\partial x^4}+2\frac{\partial^4 \phi}{\partial x^2 \partial y^2}+\frac{\partial^4 \phi}{\partial y^4}\right)=0$$

(2)在边界 $s$ 上的应力边界条件(假设全部为应力边界条件),即

$$\left.\begin{aligned}(l\sigma_x + m\tau_{yx})_S &= \bar{f}_x(s) \\ (m\sigma_y + l\tau_{xy})_S &= \bar{f}_y(s)\end{aligned}\right\}(在\ s_\sigma\ 上)$$

(3)对于多连体,还必须满足多连体中的位移单值条件。

(4)从上述条件求解出应力函数 $\phi$ 后,便可求出应力分量表达式。即

$$\sigma_x = \frac{\partial^2 \phi}{\partial y^2} - f_x \cdot x\ ,\quad \sigma_y = \frac{\partial^2 \phi}{\partial x^2} - f_y \cdot y,\quad -\tau_{xy} = \frac{\partial^2 \phi}{\partial x \partial y}$$

(5)再根据物理方程求出形变分量,最后,根据几何方程求出位移分量。

由于相容方程(4-30)是偏微分方程,它的通解不能写成有限项数的形式,因此,我们一般都不能用它直接求解问题,仍然用逆解法或半逆解法。

用逆解法求解时,可以先假定各种形式的、满足相容方程(4-30)的应力函数 $\phi(x,y)$ 形式;然后由式(4-28)求得应力分量;再根据应力边界条件式(2-24)和弹性体的边界形状,考察这些应力分量对应于应力边界条件是什么样的面力,从而得知所选取的应力函数可以解决的具体问题。

用半逆解法求解时,可以针对所要求解的问题的性质,依据弹性体的边界形状和受力情况,先假设部分或全部应力分量的函数形式;然后据此推出应力函数的形式,将其代入相容方程(4-30),求出应力函数的具体表达式;再按式(4-28)求得应力分量;最后,考察这些应力分量能否满足全部的应力边界条件(对于多连体,还必须满足位移单值条件)。如果所有条件都能满足,自然得出的就是正确解答。如果某方面的条件不能满足,就要另作假设,重新进行求解过程。

## §4-5 直角坐标下按应力求解举例

### 1. 逆解法举例

在常体力情况下,如果物体的边界简单,边界上的面力又可用代数整函数表示,用逆解法求解时,应力函数可采用代数多项式的形式,即

$$\phi(x,y) = \sum_m \sum_n a_{mn} x^m y^n$$

下面先用逆解法求出几个简单平面问题的多项式解答,假定体力不计。

(1) $\phi(x,y)$ 取为一次多项式:

$$\phi(x,y) = ax + by + c \tag{4-31}$$

不论各系数取任何值,式(4-31)总能满足相容方程(4-30)。由式(4-28)得出应力分量为:

$$\sigma_x = 0,\qquad \sigma_y = 0,\qquad \tau_{xy} = \tau_{yx} = 0$$

同时,不论弹性体为任何形状和坐标轴如何选择,由应力边界条件总是得出面力 $\bar{f}_x = \bar{f}_y = 0$。可见,线性应力函数对应于无体力、无面力、无应力的自然状态,因此把平面问题的应力函数加上或去掉一个线性函数,并不影响应力分量。

(2) $\phi(x,y)$ 取为二次多项式:

$$\phi(x,y) = ax^2 + bxy + cy^2 \tag{4-32}$$

不论各系数取任何值,式(4-32)总能满足相容方程(4-30)。由式(4-28)得出应力分量为:

$$\sigma_x = 2c,\qquad \sigma_y = 2a,\qquad \tau_{xy} = \tau_{yx} = -b$$

为明了起见,试考察式(4-32)中每一项所能解决的问题。

对于 $\phi(x,y)=ax^2$，应力分量是 $\sigma_x=0,\sigma_y=2a,\tau_{xy}=\tau_{yx}=0$。对于图 4-3a）所示的矩形板和坐标轴，当板内发生上述应力时，由应力边界条件可知左右两边没有面力，而上下两边分别受向上和向下的均布面力 $2a$。可知应力函数 $\phi(x,y)=ax^2$ 能解决矩形板在 $y$ 方向受均布拉力（$a>0$）或均布压力（$a<0$）的问题。

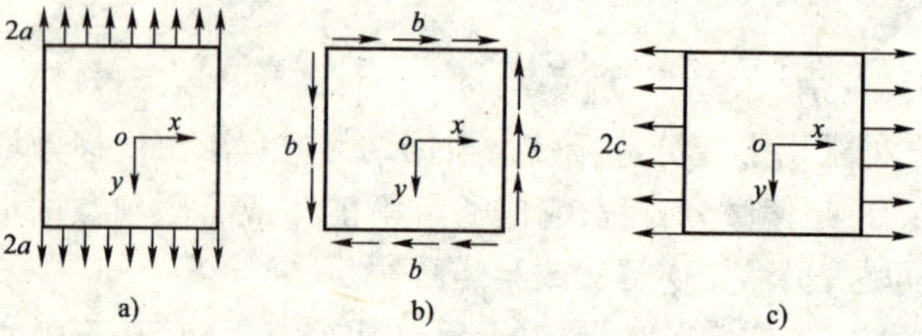


图 4-3　二次多项式对应的面力分布

对于 $\phi(x,y)=bxy$，应力分量是 $\sigma_x=0,\sigma_y=0,\tau_{xy}=\tau_{yx}=-b$。对于图 4-3b）所示的矩形板和坐标轴的问题，由应力边界条件可知，在左右两边分别有向上和向下的均布面力 $b$，而在上下两边分别有向右和向左的均布面力 $b$（$b>0$）。可见，应力函数 $\phi(x,y)=bxy$，能解决矩形板受均布剪力的问题。

对于 $\phi(x,y)=cy^2$，应力分量是 $\sigma_x=2c,\sigma_y=0,\tau_{xy}=\tau_{yx}=0$，能解决矩形板在 $x$ 方向受均布拉力（$c>0$）或均布压力（$c<0$）的问题，如图 4-3c）所示。

（3）$\phi(x,y)$ 取为纯三次多项式：

$$\phi(x,y)=ax^3+bx^2y+cxy^2+\mathrm{d}y^3 \tag{4-33}$$

同样，式（4-33）总能满足相容方程（4-30）。由式（4-28）得出应力分量为：

$$\sigma_x=2cx+6\mathrm{d}y,\qquad \sigma_y=6ax+2by,\qquad \tau_{xy}=\tau_{yx}=-2bx-2cy$$

同理可知，纯三次多项式可求解面力按直线分布的平面问题，如重力坝受水压力作用等。例如，若只取纯三次多项式中的一项 $\phi(x,y)=\mathrm{d}y^3$，对应的应力分量是：

$$\sigma_x=6\mathrm{d}y,\qquad \sigma_y=0,\qquad \tau_{xy}=\tau_{yx}=0$$

对于图 4-4 所示的矩形板和坐标系，当板内发生上述应力时，上下两边没有面力；在左右两边，没有铅直面力，有按直线变化的水平面力，而每一边上的水平面力合成为一个力偶，可见 $\phi(x,y)=\mathrm{d}y^3$ 能解决矩形板两边受纯弯曲的问题。

但是，当坐标位置发生改变时，同一应力函数对应的应力状态和面力将随之改变。如图 4-5 所示的矩形板和坐标系，$\phi(x,y)=\mathrm{d}y^3$ 则对应于偏心受压或偏心受拉的问题。

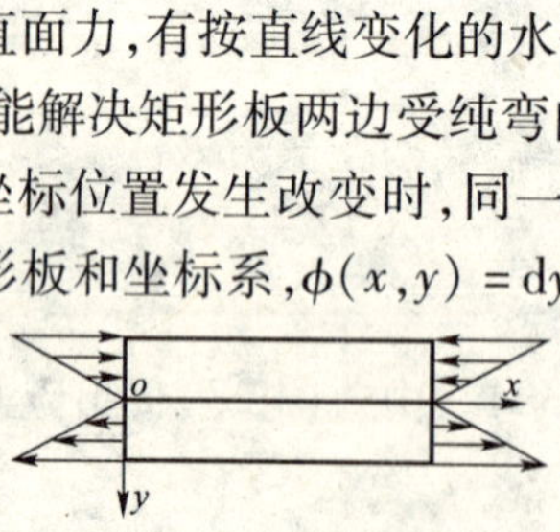


图 4-4　纯弯曲问题

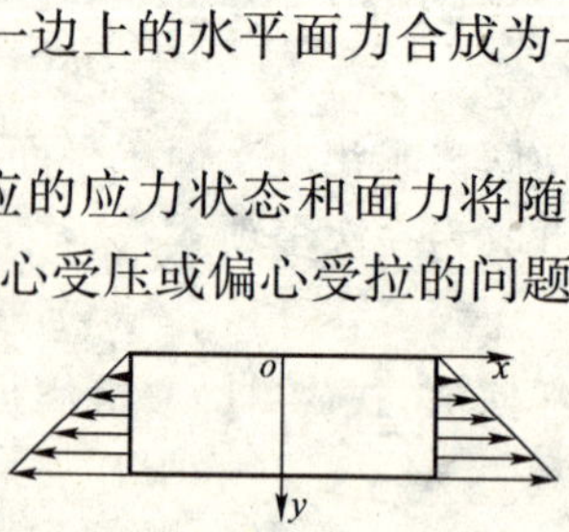


图 4-5　偏心拉压问题

（4）$\phi(x,y)$ 取为四次或四次以上的多项式，则其中的系数必须满足一定的条件，才能满足相容方程，这里不一一列举。

**［例 4-3］**　一悬臂梁长为 $L$，高为 $h$，厚度为 1，且 $L$ 远大于 $h$，右端固定，左端受集中力 $P$ 的作用，不计体力，如图 4-6 所示。求梁中的应力分布。

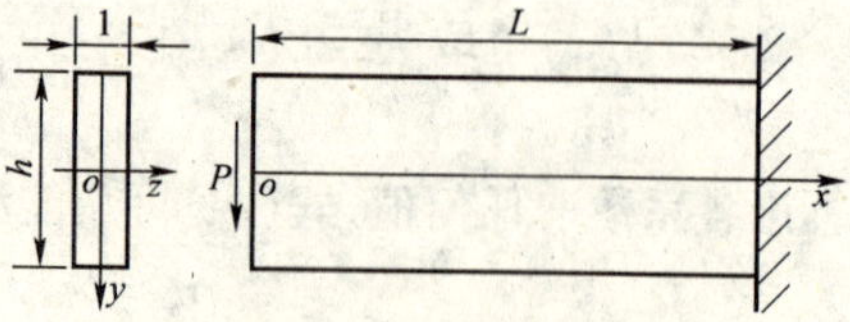


图 4-6　［例 4-3］图

**解：**（1）用逆解法。从平面应力问题出发，依据梁在边界上的受力情况，假设梁中任意一点的应力为：

$$\sigma_y=0,\qquad \sigma_x=\sigma_x(x,y),\qquad \tau_{xy}=\tau_{xy}(x,y)$$

则可假设应力函数

$$\phi(x,y)=Ay^3x+Bxy^2+Cxy \tag{4-34}$$

可见其满足相容方程。

(2)应力分量：

$$\sigma_x=\frac{\partial^2\phi}{\partial y^2}=6Ayx+2Bx,\qquad \sigma_y=\frac{\partial^2\phi}{\partial x^2}=0,\qquad \tau_{xy}=-\frac{\partial^2\phi}{\partial x\partial y}=-3Ay^2-2By-C \tag{4-35}$$

(3)用应力边界条件确定积分常数。

①在主要边界上，必须逐点满足，即在梁的上下两面($y=\pm h/2,0\leqslant x\leqslant L$)上，有$(\sigma_y)_{y=\pm h/2}=0$(该条件自然满足)和$(\tau_{xy})_{y=\pm h/2}=0$，即得

$$-3h^2A/4\text{-}2hB/2-C=0,\qquad -3h^2A/4+2hB/2-C=0$$

联立求解，得$B=0$，将其代入上两式，则有

$$3h^2A+4C=0 \tag{①}$$

②一小部分边界(次要边界)可用圣维南原理。

因此，在左端截面($-h/2\leqslant y\leqslant h/2,x=0$)上，有

$$\left.\begin{aligned}&\int_{-h/2}^{h/2}(\sigma_x)_{x=0}\cdot 1\cdot \mathrm{d}y=0\text{(该条件自然满足)}\\&\int_{-h/2}^{h/2}y(\sigma_x)_{x=0}\cdot 1\cdot \mathrm{d}y=0\text{(该条件自然满足)}\\&\int_{-h/2}^{h/2}(\tau_{xy})_{x=0}\cdot 1\cdot \mathrm{d}y=-P\end{aligned}\right\} \tag{4-36}$$

由式(4-36)中的第三式可得

$$\int_{-h/2}^{h/2}(-3Ay^2-C)\mathrm{d}y=-P\Rightarrow h^2A+4C=4P/h \tag{②}$$

联立①、②求解，可得$A=-2P/h^3,C=\dfrac{3P}{2h}$，将其和$B=0$代入式(4-35)，得

$$\sigma_x=-\frac{12P}{h^3}yx,\sigma_y=0,\qquad \tau_{xy}=-P\left(\frac{3}{2h}-\frac{6}{h^3}y^2\right)$$

再以$I_z=\dfrac{h^3}{12},M=Px$置换，可得

$$\sigma_x=-\frac{P}{I_z}yx=-\frac{M}{I_z}y,\qquad \sigma_y=0,\qquad \tau_{xy}=-\frac{P}{8I_z}(h^2-4y^2)$$

与材料力学的解答相同。

**[例4-4]** 如图4-7所示矩形截面的长梁，其长度远大于其高度($l$远大于$h$)，它的宽度远小于深度和长度(近似的平面应力问题)，或者远大于深度和长度(近似的平面应变问题)，在两端受相反的力偶而发生弯曲，体力可以不计。求梁内各点的应力分量和位移分量。

**解：**(1)应力分量的求解。

为了方便，取单位宽度的梁来考察，如图4-7所示，并命每单位宽度上力偶的矩为$M$。注意，$M$的量纲是$LMT^{-2}$或[力]。

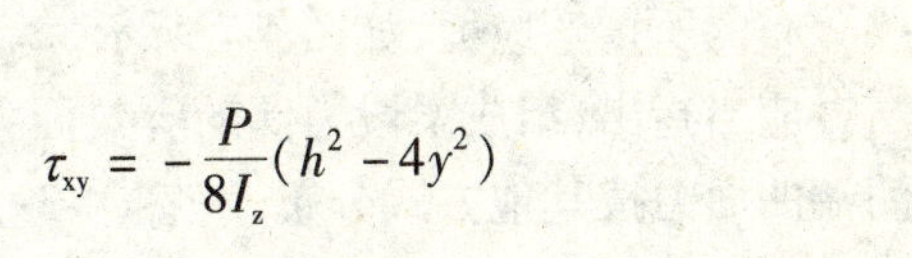

图4-7 [例4-4]图1

①应力函数的选取。

在如图 4-7 所示的坐标系中,取能解决纯弯曲问题、满足相容方程(4-30)的应力函数

$$\phi(x,y)=ay^3$$

相应的应力分量为:

$$\sigma_x=6ay,\qquad \sigma_y=0,\qquad \tau_{xy}=\tau_{yx}=0 \tag{4-37}$$

②考察边界条件确定积分常数 $a$。

a. 梁的上、下两个主要边界(占边界绝大部分)上没有面力,边界条件要严格满足

$$(\sigma_y)_{y=\pm h/2}=0,\qquad (\tau_{xy})_{y=\pm h/2}=0$$

可见,这两个边界条件是自然满足的,因为所有各点都有 $\sigma_y=0$、$\tau_{xy}=\tau_{yx}=0$。

同理,在梁的左右两端没有铅直面力,要求 $(\tau_{xy})_{x=0}=0$、$(\tau_{xy})_{x=l}=0$,这也是自然满足的。

b. 因梁的左右两端($x=0,l$)相对为一小部分边界(次要边界),可以应用圣维南原理,将关于 $\sigma_x$ 的边界条件改用主矢量和主矩的条件代替(静力等效)。即在左右端边界面上,由 $\sigma_x$ 合成的主矢量应为零,而由 $\sigma_x$ 合成的主矩应等于面力的力偶矩 $M$,即

$$\int_{-h/2}^{h/2}(\sigma_x)_{x=0,l}\,dy=0,\qquad \int_{-h/2}^{h/2}(\sigma_x)_{x=0,l}\,y\,dy=M$$

将式(4-37)中的 $\sigma_x$ 代入,上列二式成为:

$$6a\int_{-h/2}^{h/2}y\,dy=0,\qquad 6a\int_{-h/2}^{h/2}y^2\,dy=M$$

前一式总能满足,而后一式要求 $a=\dfrac{2M}{h^3}$。

③应力分量表达式。

将 $a=\dfrac{2M}{h^3}$代回到(4-37),得应力分量为:

$$\sigma_x=\frac{12M}{h^3}y,\qquad \sigma_y=0,\qquad \tau_{xy}=\tau_{yx}=0 \tag{4-38}$$

注意到梁截面的惯性矩是 $I=\dfrac{1\times h^3}{12}$,上式又可改写成为:

$$\sigma_x=\frac{M}{I}y,\qquad \sigma_y=0,\qquad \tau_{xy}=\tau_{yx}=0 \tag{4-39}$$

这就是矩形梁受纯弯曲时的应力分量,与材料力学中完全相同。即梁的各纤维只受按直线分布的所谓弯应力,如图 4-7 所示。

应当指出,组成梁段力偶的等效面力必须按直线分布,解答(4-39)才是完全精确的。如果两端的面力按其他方式分布,解答(4-39)是有误差的。但是,按照圣维南原理,只在梁的两端附近有显著误差;在离开梁端较远处,误差是可以不计的。因此,上述解答对于梁的长度 $l$ 远大于高度 $h$ 的梁,才有实际意义。而对于长度 $l$ 与高度 $h$ 接近或等同的深梁,上述解答无任何的实用意义,而只能通过如级数、变分法或数值法等解法才能给出其正确的解答。

(2)位移分量的求解。

①假定为平面应力问题的梁。

a. 首先,将式(4-39)应力分量代入物理方程(3-21),得变形分量

$$\varepsilon_x=\frac{M}{EI}y,\qquad \varepsilon_y=-\frac{\mu M}{EI}y,\qquad \gamma_{xy}=0 \tag{4-40}$$

b. 然后,再将式(4-40)的形变分量代入几何方程(3-4),得

$$\frac{\mathrm{d}u}{\mathrm{d}x}=\frac{M}{EI}y,\qquad \frac{\mathrm{d}v}{\mathrm{d}y}=-\frac{\mu M}{EI}y,\qquad \frac{\mathrm{d}v}{\mathrm{d}x}+\frac{\mathrm{d}u}{\mathrm{d}y}=0 \tag{4-41}$$

前二式的积分给出

$$u=\frac{M}{EI}xy+f_1(y),\qquad v=-\frac{\mu M}{2EI}y^2+f_2(x) \tag{4-42}$$

其中的$f_1(y)$和$f_2(x)$分别是$y$和$x$的待定函数,可以通过式(4-41)中的第三式确定。

将式(4-42)代入式(4-41)中的第三式,得

$$\frac{\mathrm{d}f_2(x)}{\mathrm{d}x}+\frac{M}{EI}x+\frac{\mathrm{d}f_1(y)}{\mathrm{d}y}=0$$

将上式整理后,得

$$-\frac{\mathrm{d}f_1(y)}{\mathrm{d}y}=\frac{M}{EI}x+\frac{\mathrm{d}f_2(x)}{\mathrm{d}x}$$

等式左边只是$y$的函数,等式右边只是$x$的函数。因此,两边必等于同一常数$\omega$,于是有

$$\frac{\mathrm{d}f_1(y)}{\mathrm{d}y}=-\omega\qquad \frac{M}{EI}x=-\frac{\mathrm{d}f_2(x)}{\mathrm{d}x}+\omega$$

将上式积分以后,得

$$f_1(y)=-\omega y+u_0,\qquad f_2(x)=-\frac{M}{2EI}x^2+\omega x+v_0 \tag{4-43}$$

将式(4-43)代入式(4-42),得位移分量

$$\left.\begin{aligned}u&=\frac{M}{EI}xy-\omega\cdot y+u_0\\ v&=-\frac{\mu M}{2EI}y^2-\frac{M}{2EI}x^2+\omega\cdot x+v_0\end{aligned}\right\} \tag{4-44}$$

其中,表示刚体位移的常数$\omega$、$u_0$、$v_0$需由约束条件求得。

c. 讨论

a)由式(4-44)中的第一式可见,不论约束情况如何(也就是不论$\omega$、$u_0$、$v_0$取任何值),铅直线段的转角都是(见§3-1):

$$\beta=\frac{\partial u}{\partial y}=\frac{M}{EI}x-\omega$$

在同一截面上,$x$是常量,因而$\beta$也是常量。于是有,同一横截面上的各铅直线段的转角相同,说明横截面保持为平面。

由式(4-44)中的第二式可见,不论约束情况如何,梁的各纵向纤维的曲率是:

$$\frac{1}{\rho}=-\frac{\partial^2 v}{\partial x^2}=\frac{M}{EI} \tag{4-45}$$

这是材料力学里,求梁的挠度时所用的基本公式。

b)简支梁:如图4-6所示约束条件,位移边界条件是:

$$(u)_{x=0,y=0}=0,\qquad (v)_{x=0,y=0}=0,\qquad (v)_{x=l,y=0}=0$$

于是,由式(4-44)得出下列方程来决定任意常数$\omega$、$u_0$、$v_0$:

$$u_0=0,\qquad v_0=0,\qquad -\frac{Ml^2}{2EI}+\omega l+v_0=0$$

求出各个常数,代入式(4-44),就得到该简支梁的位移分量为:

$$u=\frac{M}{EI}\left(x-\frac{l}{2}\right)y,\qquad v=\frac{M}{2EI}(l-x)x-\frac{\mu M}{2EI}y^2 \tag{4-46}$$

梁轴线的挠度方程是 $v_{y=0}=\frac{M}{2EI}(l-x)x$,这和材料力学中的结果是一致的。

c)悬臂梁:如果悬臂梁左端自由而右端完全固定,如图 4-8b)所示,则在梁的右端($x=l$),对于 $y$ 的任何值($-h/2\leqslant y\leqslant h/2$),都要求 $u=0$ 和 $v=0$。在多项式解答中,这个条件是无法满足的。在工程实际上,这种完全固定的约束条件也是不大可能实现的。同材料力学中一样,假定右端截面的中点不移动,该点的水平线段不转动。这样,位移边界条件可以写为:

$$(u)_{x=l,y=0}=0,\qquad (v)_{x=l,y=0}=0,\qquad \left(\frac{\partial v}{\partial x}\right)_{x=l,y=0}=0$$

于是由式(4-44)得出下列三个方程来决定 $\omega$、$u_0$、$v_0$:

$$u_0=0,\qquad -\frac{Ml^2}{2EI}+\omega l+v_0=0,\qquad -\frac{Ml}{EI}+\omega=0$$

求出各常数后,代入式(4-44),得出该悬臂梁的位移分量:

$$u=-\frac{M}{EI}(l-x)y,\qquad v=-\frac{M}{2EI}(l-x)^2-\frac{\mu M}{2EI}y^2 \tag{4-47}$$

梁轴线的挠度方程是:

$$v=-\frac{M}{2EI}(l-x)^2$$

和材料力学中的解答相同。

②对于平面应变问题的梁,把以上平面应力问题中求出的形变和位移公式的 $E$ 换为 $E/(1-\mu^2)$,$\mu$ 换为 $\mu/(1-\mu)$ 即可。

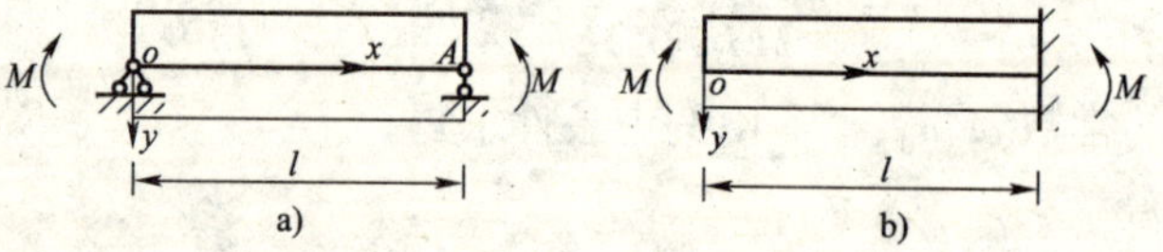


图 4-8 [例 4-4]图 2

**[例 4-5]** 楔形体受重力和液体压力作用,如图 4-9a)所示,左侧面铅直,承受重力及液体压力,右侧面与铅直方向成角 $\alpha$,无面力作用,下端作为无限长。楔形体的密度为 $\rho_1$,液体的密度为 $\rho_2$,试求楔形体内应力分布规律。

**解**:(1)采用逆解法推设应力函数。

首先,应用量纲分析方法假设应力分量的函数形式。取坐标如图 4-9 所示,在楔形体的任意一点,每个应力分量都由两部分组成:一部分由重力引起,应当与 $\rho_1 g$ 成正比($g$ 是重力加速度);第二部分由液体压力引起,应当与 $\rho_2 g$ 成正比。此外,每一部分还与 $\alpha$、$x$、$y$ 有关。由于应力的量纲是[力][长度]$^{-2}$,而 $\rho_1 g$ 和 $\rho_2 g$ 的量纲是[力][长度]$^{-3}$,$\alpha$ 是量纲 1 的量,而 $x$ 和 $y$ 的量纲是[长度]。因此,如果应力分量具有多项式解答,那么,它们的表达式只可能是 $A\rho_1 gx$、$B\rho_1 gy$、$C\rho_2 gx$、$D\rho_2 gy$ 四种项的组合,而其中的 $A$、$B$、$C$、$D$ 是量纲 1 的量,只与 $\alpha$ 有关。这就是说,

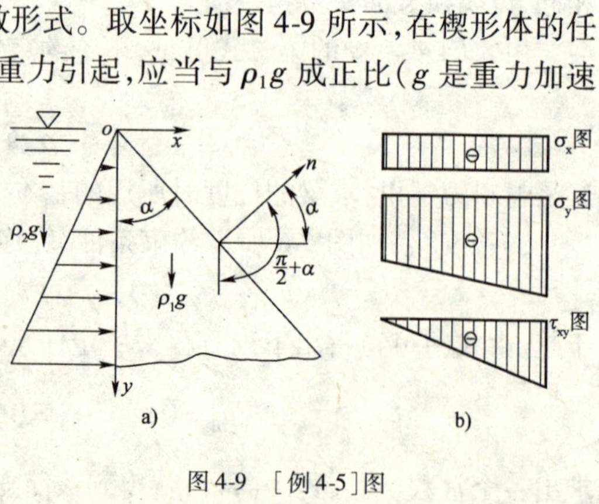


图 4-9 [例 4-5]图

各应力分量的表达式只可能是 $x$ 和 $y$ 的纯一次式，由应力函数与应力分量的关系式(4-28)可见，应力函数应该是 $x$ 和 $y$ 的纯三次式。因此，假设应力函数

$$\phi(x,y)=ax^3+bx^2y+cxy^2+dy^3$$

不论上式中的系数取何数值，应力函数 $\phi(x,y)$ 总能满足相容方程(4-30)。

(2)应力分量函数形式。

由题意知，体力分量 $f_x=0$ 而 $f_y=\rho_1 g$，于是由式(4-28)得出

$$\left.\begin{aligned}\sigma_x&=\frac{\partial^2\phi}{\partial y^2}-f_x\cdot x=2cx+6\mathrm{d}y\\ \sigma_y&=\frac{\partial^2\phi}{\partial x^2}-f_y\cdot y=6ax+2by-\rho_1 gy\\ \tau_{xy}&=-\frac{\partial^2\phi}{\partial x\partial y}=-2bx-2cy\end{aligned}\right\}\tag{4-48}$$

这些应力分量自然是满足平衡微分方程和相容方程的。

(3)由边界条件确定积分常数。

①在左面($x=0$)，应力边界条件是：

$$(\sigma_x)_{x=0}=-\rho_2 gy,\qquad (\tau_{xy})_{x=0}=0$$

将式(4-48)代入，得

$$6\mathrm{d}y=-\rho_2 gy,\qquad -2cy=0$$

即

$$\mathrm{d}=-\rho_2 g/6,c=0$$

而式(4-48)成为

$$\sigma_x=-\rho_2 gy,\qquad \sigma_y=6ax+2by-\rho_1 gy,\qquad \tau_{xy}=\tau_{yx}=-2bx\tag{4-49}$$

②在右面的斜边界上($x=y\tan\alpha$)，面力 $\bar{f}_x=\bar{f}_y=0$，应力边界条件为：

$$l(\sigma_x)_{x=y\tan\alpha}+m(\tau_{xy})_{x=y\tan\alpha}=0,\qquad m(\sigma_y)_{x=y\tan\alpha}+l(\tau_{xy})_{x=y\tan\alpha}=0$$

将式(4-49)代入上式，得

$$\left.\begin{aligned}l(-\rho_2 gy)+m(-2by\tan\alpha)=0\\ m(6ay\tan\alpha+2by-\rho_1 gy)+l(-2by\tan\alpha)=0\end{aligned}\right\}\tag{4-50}$$

但由图 4-9 可见：

$$l=\cos(n,x)=\cos\alpha,\qquad m=\cos(n,y)=\cos\left(\frac{\pi}{2}+\alpha\right)=-\sin\alpha$$

将其代入式(4-50)，得

$$b=\frac{\rho_2 g}{2}\cot^2\alpha,\qquad a=\frac{\rho_1 g}{6}\cot\alpha-\frac{\rho_2 g}{3}\cot^3\alpha$$

(4)应力分量表达式。

将以上所求的系数代入式(4-49)，得李维解答，即应力分量的表达式为：

$$\sigma_x=-\rho_2 gy,\quad \sigma_y=(\rho_1 g\cot\alpha-2\rho_2 g\cot^3\alpha)x+(\rho_2 g\cot^2\alpha-\rho_1 g)y,\quad \tau_{xy}=-\rho_2 gx\cot^2\alpha$$

各应力分量沿水平方向的变化如图 4-9b)所示。

应力分量 $\sigma_x$ 沿水平方向没有变化，这个结果是不能由材料力学公式求得的。应力分量 $\sigma_y$ 沿水平方向按直线变化，在左面和右面分别为：

$$(\sigma_y)_{x=0}=-(\rho_1 g-\rho_2 g\cot^2\alpha)y$$

$$(\sigma_y)_{x=y\tan\alpha} = -\rho_2 gy\cot^2\alpha$$

与用材料力学的偏心受压公式算得的结果相同。

应力分量 $\tau_{xy}$ 也按直线变化,在左面和右面分别为:

$$(\tau_{xy})_{x=0} = 0$$

$$(\tau_{xy})_{x=y\tan\alpha} = -\rho_2 gx\cot^2\alpha$$

与材料力学等截面梁中的剪应力变化规律不同。

(5)讨论。

以上所得的解答,一向被当作是三角形重力坝中应力的基本解答。但是,实际工程要比以上的模型复杂得多,必须指出下列三点:

①沿着坝轴,坝身往往具有不同的截面,而且坝身也不是无限长,因而,严格地来说,这里不是一个平面问题。但是,如果沿着坝轴,有一些伸缩缝把坝体沿轴线方向分成若干段,在每一段范围内,坝身的截面可以当作没有变化。而且,$\tau_{zx}$ 和 $\tau_{zy}$ 可以当作等于零,那么,在计算时是可以把这个问题当作平面问题的。

②这里假定楔形体在下端是无限长,可以自由地变形。实际上坝身是有限高的,底部与地基相连,坝身底部的形变受到地基的约束,故对于底部,以上所得解答是不精确的。

③坝顶总具有一定的宽度,不会为尖顶,而且顶部通常还受到其他的荷载作用。因此,在靠近坝顶处,以上所得的解答也不合适。

关于重力坝的较精确的应力分析,目前大都采用有限元法来进行。



### 2. 半逆解法举例

由前所述可知,用半逆解法求解平面问题,要紧紧抓住边界条件,依据材料力学的基本常识,根据主要边界上的外力或横截面的应力分布规律,设定部分或某一应力分量的表达式,然后从平衡微分方程导出其余应力分量,再代入相容方程中,求出应力分量的具体形式,最后由边界条件确定积分常数即可。

一般情况下,对于狭长矩形截面梁,应力分量的具体形式的假设,应依据其主要边界上的外力或截面内力,推设应力分量的表达式有如下的形式:

$$\sigma_x = M(x)f(x), \qquad \sigma_y = q(x)f(y), \qquad \tau_{xy} = Q(x)f(y)$$

这种方法直接以应力分量作为未知函数(而不是求应力函数),然后用分离变量的方法将其表示为一显函数和一隐含数的乘积,代入平衡方程和协调方程求出其隐函数部分,从而求得应力分量。这是用半逆解法求解弹性力学平面问题的一种简便方法。

或者根据所研究问题的特点(边界特点、受力特征),先假设部分或全部应力分量的函数形式;然后据此推出应力函数的形式,将其代入相容方程,求出应力函数的具体表达式;再求得应力分量的函数式;最后,根据应力边界条件确定积分常数,对于多连体,还必须满足位移单值条件。

**[例 4-6]** 如图 4-10 所示悬臂梁,受均布荷载 $q$ 的作用,不计体力,试求梁体内的应力分量表达式。

**解:**(1)假设应力分量的函数形式。

因弯曲应力 $\sigma_x$ 主要是由弯矩引起的,剪应力 $\tau_{xy}$ 主要是由剪力引起的,挤压应力 $\sigma_y$ 主要是由直接荷载 $q$ 引起的。$q$ 不随 $x$ 而变,因而可以假定 $\sigma_y$ 不随 $x$ 而变,也就是假定 $\sigma_y$ 是 $y$ 的函数。故设

$$\sigma_y = f(y) \tag{4-51}$$

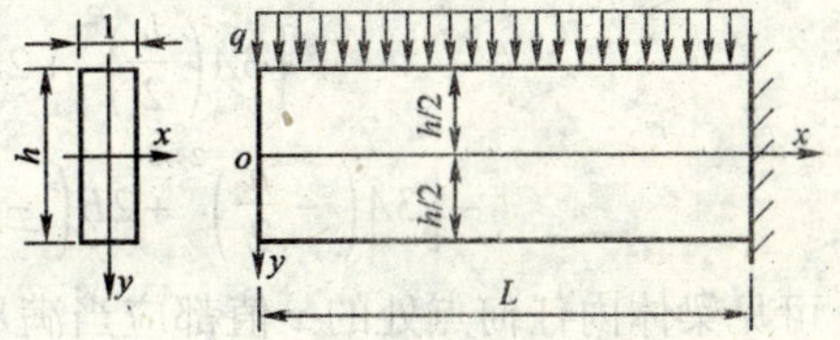

图4-10 ［例4-6］图

由平衡方程(2-2)第二式，得

$$\frac{\mathrm{d}f}{\mathrm{d}y} = -\frac{\partial \tau_{xy}}{\partial x}$$

对上式积分，可得

$$\tau_{xy} = -xf'(y) + g(y) \tag{4-52}$$

将式(4-52)代入平衡方程(2-2)第一式，得

$$\frac{\mathrm{d}\sigma_x}{\mathrm{d}x} + g'(y) - xf''(y) = 0$$

所以有

$$\sigma_x = \frac{1}{2}x^2 f''(y) - xg'(y) + h(y) \tag{4-53}$$

将式(4-51)、式(4-53)代入式 $\nabla^2(\sigma_x + \sigma_y) = 0$，得

$$\frac{1}{2}x^2 f^{(\mathrm{IV})}(y) - xg'''(y) + h''(y) + 2f''(y) = 0 \tag{4-54}$$

相容方程要求上式有无数的根（全梁内的 $x$ 值都应当满足它），可见式(4-54)中 $x$ 的系数项和自由项都必须等于零，即

$$f^{(\mathrm{IV})}(y) = 0, g'''(y) = 0, h''(y) + 2f''(y) = 0$$

对前两式进行积分，并将结果代入第三式，进行整理，可得

$$\left.\begin{aligned} f(y) &= Ay^3 + By^2 + Cy + D \\ g(y) &= Ey^2 + Fy + G \\ h(y) &= -2Ay^3 - 2By^2 - 2Cy - 2D + Hy + I \end{aligned}\right\} \tag{4-55}$$

(2)应力分量形式。

将(4-55)分别代入式(4-51)、式(4-52)、式(4-53)，即得应力分量表达式：

$$\left.\begin{aligned} \sigma_x &= \frac{x^2}{2}(6Ay + 2B) - x(6Ey + 2F) - 2Ay^3 - 2By^2 + (H - 2C)y + I - 2D \\ \sigma_y &= Ay^3 + By^2 + Cy + D \\ \tau_{xy} &= -x(3Ay^2 + 2By + C) + Ey^2 + Fy + G \end{aligned}\right\} \tag{4-56}$$

(3)根据边界条件确定积分常数。

①梁的上下表面（主要边界）必须严格逐点满足：

$$(\sigma_y)_{y=h/2} = 0, \quad (\sigma_y)_{y=-h/2} = -q, \quad (\tau_{xy})_{y=\pm h/2} = 0 \tag{4-57}$$

将式(4-56)的第二式代入式(4-57)的前两个条件，有

$$\frac{h^3}{8}A + \frac{h^2}{4}B + \frac{h}{2}C + D = 0, \qquad -\frac{h^3}{8}A + \frac{h^2}{4}B - \frac{h}{2}C + D = -q$$

将上两式相加减后，分别得

$$2B\left(\frac{h}{2}\right)^2 + 2D = -q \quad ①$$

$$2A\left(\frac{h}{2}\right)^3 + 2C\left(\frac{h}{2}\right) = -q \quad ②$$

将式(4-56)的第三式代入式(4-57)的第三个条件，有

$$-\left[3A\left(\frac{h}{2}\right)^2+2B\left(\frac{h}{2}\right)+C\right]x+E\frac{h}{2}+F\frac{h}{2}+G=0$$

$$-\left[3A\left(-\frac{h}{2}\right)^2+2B\left(-\frac{h}{2}\right)+C\right]x+E\left(-\frac{h}{2}\right)^2+F\left(-\frac{h}{2}\right)+G=0$$

可见梁体内任何点处的 $x$ 值都应当满足它,则必然有

$$\frac{3}{4}h^2A+hB+C=0 \qquad ③$$

$$\frac{3}{4}h^2A-hB+C=0 \qquad ④$$

$$E\left(\frac{h}{2}\right)^2+F\frac{h}{2}+G=0 \qquad ⑤$$

$$E\left(-\frac{h}{2}\right)^2+F\left(-\frac{h}{2}\right)+G=0 \qquad ⑥$$

联立求解方程①、②、③、④,可得

$$A=-2q/h^3,\qquad B=0,\qquad C=-3q/(2h),\qquad D=-q/2$$

再将⑤、⑥两式相加减后,分别得

$$\frac{1}{2}h^2E+2G=0,\qquad F=0 \qquad ⑦$$

②梁的左端可用圣维南原理,即

$$\int_{-h/2}^{h/2}(\tau_{xy})_{x=0}\mathrm{d}y=0,\quad \int_{-h/2}^{h/2}(\sigma_x)_{x=0}\mathrm{d}y=0,\quad \int_{-h/2}^{h/2}y(\sigma_x)_{x=0}\mathrm{d}y=0 \qquad (4\text{-}58)$$

将已解出的系数代入式(4-56),再由式(4-58)的第二、三个条件可得

$$I-2D=0,H-2C=-3q/(5h)$$

由式(4-58)的第一个条件可得

$$\frac{1}{12}h^3E+hG=0 \qquad ⑧$$

联立求解方程⑦、⑧,可得

$$E=0,\qquad G=0$$

因此,将求出的系数代入式(4-56),可得应力分量为:

$$\sigma_x=\frac{q}{h^3}\left(-\frac{3}{5}h^2+4y^2-6x^2\right)y$$

$$\sigma_y=-\frac{q}{2}\left(1-\frac{3}{h}y-\frac{4}{h^3}y^3\right)$$

$$\tau_{xy}=\frac{3q}{2h^3}x\left(1-\frac{4}{h}y^2\right)$$

**[例 4-7]** 求图 4-11 所示简支梁的应力分量,设 $l$ 远大于 $h$,不计体力。

**解:**(1)应力分量函数形式的确定。

根据梁上所受荷载 $q(x)=-\frac{x}{l}q_0$,对于狭长矩形截面,可以推设

$$\sigma_y=q(x)f(y)=xf(y) \qquad (4\text{-}59)$$

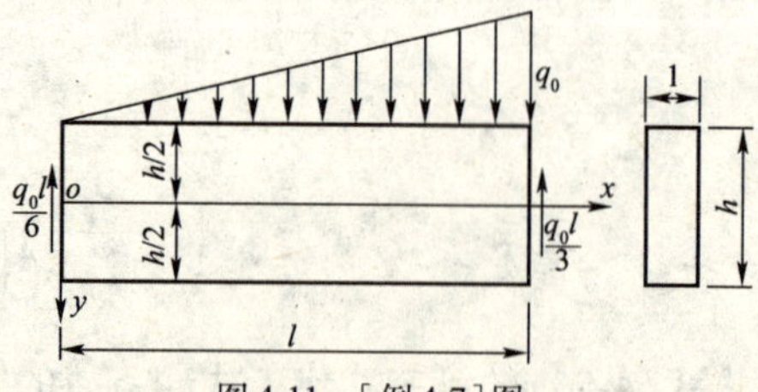

图 4-11 [例 4-7]图

代入平衡方程的第二式,并进行必要的运算后,得

$$\tau_{xy} = -\frac{x^2}{2}f'(y) + f_1(y) \tag{4-60}$$

由平衡方程第一式得

$$\sigma_x = \frac{x^3}{6}f''(y) - xf'_1(y) + f_2(y) \tag{4-61}$$

将式(4-59)和式(4-60)代入相容方程，得

$$x[2f''(y) - f'''_1(y)] + \frac{x^3}{6}f^{(\mathrm{IV})}(y) + f''_2(y) = 0 \tag{4-62}$$

该式是 $x$ 的三次方程，相容方程要求它有无数多的根，所以 $x$ 的系数项必须全为零，即

$$f^{(\mathrm{IV})}(y) = 0, \quad f''_2(y) = 0, \quad 2f''(y) - f'''_1(y) = 0 \tag{4-63}$$

通过对式(4-63)进行积分等运算和整理，得

$$\left.\begin{aligned} &f(y) = Ay^3 + By^2 + Cy + D \\ &f_1(y) = 2\left(\frac{1}{4}Ay^4 + \frac{1}{3}By^3 + \frac{1}{2}Cy^2 + Dy\right) + Gy^2 + Hy + I \\ &f_2(y) = Ey + F \end{aligned}\right\} \tag{4-64}$$

于是应力分量为：

$$\left.\begin{aligned} &\sigma_x = \frac{1}{6}x^2(6Ay + 2By) - x[2Ay^3 + 2By^2 + 2(G + C)y + 2D + H] + Ey + F \\ &\sigma_y = x(Ay^3 + By^2 + Cy + D) \\ &\tau_{xy} = -\frac{1}{2}x^2(3Ay^2 + 2By + C) + \frac{1}{2}Ay^4 + \frac{2}{3}By^3 + (G + C)y^2 + (2D + H)y + I \end{aligned}\right\} \tag{4-65}$$

(2)利用边界条件确定积分常数。

①主要边界（$y = \pm h/2$、$0 \leqslant x \leqslant l$）要严格地逐点满足应力边界条件，即

$$(\sigma_y)_{y=h/2} = 0, \quad (\sigma_y)_{y=-h/2} = -\frac{x}{l}q, \quad (\tau_{xy})_{y=\pm h/2} = 0 \tag{4-66}$$

②次要边界（$x = 0, x = l$）用圣维南原理，满足静力等效条件即可。

$$\int_{-h/2}^{h/2}(\sigma_x)_{x=0}\mathrm{d}y = 0, \quad \int_{-h/2}^{h/2}(\sigma_x)_{x=0}y\mathrm{d}y = 0, \quad \int_{-h/2}^{h/2}(\tau_{xy})_{x=0}\mathrm{d}y = \frac{q_0 l}{6} \tag{4-67}$$

$$\int_{-h/2}^{h/2}(\sigma_x)_{x=1}\mathrm{d}y = 0, \quad \int_{-h/2}^{h/2}(\sigma_x)_{x=1}y\mathrm{d}y = 0, \quad \int_{-h/2}^{h/2}(\tau_{xy})_{x=1}\mathrm{d}y = -\frac{q_0 l}{3} \tag{4-68}$$

将式(4-65)代入边界条件式(4-68)，可解出积分常数为：

$$A = -\frac{2q_0}{lh^3}, \quad B = 0, \quad C = \frac{3q_0}{2lh}, \quad D = \frac{q_0}{2l}, \quad E = F = 0, \quad G + C = -\frac{q_0 l}{h^3} + \frac{6q_0}{20lh},$$

$$I = -\frac{q_0 h}{80l} + \frac{q_0 l}{4h}, \quad 2D + H = 0$$

(3)将确定的积分常数代入式(4-65)，得应力分量表达式：

$$\sigma_x = \frac{2q_0}{lh^3}xy\left(2y^2 - x^2 + l^2 - \frac{3}{10}h^2\right)$$

$$\sigma_y = \frac{q_0}{2lh^3}x(2h^2y - 4y^3 + l^2 - h^3)$$

$$\tau_{xy} = \frac{q_0}{4lh^3}(4y^2 - h^2)\left(3x^2 - y^2 - l^2 + \frac{h^2}{20}\right)$$

以上解答能够满足平衡微分方程、相容方程和应力边界条件，是正确的解答。另外，在进行求解的过程中，没有去推导应力函数，而是直接求解应力分量，这样做也比较简单。

［例 4-8］ 一矩形截面简支梁受荷载 $q(x)=q_n\sin\alpha_n x$ 的作用，其中，$\alpha_n=\frac{n\pi}{l}$，梁的高度为 $h$，宽度为 $b$，如图 4-12 所示，求应力分量。

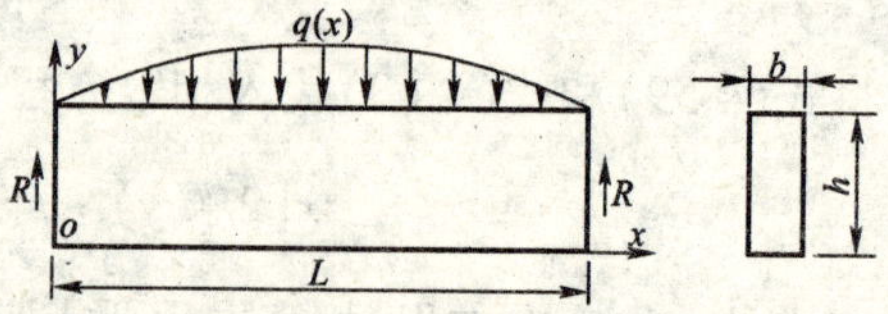

图 4-12 ［例 4-8］图

解：(1) 推设应力分量。

根据梁上所受荷载 $q(x)=q_n\sin\alpha_n x$，对于狭长矩形截面，可以推设

$$\sigma_y=q(x)f(y)=q_n\sin\alpha_n x\, f(y) \tag{4-69}$$

将上式代入平衡方程的第二式，并进行必要的运算后，得

$$\tau_{xy}=\frac{q_n}{\alpha_n}\cos\alpha_n x f'(y)+f_1(y) \tag{4-70}$$

由平衡方程第一式得

$$\sigma_x=-\frac{q_n}{\alpha_n}\sin\alpha_n x f''(y)-xf'_1(y)+f_2(y) \tag{4-71}$$

将式(4-69)和式(4-70)代入相容方程，得

$$\sin\alpha_n x\left[-\frac{q_n}{\alpha_n^2}f^{(4)}(y)+2q_nf''(y)-q_n\alpha_n^2f(y)\right]-xf'''_1(y)+f''_2(y)=0 \tag{4-72}$$

设 $\sin\alpha_n x\neq0$，相容方程要求该式有无数多 $\sin\alpha_n x$、$x$ 的根，可见其系数项必须全为零，即

$$-\frac{q_n}{\alpha_n}f^{(4)}(y)+2q_nf''(y)q_n\alpha_n^2f(y)=0,\ f'''_1(y)=0,\ f''_2(y)=0 \tag{4-73}$$

求解方程(4-73)，得出

$$f(y)=Ach\alpha_n y+Bsh\alpha_n y+Cych\alpha_n y+Dysh\alpha_n y$$
$$f_1(y)=Ey^2+Fy+G$$
$$f_2(y)=Hy+I$$

且对上式求导后，得

$$f'(y)=A\alpha_n sh\alpha_n y+B\alpha_n ch\alpha_n y+Cch\alpha_n y+Cy\alpha_n sh\alpha_n y+Dsh\alpha_n y+Dy\alpha_n ch\alpha_n y$$
$$f''(y)=A\alpha_n^2ch\alpha_n y+B\alpha_n^2sh\alpha_n y+2C\alpha_n sh\alpha_n y+Cy\alpha_n^2ch\alpha_n y+2D\alpha_n ch\alpha_n y+Dy\alpha_n^2sh\alpha_n y$$

则应力分量为：

$$\sigma_x=-\frac{q_n}{\alpha_n^2}\sin\alpha_n x(A\alpha_n^2ch\alpha_n y+B\alpha_n^2sh\alpha_n y+2C\alpha_n sh\alpha_n y+Cy\alpha_n^2ch\alpha_n y+2D\alpha_n ch\alpha_n y+Dy\alpha_n^2sh\alpha_n y)-x(2Ey+F)+Hy+I \tag{4-74}$$

$$\sigma_y=q_n\sin\alpha_n x(Ach\alpha_n y+Bsh\alpha_n y+Cych\alpha_n y+Dysh\alpha_n y) \tag{4-75}$$

$$\tau_{xy}=\frac{q_n}{\alpha_n}\cos\alpha_n x(A\alpha_n sh\alpha_n y+B\alpha_n ch\alpha_n y+Cch\alpha_n y+Cy\alpha_n sh\alpha_n y+Dsh\alpha_n y+Dy\alpha_n ch\alpha_n y)+Ey^2+Fy+G \tag{4-76}$$

(2) 由边界条件确定积分常数（注意没有应用圣维南原理）。

$$(\sigma_x)_{x=0}=0,(\sigma_x)_{x=1}=0,(\sigma_y)_{y=0}=0,(\sigma_y)_{y=h}=-\frac{q(x)}{b},(\tau_{xy})_{y=0}=0,(\tau_{xy})_{y=h}=0$$

由上述边界条件可以求得各积分常数为：

$$A=0,\quad E=0,\quad F=0,\quad G=0,\quad Hy+I=0,\quad C=-B\alpha_n$$

$$B=-\frac{1}{b}\frac{sh\alpha_n h-\alpha_n hch\alpha_n h}{sh^2\alpha_n h-\alpha_n^2h^2},\quad D=-\frac{\alpha_n^2 hsh\alpha_n C}{h(sh^2\alpha_n C-\alpha_n^2C^2)}$$

将以上各常数代入应力分量的表达式，整理后得最后的应力分量表达式为：

$$\sigma_x=\frac{q_n}{b}\frac{\sin\alpha_n x}{sh^2\alpha_n h-\alpha_n^2h^2}[\alpha_n hsh\alpha_n y(2ch\alpha_n y+\alpha_n ysh\alpha_n y)-(sh\alpha_n h+\alpha_n hch\alpha_n)(sh\alpha_n y+\alpha_n ych\alpha_n y)]$$

$$\sigma_y=-\frac{q_n}{b}\frac{\sin\alpha_n x}{sh^2\alpha_n h-\alpha_n^2h^2}[\alpha_n ysh\alpha_n hsh\alpha_n y+(sh\alpha_n h+\alpha_n hch\alpha_n h)(sh\alpha_n y-\alpha_n ych\alpha_n y)]$$

$$\tau_{xy}=-\frac{q_n}{b}\frac{\cos\alpha_n x}{sh^2\alpha_n h-\alpha_n^2h^2}[\alpha_n hsh\alpha_n(sh\alpha_n y+\alpha_n ysh\alpha_n y)-\alpha_n ysh\alpha_n y(sh\alpha_n h+\alpha_n hch\alpha_n h)]$$

该解答符合所有的条件，是正确的解答。

**[例 4-9]** 如图 4-13 所示，设有矩形截面的简支梁，深度为 $h$，长度为 $2l$，且 $l$ 远大于 $h$，体力可以不计。受均布荷载 $q$，由两端的反力 $ql$ 维持平衡，求梁的应力分量。

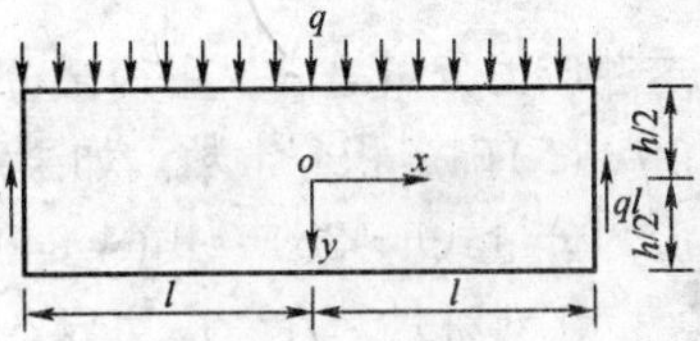

图 4-13 [题 4-9]图 1

**解**：为了方便，仍然取单位宽度的梁来考虑。这个问题用半逆解法求解，步骤如下：

(1)假设应力分量的函数形式。同[例 4-6]一样，因弯应力 $\sigma_x$ 主要由弯矩引起，剪应力 $\tau_{xy}$ 主要由剪力引起，挤压应力 $\sigma_y$ 主要由直接荷载 $q$ 引起。$q$ 不随 $x$ 而变，故可以假定 $\sigma_y$ 不随 $x$ 而变，也就是假定 $\sigma_y$ 是 $y$ 的函数。即设 $\sigma_y=f(y)$。

(2)推求应力函数的形式，将 $\sigma_y$ 代入应力公式(4-28)，有

$$\frac{\partial^2\phi}{\partial x^2}=f(y)$$

对 $x$ 积分，得

$$\frac{\partial\phi}{\partial x}=xf(y)+f_1(y)\tag{4-77}$$

$$\phi(x,y)=\frac{x^2}{2}f(y)+xf_1(y)+f_2(y)\tag{4-78}$$

其中，$f(y)$、$f_1(y)$和$f_2(y)$都是待定的 $y$ 的函数。

(3)求解应力函数。为使应力函数满足相容方程，将式(4-78)代入式(4-30)，得

$$\frac{1}{2}\frac{d^4f(y)}{dy^4}x^2+\frac{d^4f_1(y)}{dy^4}x+\frac{d^4f_2(y)}{dy^4}+2\frac{d^2f(y)}{dy^2}=0$$

这是 $x$ 的二次方程，相容方程要求它有无数的根(全梁内的 $x$ 值都应当满足它)，可见它的系数和自由项都必须等于零，即

$$\frac{d^4f(y)}{dy^4}=0,\quad \frac{d^4f_1(y)}{dy^4}=0,\quad \frac{d^4f_2(y)}{dy^4}+2\frac{d^2f(y)}{dy^2}=0$$

前面两个方程要求

$$f(y)=Ay^3+By^2+Cy+D,\quad f_1(y)=Ey^3+Fy^2+Gy\tag{4-79}$$

在这里 $f_1(y)$ 中的常数项已被略去，因为这一项在 $\phi(x,y)$ 的表达式中成为 $x$ 的一次项，不影响应力分量。

第三个方程则要求

$$\frac{d^4 f_2(y)}{dy^4} = -2\frac{d^2 f(y)}{dy^2} = -12Ay - 4B$$

也就是要求

$$f_2(y) = -\frac{A}{10}y^5 - \frac{B}{6}y^4 + Hy^3 + Ky^2 \tag{4-80}$$

其中,一次项及常数项都被略去,将式(4-79)及式(4-80)代入式(4-78),得应力函数

$$\phi(x,y) = \frac{x^2}{2}(Ay^3 + By^2 + Cy + D) + x(Ey^3 + Fy^2 + Gy) - \frac{A}{10}y^5 - \frac{B}{6}y^4 + Hy^3 + Ky^2 \tag{4-81}$$

(4)将式(4-81)代入式(4-28),得应力分量

$$\sigma_x = \frac{x^2}{2}(6Ay + 2B) + x(6Ey + 2F) - 2Ay^3 - 2By^2 + 6Hy + 2K \tag{4-82}$$

$$\sigma_y = Ay^3 + By^2 + Cy + D \tag{4-83}$$

$$\tau_{xy} = -x(3Ay^2 + 2By + C) - (3Ey^2 + Fy + 6G) \tag{4-84}$$

这些应力分量是满足平衡微分方程和相容方程的。

(5)确定积分常数。如果能够适当选择常数 $A$、$B$…、$K$,使得所有的边界条件都被满足,则应力分量式(4-82)~式(4-84)就是正确的解答。

①对称性。在考虑边界条件以前,如果问题存在对称性的话,应先考虑以下问题的对称性,往往可以减少一些运算工作量。本题中,因为 $yz$ 面是梁和荷载的对称面,所以应力分量应当对称于 $yz$ 面。这样,$\sigma_x$ 和 $\sigma_y$ 应当是 $x$ 的偶函数,而 $\tau_{xy}$ 应该是 $x$ 的奇函数。于是由式(4-82)和式(4-84)可知:$E = F = G = 0$。如果不考虑问题的对称性,那么,在考虑过全部边界条件以后,也可以得出同样的结果,但运算工作要比较多。

②主要边界条件,即上下两边($y = \pm h/2$)的边界条件为:

$$(\sigma_y)_{y=h/2} = 0, \quad (\sigma_y)_{y=-h/2} = -q, \quad (\tau_{xy})_{y=\pm h/2} = 0$$

将应力分量式(4-83)和式(4-84)代入,并注意前面已有 $E = F = G = 0$,即

$$\frac{h^3}{8}A + \frac{h^2}{4}B + \frac{h}{2}C + D = 0 \qquad ①$$

$$-\frac{h^3}{8}A + \frac{h^2}{4}B - \frac{h}{2}C + D = -q \qquad ②$$

$$\frac{3}{4}h^2 A + hB + C = 0 \qquad ③$$

$$\frac{3}{4}h^2 A - hB + C = 0 \qquad ④$$

由于①、②、③、④这四个方程式互不依赖,也是不相矛盾的,联立求解,得出

$$A = -2q/h^3, \quad B = 0, \quad C = -3q/(2h), \quad D = -q/2$$

将以上已确定常数代入式(4-82)、式(4-83)、式(4-84),得

$$\sigma_x = -\frac{6q}{h^3}x^2 y + \frac{4q}{h^3}y^3 + 6Hy + 2K \tag{4-85}$$

$$\sigma_y = -\frac{2q}{h^3}y^3 + \frac{3q}{2h}y - \frac{q}{2} \tag{4-86}$$

$$\tau_{xy} = \frac{6q}{h^3}xy^2 - \frac{3q}{2h}x \tag{4-87}$$

③左右两边为次要边界条件。由于问题的对称性，只需考虑其中的一边，即若右边的边界条件能够满足，左边的边界条件自然也能够满足。

在梁的右边（$x=l$），没有水平面力，不论 $y$ 取任何值（$-h/2 \leqslant y \leqslant -h/2$），都有 $\sigma_x=0$，由式(4-85)可见，这是不可能满足的，除非 $q$、$H$、$K$ 均等于零。故用多项式求解时，只能要求 $\sigma_x$ 在这部分边界上合成的主矢量和主矩均为零即可（圣维南原理）。故有

$$\int_{-\frac{h}{2}}^{\frac{h}{2}}(\sigma_x)_{x=l}\mathrm{d}y=0,\quad \int_{-\frac{h}{2}}^{\frac{h}{2}}(\sigma_x)_{x=l}y\mathrm{d}y=0,\quad \int_{-\frac{h}{2}}^{\frac{h}{2}}(\tau_{xy})_{x=l}\mathrm{d}y=-ql \tag{4-88}$$

将式(4-85)代入式(4-88)的第一式，得

$$\int_{-\frac{h}{2}}^{\frac{h}{2}}\left(-\frac{6ql^2}{h^3}y+\frac{4q}{h^3}y^3+6Hy+2K\right)\mathrm{d}y=0$$

积分以后，得 $K=0$。将式(4-85)代入式(4-88)的第二式，并命 $K=0$，得

$$\int_{-\frac{h}{2}}^{\frac{h}{2}}\left(-\frac{6q}{h^3}l^2y+\frac{4q}{h^3}y^3+6Hy\right)y\mathrm{d}y=0$$

积分以后，得 $H=\dfrac{ql^2}{h^3}-\dfrac{q}{10h}$。再将 $K$ 和 $H$ 代入式(4-85)，得

$$\sigma_x=-\frac{6q}{h^3}x^2y+\frac{4q}{h^3}y^3+\frac{6ql^2}{h^3}y-\frac{3q}{5h}y \tag{4-89}$$

另一方面，式(4-88)中的第三式右边的剪应力 $\tau_{xy}$ 应当合成反力 $ql$。但是，在 $ql$ 前面加了负号，这是因为右边的剪应力 $\tau_{xy}$ 以向下为正，而 $ql$ 是向上的。这里的正负号也可以用平衡的办法来确定。将式(4-87)代入式(4-88)的第三式，成为：

$$\int_{-\frac{h}{2}}^{\frac{h}{2}}\left(\frac{6ql}{h^3}y^2-\frac{3ql}{2h}\right)\mathrm{d}y=-ql$$

积分以后可见，这一条件是自然满足的。

将式(4-85)、式(4-86)、式(4-87)加以整理，得应力分量的最后解答：

$$\left.\begin{aligned}\sigma_x&=\frac{6q}{h^3}(l^2-x^2)y+q\frac{y}{h}\left(4\frac{y^2}{h^2}-\frac{3}{5}\right)\\ \sigma_y&=-\frac{q}{2}\left(1+\frac{y}{h}\right)\left(1-\frac{2y}{h}\right)^2\\ \tau_{xy}&=-\frac{6q}{h^3}x\left(\frac{h^2}{4}-y^2\right)\end{aligned}\right\} \tag{4-90}$$

各应力分量沿铅直方向的变化大致如图4-14所示。

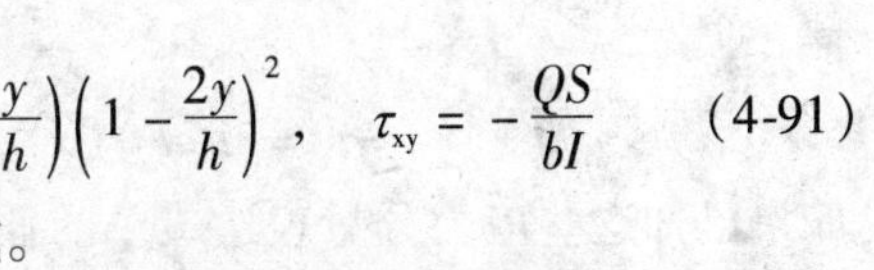

图4-14 [例4-9]图2

因为梁截面的宽度取为一个单位，可见惯性矩是 $I=h^3/12$，净面积矩是 $S=h^2/8-y/2$，而梁的任一横截面上的弯矩和剪力分别为：

$$M=ql(l-x)-\frac{q}{2}(l-x)^2=\frac{q}{l}(l^2-x^2),\quad Q=-ql+q(l-x)=qx$$

于是，式(4-90)可以改写成：

$$\sigma_x=\frac{M}{I}y+q\frac{y}{h}\left(4\frac{y^2}{h^2}-\frac{3}{5}\right),\quad \sigma_y=-\frac{q}{2}\left(1+\frac{y}{h}\right)\left(1-\frac{2y}{h}\right)^2,\quad \tau_{xy}=-\frac{QS}{bI} \tag{4-91}$$

式(4-91)即为简支梁受均布荷载作用的应力分量表达式。

(6)讨论。现在来比较一下简支梁受均布荷载作用下的弹性力学解答和材料力学解答。

①在弯应力 $\sigma_x$ 的表达式中，第一项是主要项，和材料力学中的解答相同，第二项是弹性力学提出的修正项。对于常用的浅梁，修正项很小，可以不计。对于较深的梁，则需注意修正项。可以证明：当梁的跨度两倍于深梁时，最大弯应力需修正 1/15；当梁的跨度四倍于深梁时，最大弯应力只需修正 1/60。因此，对于跨度与深度之比大于 4 的梁，材料力学中的解答已经足够精确。

②应力分量 $\sigma_y$ 乃是梁的各纤维之间的挤压应力，它的最大绝对值为 $q$，发生在梁顶。在材料力学里为次要应力，一般不考虑。

③剪应力 $\tau_{xy}$ 的表达式和材料力学里完全一样。

④按照式(4-90)，在梁的右边和左边，分别有水平的面力：

$$\bar{f}_x = \pm(\sigma_x)_{x=\pm l} = \pm q\frac{y}{h}\left(4\frac{y^2}{h^2}-\frac{3}{5}\right)$$

但是，由式(4-88)可见，每一边的水平面力是一个平衡力系，即它的主矢量和主矩为零。因此，根据圣维南原理，不管这些面力是否存在，离两边较远处的应力都和式(4-91)所示一样。

⑤弹性力学解答和材料力学解答的差别，是由于各自的解法不同。

其一，弹性力学的解法，是严格考虑区域内的平衡微分方程、几何方程和物理方程，以及在边界上的边界条件的，因而解答是较精确的。而在材料力学的解法中，没有严格地考虑上述条件，因而得出的是近似的解答。例如，材料力学中引用了对于一般梁的近似平面假设，从而简化了几何关系。其二，材料力学考虑的是有限大部分物体的平衡条件，而不是微分体的平衡条件，因而解答也是近似的。其三，材料力学中忽略了 $\sigma_y$ 的影响，并且在主要边界上也没有严格地考虑应力边界条件，这些都使材料力学的解答成为近似的解答。其四，一般来说，材料力学的解法只适用于解决杆状构件的问题，这时，它的解答具有足够的精度。对于非杆状构件的问题，不能用材料力学的解法来求解，只能用弹性力学的解法来求解。



## §4-6　直角坐标解法的特点

弹性力学平面问题中，用解析法求解时，最一般的做法就是逆解法或半逆解法。基本思想就是根据所求解问题的性质、受力及边界形状，对应力或应力函数进行分离变量，将求解偏微分方程的问题转化为求解常微分方程的问题。

### 1. 直角坐标中用应力法求解平面问题的基本方程及解题要点

(1)平衡方程：

$$\frac{\partial\sigma_x}{\partial x}+\frac{\partial\tau_{yx}}{\partial y}+f_x=0,\quad \frac{\partial\sigma_y}{\partial y}+\frac{\partial\tau_{xy}}{\partial x}+f_y=0$$

(2)相容方程：

$$\nabla^2(\sigma_x+\sigma_y)=0$$

(3)在边界上满足应力边界条件；在多连体中上述应力分量还应满足位移单值条件。

对于细长矩形截面梁，根据梁的主要边界条件上的面力或截面内力，可以推设应力分量的形式：

$$\sigma_x=M(x)f(x),\quad \sigma_y=q(x)f(y),\quad \tau_{xy}=Q(x)f(y)$$

如果已知这些应力分量表达式中的任意一个应力分量的形式，将其代入平衡方程就能得出另外两个应力分量的表达式，再代入相容方程，定出应力分量的基本表达式(含积分常数)；然后，根据边界条件、平衡条件或者对称条件等确定积分常数；最后，各应力分量被完全确定。

### 2. 直角坐标中用应力函数法求解平面问题的基本方程及解题要点

(1)双调和方程。

用应力函数求解弹性力学平面问题归结为寻求一个应力函数，满足双调和方程：

$$\nabla^4\phi=\frac{\partial^4\phi}{\partial x^4}+2\frac{\partial^4\phi}{\partial x^2\partial y^2}+\frac{\partial^4\phi}{\partial y^4}=0$$

(2)用应力函数表示的应力分量(体力为常量)：

$$\sigma_x=\frac{\partial^2\phi}{\partial y^2}-f_x\cdot x,\quad \sigma_y=\frac{\partial^2\phi}{\partial x^2}-f_y\cdot y,\quad -\tau_{xy}=\frac{\partial^2\phi}{\partial x\partial y}$$

(3)用逆解法或半逆解法选择一个应力函数，使其满足双调和方程，并由此求出应力分量的表达式。

对于细长矩形截面梁，可根据主要边界上的面力或截面内力情况，推设应力分量形式为：

$$\sigma_x=M(x)f(x)=\frac{\partial^2\phi}{\partial y^2},\quad \sigma_y=q(x)f(y)=\frac{\partial^2\phi}{\partial x^2},\quad \tau_{xy}=Q(x)f(y)=-\frac{\partial^2\phi}{\partial x\partial y}$$

当已知这些应力分量表达式中的任意一个应力分量的形式，可以通过积分等运算得出含待定系数的应力函数；再代入用应力函数表示的应力分量表达式求出应力函数形式(含待定系数)；然后，根据边界条件、平衡条件或对称条件等确定积分常数，并最终求出应力分量。应力函数法的特点是简单、实用，并能使初学弹性力学者易于领会逆解法和半逆解法的思想。

## 思考题与习题

4-1　检验平面问题中的位移分量为正确解答的条件是什么？检验平面问题中的应力分量为正确解答的条件是什么？检验平面问题中的应力函数为正确解答的条件是什么？

4-2　检验下列应力分量是否是图4-15所示平面问题的解答。

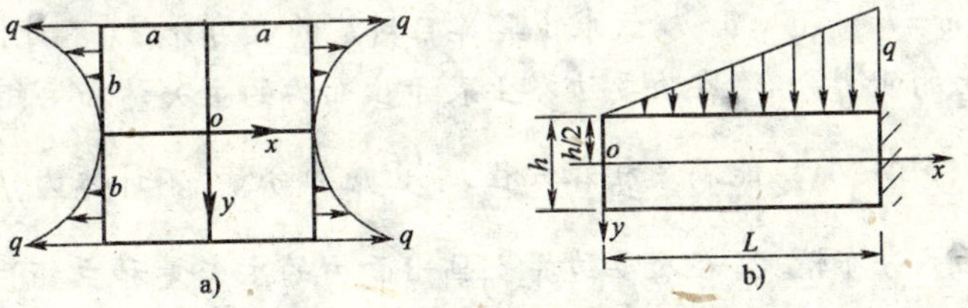


图4-15　习题4-2图

(1)如图4-15a)所示，$\sigma_x=\frac{b^2}{y^2}q,\sigma_y=\tau_{xy}=0$；

(2)如图4-15b)所示，由材料力学知识：$\sigma_x=\frac{My}{I}$、$\tau_{xy}=\frac{QS}{bI}$(取梁的厚度为 $b=1$)，得出问题的解答：

$$\sigma_x=2q\frac{x^3y}{lh^3},\tau_{xy}=-0.75q\frac{x^2}{lh^3}(h^2-4y^2)$$

又根据平衡微分方程和边界条件得出

$$\sigma_y=\frac{3}{2}\frac{xy}{lh}-2q\frac{xy^3}{lh^3}-\frac{q}{2}\frac{x}{l}$$

试导出上述公式，并检验解答的正确性。

**答案**：(1)、(2)问题中的应力分量均不满足相容方程，因而不是问题的解答。

4-3 设任意形状的等厚度薄板，体力可以不计，在全部边界上（包括孔口边界上）受均布压力 $q$。试证 $\sigma_z=\sigma_y=-q$ 及 $\tau_{xy}=0$ 能满足平衡微分方程、相容方程和应力边界条件，也能满足位移单值条件，因而就是正确的解答。

**提示**：(1)在校核边界条件时，应考虑边界为任意的斜边界，并应用应力边界条件。

(2)对于多连体的情况，应由应力分量求出位移分量，再校核位移单值条件是否满足。

4-4 试证明：如果体力不是常量，但却是有势的力，即体力分量可以表示为 $f_x=-\frac{\partial V}{\partial x}$、$f_y=-\frac{\partial V}{\partial y}$，其中 $V$ 是势函数，则应力分量亦可用应力函数表示为：

$$\sigma_x=\frac{\partial^2\phi}{\partial x^2}+V,\quad \sigma_y=\frac{\partial^2\phi}{\partial y^2}+V,\quad \tau_{xy}=-\frac{\partial^2\phi}{\partial x\partial y}$$

试导出相应的相容方程。

**答案**：平面应力问题中的相容方程：$\nabla^4\Phi=-(1-\mu)\ \nabla^2V$。

平面应变问题中的相容方程：$\nabla^4\Phi=-\frac{1-2\mu}{1-\mu}\nabla^2V$。

4-5 如图4-16所示，一悬臂梁长为 $l$，高度为 $h$，厚度为1。设在梁上受有均布荷载 $q$ 作用。已知 $\sigma_y=-\frac{q}{2}\left(1-\frac{3}{h}y+\frac{4}{h^3}y^3\right)$，$\sigma_z=\tau_{zy}=\tau_{zx}=0$，求梁中的应力分量 $\sigma_x$、$\tau_{xy}$。

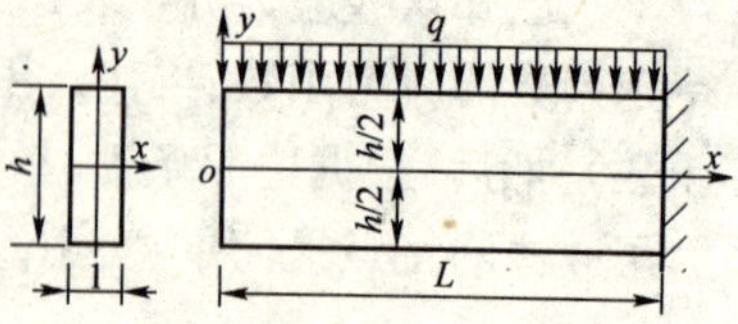


图4-16 习题4-5图

**答案**：$\sigma_x=-\frac{q}{h^3}\left(\frac{3}{5}h^3+4y^2-6x^2\right)y$，$\tau_{xy}=-\frac{3q}{2h}\left(1-\frac{4}{h^2}y^2-6x^2\right)x$。

4-6 对于下列各应力函数：

(1) $\phi=ay^3$，考察在图4-17a)所示的矩形板和坐标系中能解决什么问题（体力不计）。

(2) $\phi=ax^2y$、$\phi=bxy^2$、$\phi=bxy^3$，试求出其各自对应的应力分量（不计体力），画出图4-17b)所示弹性体边界上的面力分布，在次要边界上表示出面力的主矢量和主矩。

(3) $\phi=\frac{F}{2h^3}xy(3h^2-4y^2)$ 能满足相容方程，求出应力分量（不计体力），画出图4-17b)所示矩形体边界上的面力分布情况（在次要边界上画出面力的主矢量和主矩），指出该应力函数所能解决的问题。

(4) $\phi=\frac{qx^2}{4}\left(-4\frac{y^3}{h^3}+3\frac{y}{h}-1\right)+\frac{qy^2}{10}\left(2\frac{y^3}{h^3}-\frac{y}{h}\right)$ 能满足相容方程，求出应力分量（不计体力），指出图4-17b)所示矩形板和坐标系中能解决什么问题。

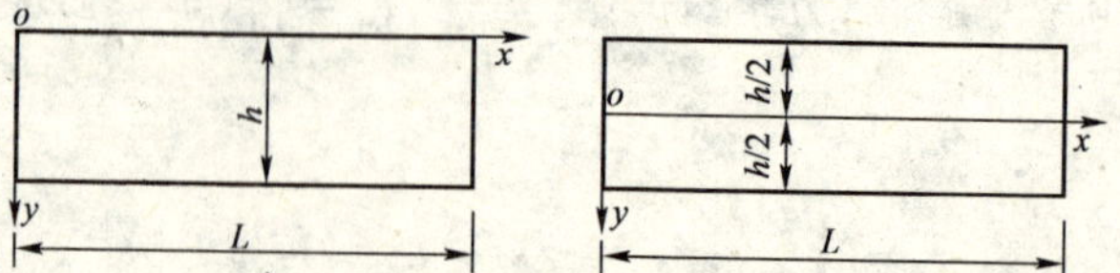


图4-17 习题4-6图

**答案**:(1)能解决偏心受拉及偏心受压问题;(3)能解决悬臂梁在自由端受集中力作用的问题;(4)能解决悬臂梁在上边受均布荷载 $q$ 作用的问题。

4-7　设有矩形截面的长竖柱,密度为 $\rho$,在一边侧面上受均布剪力 $q$ 作用,如图 4-18 所示,试求应力分量。

**提示**:可假设 $\sigma_x=0$ 或 $\tau_{xy}=f(x)$,或假设如材料力学中偏心受压公式所示,上端边界条件如不能精确地满足,可应用圣维南原理。

**答案**:$\sigma_x=0,\sigma_y=2q\dfrac{y}{b}\left(1-3\dfrac{x}{b}\right)-\rho gy,\tau_{xy}=q\dfrac{x}{b}\left(3\dfrac{y}{b}-2\right)$。

4-8　如图 4-19 所示的挡墙,高度为 $h$,宽度为 $b$,$h$ 远大于 $b$,取厚度为 1,在两侧面上受均布剪力 $q$ 的作用,试用应力函数 $\phi=Axy+Bx^3y$ 求解应力分量。

**答案**:$\sigma_x=0,\sigma_y=\dfrac{12q}{b}xy,\tau_{xy}=\dfrac{q}{2}\left(1-12\dfrac{x^2}{b^2}\right)$。

4-9　设单位厚度的悬臂梁在左端受到集中力和力矩作用,体力可以不计,$l$ 远大于 $h$,取厚度为 1,如图 4-20 所示,试用应力函数 $\phi=Axy+By^2+Cy^3+Dxy^3$,求解应力分量。

**答案**:$\sigma_x=-\dfrac{N}{h}-\dfrac{12M}{h^3}y-\dfrac{12Q}{h^3}xy,\sigma_y=0,\tau_{xy}=-\dfrac{3Q}{2h}\left(1-4\dfrac{y^2}{h^2}\right)$。

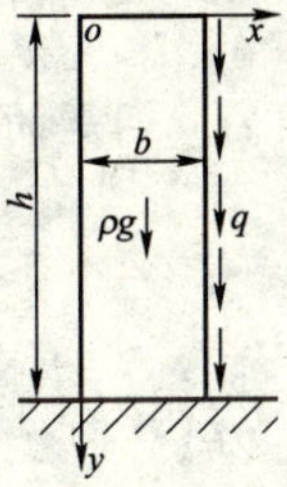

图 4-18　习题 4-7 图

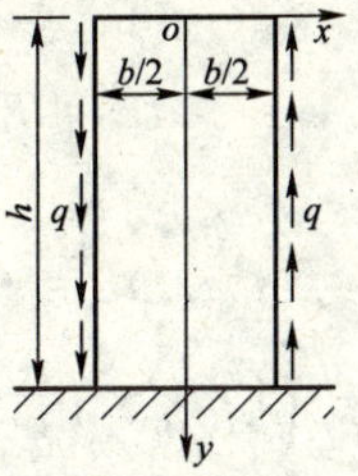

图 4-19　习题 4-8 图

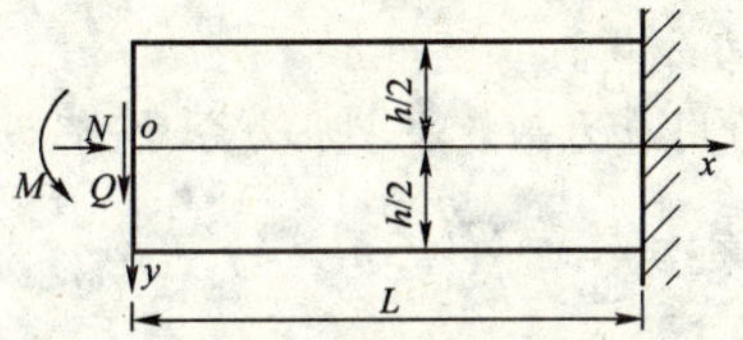

图 4-20　习题 4-9 图

4-10　设图 4-21 所示三角形悬臂梁只受重力作用,而梁的密度为 $\rho$,试用纯三次式的应力函数求解。

**答案**:$\sigma_x=\rho gx\cot\alpha-2\rho gy\cot^2\alpha,\sigma_y=-\rho gy,\tau_{xy}=-\rho gy\cot\alpha$。

4-11　如图 4-22 所示,设简支梁只受重力作用,而梁的密度为 $\rho$,试用应力函数

$$\phi(x,y)=x^2(Ay^3+By^2+Cy+D)+x(Ey^3+Fy^2+Gy)-\frac{A}{5}y^5-\frac{B}{6}y^4+Hy^3+Ky^2$$

求解应力分量,并画出截面上的应力分布图。

**答案**:$\sigma_x=\dfrac{My}{I}+\rho gy\left(4\dfrac{y^2}{h^2}-\dfrac{3}{5}\right);\sigma_y=\dfrac{\rho g}{2}y\left(1-4\dfrac{y^2}{h^2}\right);\tau_{xy}=\dfrac{QS}{Ib}$。

其中:$M=\dfrac{\rho gh}{2}(l^2-x^2),I=\dfrac{h^3}{12},Q=-\rho ghx,S=\dfrac{1}{2}\left(\dfrac{h^2}{4}-y^2\right)$。

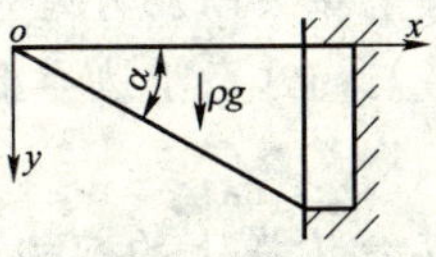

图 4-21　习题 4-10 图

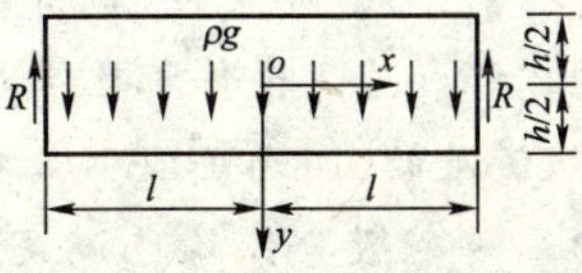

图 4-22　习题 4-11 图

4-12　如图 4-23 所示矩形截面梁 $q(x)=q_o[1-(x/l)^4]$ 的分布荷载,梁的高度为 $2a$,宽度单位为 1,试求应力分量。

**提示**:设应力分量 $\sigma_y = x^4 f(y) + x^2 f_1(y) + f_2(y)$。

**答案**:$\sigma_x = -\frac{q_0 l^2}{20a^2}\left(\frac{x^6}{l^6} - 15\frac{x^2}{l^2} + 14\right)\frac{y}{a} - \frac{q_0}{10}\left(\frac{x^4}{l^4} - 1\right)\left(5\frac{y^2}{a^3} - 3\frac{y}{a}\right) + \frac{3q_0 a^2}{700 l^2}\frac{x^2}{l^2}$

$$\left(105\frac{y^5}{a^5} + 70\frac{y^3}{a^3} - 700\frac{y^2}{a^2} - 87\frac{y}{a} + \frac{700}{3}\right) - \frac{3q_0 a^4}{525 l^4}\left(5 + \frac{y^6}{a^6} + 21\frac{y^4}{a^4} - \right.$$

$$\left.61\frac{y^2}{a^2} + \frac{389}{15}\right)\frac{y}{a} + \frac{q_0 a^4}{15 l^4}\left(15\frac{x^4}{l^4} - 30\frac{y^2}{a^2} + 7\right);$$

$$\sigma_y = \frac{q_0}{4}\left(\frac{x^4}{l^4} - 1\right)\left(\frac{y}{a} - 1\right)^2\left(\frac{y}{a} + 2\right) - \frac{3q_0 a^2}{10 l^2}\frac{x^2}{l^2}\left(\frac{y^2}{a^2} - 1\right)^2\frac{y}{a} + \frac{3q_0 a^3}{700 l^2}\left(\frac{y^2}{a^2} - 1\right)^2$$

$$\left(15\frac{y^3}{a^3} + 51\frac{y}{a} - 350\right);$$

$$\tau_{xy} = -\frac{3q_0 l}{20a}\left(\frac{x^5}{l^5} - 5\frac{l}{x}\right)\left(\frac{y^2}{a^2} - 1\right) + \frac{q_0 a}{10 l}\frac{x^3}{l^3}\left(\frac{y^2}{a^2} - 1\right)\left(5\frac{y^2}{a^2} - 1\right) - \frac{q_0 a^3}{700 l^2}\frac{x}{l}\left(\frac{y^2}{a^2} - 1\right)$$

$$\left(105\frac{y^4}{a^4} + 210\frac{y^2}{a^2} - 1400\frac{y}{a} - 51\right)$$。(其中:$l = L/2, a = h/2$)

4-13　如图4-24所示的悬臂梁受均布荷载 $q$ 作用($l$ 远大于 $h$,厚度为1),用下面两种方法求解。

(1)检验应力函数 $\phi(x,y) = Ay^5 + Bx^2y^3 + Cy^3 + Dx^2 + Ex^2y$ 能否成为此问题的解,如可以,求出应力分量。

(2)用应力函数法求应力分量,假设 $\sigma_y = f(y)$ 或 $\tau_{xy} = -xf(y)$。

**答案**:$\sigma_x = -\frac{q}{h^3}\left(\frac{3}{5}h^3 + 4y^2 - 6x\right)y, \sigma_y = \frac{q}{2}\left(1 - \frac{3}{h}y + \frac{4}{h^3}y^3\right), \tau_{xy} = -\frac{3q}{2h}\left(1 - \frac{4}{h^2}y^2\right)x$。

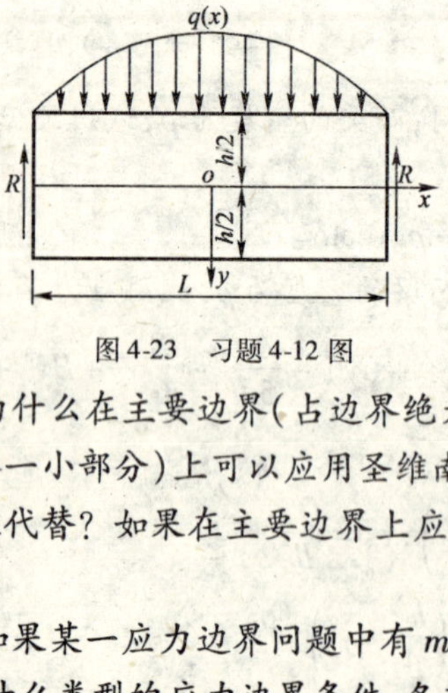


图4-23　习题4-12图

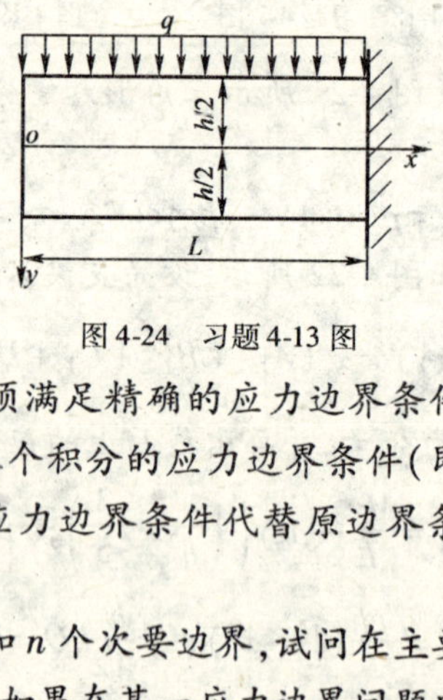


图4-24　习题4-13图

4-14　为什么在主要边界(占边界绝大部分)上必须满足精确的应力边界条件,而在次要边界(占边界一小部分)上可以应用圣维南原理,即用三个积分的应力边界条件(即主矢量、主矩的条件)来代替?如果在主要边界上应用三个积分应力边界条件代替原边界条件,将会发生什么问题?

4-15　如果某一应力边界问题中有 $m$ 个主要边界和 $n$ 个次要边界,试问在主要、次要边界上各应满足什么类型的应力边界条件,各有几个条件?如果在某一应力边界问题中,除了一个次要边界外,所有的方程和边界条件都已满足,试证:在最后的这个小边界上,三个积分的应力边界条件必然是自然满足的,因而可以不必校核。

**提示**:区域内的每一个微分体均已满足平衡条件,其余边界上的应力边界条件(平衡条件)也已满足,因此可以推论出上述结论。

4-16　试分析简支梁受均布荷载时,平面截面的假设是否成立?

# 第 5 章　平面问题极坐标解法

## §5-1　用极坐标表示的基本方程

### 1. 平衡微分方程

在平面问题中，如果弹性体是由径向线和圆弧线围成的圆形、圆环形、楔形、扇形等，则用极坐标求解要比用直角坐标方便得多，可使边界条件和方程的求解得到很大的简化。

在极坐标平面内任一点 $P$ 的位置可用径向坐标 $\rho$ 及环向坐标 $\varphi$ 来表示，如图 5-1。$\rho$ 坐标线（$\varphi = c$）和 $\varphi$ 坐标线（$\rho = c$）在不同的点有不同的方向；$\rho$ 坐标线是直线，量纲是 $L$[长度]；而 $\varphi$ 坐标线是圆弧曲线，是量纲为 1 的量。与直角坐标一样，从所考察的薄板或长柱形体中取出厚度等于 1 的任意微分单元体 $PACB$，在 $xoy$ 平面上，这个微分体是由两条径向线（夹角为 $d\varphi$）和两条环向线（距离为 $d\rho$）所围成。沿 $\rho$ 方向的正应力叫径向应力，用 $\sigma_\rho$ 代表；沿 $\varphi$ 方向的正应力叫环向应力，用 $\sigma_\varphi$ 代表。剪应力用 $\tau_{\rho\varphi}$ 或 $\tau_{\varphi\rho}$ 代表（$\tau_{\rho\varphi} = \tau_{\varphi\rho}$）。应力分量的正负号规定和直角坐标中的一样，只是 $\rho$ 方向代替了 $x$ 方向，$\varphi$ 方向代替了 $y$ 方向。同样，正面上的应力沿坐标轴正方向为正，负面上的应力以沿坐标轴负方向为正，反之为负。图 5-1 中所画的应力分量都是正的。径向及环向的体力分量分别用 $f_\rho$ 及 $f_\varphi$ 代表，以沿坐标轴正方向为正，反之为负。

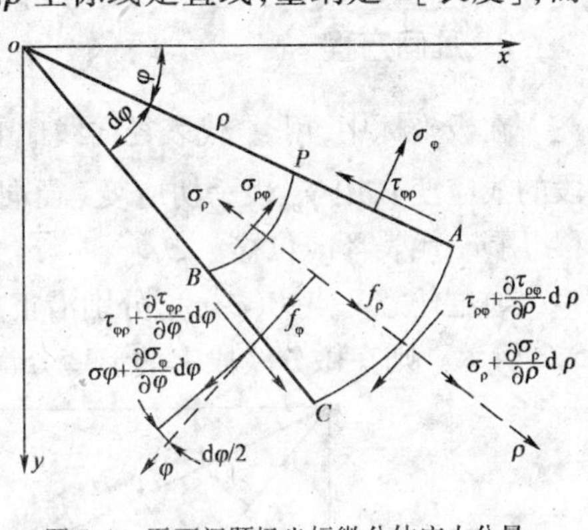

图 5-1　平面问题极坐标微分体应力分量

与直角坐标中相似，由于应力随坐标 $\rho$ 变化，设 $PB$ 面上的径向正应力为 $\sigma_\rho$，则 $AC$ 面上的应力将为 $\sigma_\rho + \frac{\partial\sigma_\rho}{\partial\rho}d\rho$；同样，在这两个面上的剪应力分别为 $\tau_{\rho\varphi}$ 及 $\tau_{\rho\varphi} + \frac{\partial\tau_{\rho\varphi}}{\partial\rho}d\rho$。$PA$ 及 $BC$ 两个面上的环向应力和切向应力可以作同样的处理。

应注意两个 $\rho$ 面，$PB$ 及 $AC$ 的面积不相同，分别等于 $\rho d\varphi$ 及 $(\rho + d\rho)d\varphi$；两个 $\varphi$ 面，$PA$ 及 $BC$ 的面积都等于 $d\rho$，但此两面不平行；微分体的体积等于 $\rho d\varphi d\rho$。

根据平衡条件，将单元体所受各力投影到微分体中心的径向轴上，即由 $\sum F_\rho = 0$，得

$$\left(\sigma_\rho + \frac{\partial\sigma_\rho}{\partial\rho}d\rho\right)(\rho + d\rho)d\varphi - \sigma_\rho\rho d\varphi - \left(\sigma_\varphi + \frac{\partial\sigma_\varphi}{\partial\varphi}d\varphi\right)d\rho\sin\frac{d\varphi}{2} - \sigma_\varphi d\rho\sin\frac{d\varphi}{2} +$$

$$\left(\tau_{\varphi\rho} + \frac{\partial\tau_{\rho\varphi}}{\partial\varphi}d\varphi\right)d\rho\cos\frac{d\varphi}{2} - \tau_{\varphi\rho}d\rho\cos\frac{d\varphi}{2} + f_\rho\rho d\varphi d\rho = 0$$

同理，将单元体所受各力投影到微分体中心的环向轴上，即由 $\sum F_\varphi = 0$，得

$$\left(\sigma_\varphi + \frac{\partial\sigma_\varphi}{\partial\varphi}d\varphi\right)d\rho\cos\frac{d\varphi}{2} - \sigma_\varphi d\rho\cos\frac{d\varphi}{2} + \left(\tau_{\rho\varphi} + \frac{\partial\tau_{\rho\varphi}}{\partial\rho}d\rho\right)(\rho + d\rho)d\varphi - \tau_{\rho\varphi}\rho\, d\varphi +$$

$$\left(\tau_{\varphi\rho}+\frac{\partial \tau_{\varphi\rho}}{\partial \rho}\mathrm{d}\varphi\right)\mathrm{d}\rho\ \sin\frac{\mathrm{d}\varphi}{2}+\tau_{\varphi\rho}\mathrm{d}\rho\ \sin\frac{\mathrm{d}\varphi}{2}+f_{\varphi}\rho\ \mathrm{d}\varphi\mathrm{d}\rho=0$$

由于 $\mathrm{d}\varphi$ 微小,可以把 $\sin\frac{\mathrm{d}\varphi}{2}$ 取为 $\mathrm{d}\varphi/2$,把 $\cos\frac{\mathrm{d}\varphi}{2}$ 取为 1。用 $\tau_{\rho\varphi}$ 代替 $\tau_{\varphi\rho}$,并注意上式中存在一、二、三阶微量,其中的一阶微量互相抵消,三阶微量与二阶微量相比更小,可以略去,再除以 $\rho\mathrm{d}\varphi\mathrm{d}\rho$,整理得出用极坐标表示的微分方程:

$$\left.\begin{aligned}&\frac{\partial\sigma_{\rho}}{\partial\rho}+\frac{1}{\rho}\frac{\partial\tau_{\rho\varphi}}{\partial\varphi}+\frac{\sigma_{\rho}-\sigma_{\varphi}}{\rho}+f_{\rho}=0\\&\frac{1}{\rho}\frac{\partial\sigma_{\varphi}}{\partial\varphi}+\frac{\partial\tau_{\rho\varphi}}{\partial\rho}+\frac{2\tau_{\rho\varphi}}{\rho}+f_{\varphi}=0\end{aligned}\right\}\tag{5-1}$$

这两个微分方程中包含着三个未知数 $\sigma_{\rho}$、$\sigma_{\varphi}$ 和 $\tau_{\rho\varphi}=\tau_{\varphi\rho}$。为了求解问题,还必须考虑形变、位移和物理学方面的条件。

另外,如果列出微分体的力矩平衡方程(对于垂直于直面的 $z$ 轴取矩),将得出 $\tau_{\rho\varphi}=\tau_{\varphi\rho}$,只是又一次证明了剪应力互等定理。



## 2. 几何方程

在极坐标中,用 $\varepsilon_{\rho}$ 代表径向线应变(径向线段的线应变),用 $\varepsilon_{\varphi}$ 代表环向线应变(环向线段的线应变),用 $\gamma_{\rho\varphi}$ 表示切应变(径向与环向两线段之间的直角的改变);用 $u_{\rho}$ 代表径向位移,用 $u_{\varphi}$ 代表环向位移。

通过任意一点 $P(\varphi,\rho)$,分别沿正方向作径向和环向的微分线段,$PA=\mathrm{d}\rho$,$PB=\rho\mathrm{d}\varphi$,如图 5-2 所示。则在微分线段上的形变分量和位移分量之间存在有如下的几何关系。

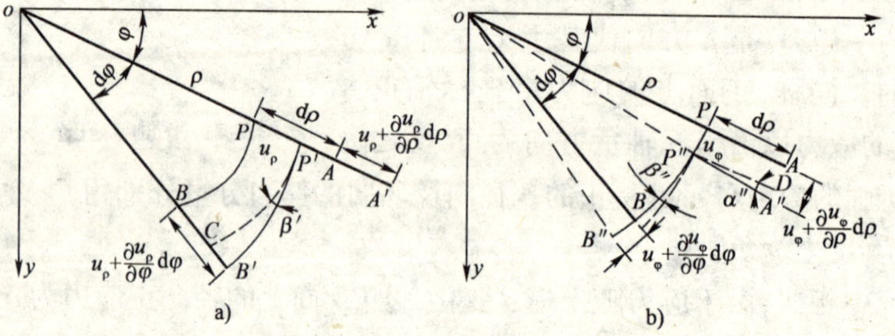


图 5-2　平面问题极坐标应变图示

1)假定只有径向位移而没有环向位移

如图 5-2a)所示,由于径向位移,使得径向线段 $PA$ 移到了 $P'A'$,环向线段 $PB$ 移到了 $P'B'$,而 $P$、$A$、$B$ 三点的位移分别为:

$$PP'=u_{\rho},\qquad AA'=u_{\rho}+\frac{\partial u_{\rho}}{\partial\rho}\mathrm{d}\rho,\qquad BB'=u_{\rho}+\frac{\partial u_{\rho}}{\partial\varphi}\mathrm{d}\varphi$$

(1)径向位移 $PA$ 的线应变:

$$\varepsilon'_{\rho}=\frac{P'A'-PA}{PA}=\frac{AA'-PP'}{PA}=\frac{\left(u_{\rho}+\frac{\partial u_{\rho}}{\partial\rho}\mathrm{d}\rho\right)-u_{\rho}}{\mathrm{d}\rho}=\frac{\partial u_{\rho}}{\partial\rho}\tag{5-2}$$

(2)环向线段 $PB$ 的线应变。

由图 5-2a)可见,环向线段 $PB$ 移到 $P'B'$,通过 $P'$ 点作圆弧线 $P'C$。$P'B'$ 与 $P'C$ 的夹角 $\beta$ 是微小的,因此,略去高阶微量后,得到 $P'B'\approx P'C$。因此,环向线段的线应变是:

$$\varepsilon'_{\varphi}=\frac{P'B'-PB}{PB}\approx\frac{PC'-PB}{PB}=\frac{(\rho+u_{\rho})\mathrm{d}\varphi-\rho\mathrm{d}\varphi}{\rho\mathrm{d}\varphi}=\frac{u_{\rho}}{\rho} \tag{5-3}$$

$\frac{u_{\rho}}{\rho}$项可理解为：由于径向位移引起环向线段的伸长应变。即半径为 $\rho$ 的环向线段 $PB=\rho\mathrm{d}\varphi$，由于径向位移 $u_{\rho}$ 而移到 $P'C$ 时，他的半径成为 $(\rho+u_{\rho})$，长度成为 $P'C=(\rho+u_{\rho})\mathrm{d}\varphi$，伸长量为 $u_{\rho}\mathrm{d}\varphi$ 与原长 $\rho\mathrm{d}\varphi$ 之比，便是环向线应变$\frac{u_{\rho}}{\rho}$。

(3)径向位移 $PA$ 的转角。

由图 5-2a)可知：

$$\alpha'=0 \tag{5-4}$$

(4)环向线段 $PB$ 的转角。

由图 5-2a)可知：

$$\beta'=\frac{BB'-PP'}{PB}=\frac{\left(u_{\rho}+\frac{\partial u_{\rho}}{\partial\varphi}\mathrm{d}\varphi\right)-u_{\rho}}{\rho\mathrm{d}\varphi}=\frac{1}{\rho}\frac{\partial u_{\rho}}{\mathrm{d}\varphi} \tag{5-5}$$

(5)切应变为：

$$\gamma'_{\rho\varphi}=\alpha'+\beta'=\frac{1}{\rho}\frac{\partial u_{\rho}}{\partial\varphi} \tag{5-6}$$

2)假定只有环向位移而没有径向位移

如图5-2b)，由于这个环向位移，使得径向线段 $PA$ 移到了 $P''A''$，环向线段 $PB$ 移到了$P''B''$，而 $P$、$A$、$B$ 三点的位移分别为：

$$PP''=u_{\varphi},\qquad AA''=u_{\varphi}+\frac{\partial u_{\rho}}{\partial\rho}\mathrm{d}\rho,\qquad BB''=u_{\varphi}+\frac{\partial u_{\varphi}}{\partial\varphi}\mathrm{d}\varphi$$

(1)径向线段 $PA$ 的线应变。

在图 5-2b)中，作 $P''D/\!/PA$，则 $PA$ 的转角为 $\alpha''$。由于 $\alpha''$是微小的，因此，略去高阶微量后得到 $P''A''\approx PA$，由此得出径向位移 $PA$ 的线应变为：

$$\varepsilon''_{\rho}=0 \tag{5-7}$$

(2)环向线段 $PB$ 的线应变，由图 5-2b)可知：

$$\varepsilon''_{\varphi}=\frac{P''B''-PB}{PB}=\frac{BB''-PP''}{PB}=\frac{\left(u_{\varphi}+\frac{\partial u_{\varphi}}{\partial\varphi}\mathrm{d}\varphi\right)-u_{\varphi}}{\rho\mathrm{d}\varphi}=\frac{1}{\rho}\frac{\partial u_{\varphi}}{\mathrm{d}\varphi} \tag{5-8}$$

(3)径向线段 $PA$ 的转角：

$$\alpha''=\frac{AA''-PP''}{PA}=\frac{\left(u_{\varphi}+\frac{\partial u_{\varphi}}{\partial\rho}\mathrm{d}\rho\right)-u_{\varphi}}{\mathrm{d}\rho}=\frac{\partial u_{\varphi}}{\mathrm{d}\rho} \tag{5-9}$$

(4)环向线段 $PB$ 的转角。

由图 5-2b)可知，由于环向位移引起环向线段的转角，在变形前 $PB$ 线上 $P$ 点的切线与 $OP$ 垂直；在变形后，$P''B''$线上 $P''$点的切线与 $OP''$垂直，这两切线之间的夹角等于圆心角 $\angle POP''$，这就是环向线段的转角，这个转角使原直角扩大。环向线段 $PB$ 的转角为：

$$\beta''=-\angle POP''=-u_{\varphi}/\rho \tag{5-10}$$

(5)切应变为：

$$\gamma''_{\rho\varphi}=\alpha''+\beta''=\frac{\partial u_\varphi}{\mathrm{d}\rho}-\frac{u_\varphi}{\rho} \tag{5-11}$$

3)几何方程

如果沿径向和环向同时发生位移,则由式(5-2)、式(5-3)、式(5-6)、式(5-7)、式(5-8)、式(5-11)汇总后得出极坐标中的几何方程:

$$\left.\begin{aligned}\varepsilon_\rho&=\varepsilon'_\rho+\varepsilon''_\rho=\frac{\partial u_\rho}{\partial\rho}\\ \varepsilon_\varphi&=\varepsilon'_\varphi+\varepsilon''=\frac{u_\rho}{\rho}+\frac{1}{\rho}\frac{\partial u_\varphi}{\partial\varphi}\\ \gamma_{\rho\varphi}&=\gamma'_{\rho\varphi}+\gamma''_{\rho\varphi}=\frac{1}{\rho}\frac{\partial u_\rho}{\partial\varphi}+\frac{\partial u_\varphi}{\partial\rho}-\frac{u_\varphi}{\rho}\end{aligned}\right\} \tag{5-12}$$

这就是极坐标中的几何方程。

### 3. 物理方程

在直角坐标中,物理方程是代数方程,且其中坐标 $x$ 和 $y$ 的方向是正交的。在极坐标中,坐标 $\rho$ 和 $\varphi$ 的方向也是正交的,因极坐标中的物理方程与直角坐标中的物理方程具有同样的形式,只需把下角码 $x$ 和 $y$ 分别换为 $\rho$ 和 $\varphi$ 即可。

1)平面应力问题的物理方程

$$\varepsilon_\rho=\frac{1}{E}(\sigma_\rho-\mu\sigma_\varphi),\quad \varepsilon_\varphi=\frac{1}{E}(\sigma_\varphi-\mu\sigma_\rho),\quad \gamma_{\rho\varphi}=\frac{1}{G}\tau_{\rho\varphi}=\frac{2(1+\mu)}{E}\tau_{\rho\varphi} \tag{5-13}$$

注:$\varepsilon_z=\frac{\mu}{E}(\sigma_\rho+\sigma_\varphi)$,即 $\varepsilon_z$ 可以直接由 $\sigma_\rho$ 和 $\sigma_\varphi$ 来确定,因而不作为独立的未知函数,并由 $\varepsilon_z$ 求得薄板厚度的改变。另外,在平面应力问题中有 $\tau_{\rho z}=\tau_{z\rho}=0$,故知 $\gamma_{\rho z}=\gamma_{z\rho}$。

2)平面应变问题的物理方程

在平面应变问题中,因为物体的所有各点都不沿 $z$ 方向移动,$w=0$,所以,$z$ 方向的线段都没有伸缩,即 $\varepsilon_z=0$。于是 $\sigma_z=\mu(\sigma_\rho+\sigma_\varphi)=0$,可得

$$\varepsilon_\rho=\frac{E}{1-\mu^2}\left(\sigma_\rho-\frac{\mu}{1-\mu}\sigma_\varphi\right),\quad \varepsilon_\varphi=\frac{E}{1-\mu^2}\left(\sigma_\varphi-\frac{\mu}{1-\mu}\sigma_\rho\right),\quad \gamma_{\rho\varphi}=\frac{2(1+\mu)}{E}\tau_{\rho\varphi} \tag{5-14}$$

与直角坐标处理方法一样,也可以将平面应力问题物理方程中的 $E$ 换为 $E/(1-\mu^2)$,$\mu$ 换为 $\mu/(1-\mu)$,即可得到极坐标中平面应变问题的物理方程(5-14)。

### 4. 极坐标中的应力函数与相容方程

1)应力分量表达式

在极坐标中,同样可以把应力分量用应力函数 $\phi(\rho,\varphi)$ 来表示。由极坐标与直角坐标之间的关系式:

$$\rho^2=x^2+y^2,\qquad \varphi=\arctan(y/x);\qquad x=\rho\cos\varphi,\qquad y=\rho\sin\varphi$$

$\rho$ 和 $\varphi$ 对 $x$、$y$ 的导数分别为:

$$\frac{\partial\rho}{\partial x}=\frac{x}{\rho}=\cos\varphi,\quad \frac{\partial\rho}{\partial y}=\frac{y}{\rho}=\sin\varphi;\quad \frac{\partial\varphi}{\partial x}=-\frac{y}{\rho^2}=-\frac{\sin\varphi}{\rho},\quad \frac{\partial\varphi}{\partial y}=\frac{x^2}{\rho}=\frac{\cos x}{\rho}$$

将函数 $\phi$ 看成是 $\rho$、$\varphi$ 的函数,即 $\phi(\rho,\varphi)$;而 $\rho$、$\varphi$ 又都是 $x$、$y$ 的函数。因此,$\phi$ 可以认为是通过中间变量 $\rho$、$\varphi$ 的关于 $x$、$y$ 的复合函数。按照复合函数的求导公式,可得到 $\varphi$ 分别对 $x$、$y$

一阶导数的变换公式：

$$\frac{\partial\varphi}{\partial x}=\frac{\partial\varphi}{\partial\rho}\cos\varphi-\frac{\partial\varphi}{\partial\varphi}\frac{\sin\varphi}{\rho},\quad \frac{\partial\varphi}{\partial y}=\frac{\partial\varphi}{\partial\rho}\sin\varphi+\frac{\partial\varphi}{\partial\varphi}\frac{\cos\varphi}{\rho}$$

同理可得到二阶导数的变换公式：

$$\frac{\partial^2\phi}{\partial x^2}=\frac{\partial^2\phi}{\partial\rho^2}\cos^2\varphi+\left(\frac{1}{\rho}\frac{\partial\varphi}{\partial\rho}+\frac{1}{\rho^2}\frac{\partial^2\phi}{\partial\rho^2}\right)\sin^2\varphi-2\left[\frac{\partial}{\partial\rho}\left(\frac{1}{\rho}\frac{\partial\phi}{\partial\varphi}\right)\cos\varphi\sin\varphi\right]$$

$$\frac{\partial^2\phi}{\partial y^2}=\frac{\partial^2\phi}{\partial\rho^2}\sin^2\varphi+\left(\frac{1}{\rho}\frac{\partial\phi}{\partial\rho}+\frac{1}{\rho^2}\frac{\partial^2\phi}{\partial\rho^2}\right)\cos^2\varphi+2\left[\frac{\partial}{\partial\rho}\left(\frac{1}{\rho}\frac{\partial\phi}{\partial\varphi}\right)\right]\cos\varphi\sin\varphi$$

$$\frac{\partial^2\phi}{\partial x\partial y}=\left[\frac{\partial^2\phi}{\partial\rho^2}-\left(\frac{1}{\rho}\frac{\partial\phi}{\partial\rho}+\frac{1}{\rho^2}\frac{\partial^2\phi}{\partial\varphi^2}\right)\right]\cos\varphi\sin\varphi+\left[\frac{\partial}{\partial\rho}\left(\frac{1}{\rho}\frac{\partial\phi}{\partial\varphi}\right)\right](\cos^2\varphi-\sin^2\varphi)$$

由图 5-1 可见，如果把 $x$ 轴和 $y$ 轴分别转到 $\rho$ 和 $\varphi$ 的方向，使该微分体的 $\varphi$ 坐标成为零，则 $\sigma_x$、$\sigma_y$、$\tau_{xy}$ 分别成为 $\sigma_\rho$、$\sigma_\varphi$、$\tau_{\rho\varphi}$。于是当不计体力时，即可由上式得出极坐标情况下，用应力函数表示的应力分量表达式：

$$\left.\begin{aligned}\sigma_\rho&=(\sigma_x)_{\varphi=0}=\left(\frac{\partial^2\phi}{\partial y^2}\right)_{\varphi=0}=\frac{1}{\rho}\frac{\partial\phi}{\partial\rho}+\frac{1}{\rho^2}\frac{\partial^2\phi}{\partial\varphi^2}\\ \sigma_\varphi&=(\sigma_y)_{\varphi=0}=\left(\frac{\partial^2\phi}{\partial x^2}\right)_{\varphi=0}=\frac{\partial^2\phi}{\partial\rho^2}\\ \tau_{\rho\varphi}&=(\tau_{xy})_{\varphi=0}=\left(-\frac{\partial^2\phi}{\partial x\partial y}\right)_{\varphi=0}=-\frac{\partial}{\partial\rho}\left(\frac{1}{\rho}\frac{\partial\phi}{\partial\varphi}\right)\end{aligned}\right\}\tag{5-15}$$

当体力分量 $f_\rho=f_\varphi=0$ 时，这些应力分量确能满足平衡微分方程。

2）极坐标中的相容方程

直角坐标情况下，过弹性体的任意点的单元体中，存在 $\sigma_x+\sigma_y=\sigma_1+\sigma_3$。因此，在极坐标情况下，过同一点的单元体，也必然存在 $\sigma_\rho+\sigma_\varphi=\sigma_1+\sigma_3$。所以，对于平面问题必然有

$$\sigma_x+\sigma_y=\sigma_\rho+\sigma_\varphi$$

将式(5-15)代入上式中，得到

$$\sigma_\rho+\sigma_\varphi=\frac{\partial^2\phi}{\partial\rho^2}+\frac{1}{\rho}\frac{\partial\phi}{\partial\rho}+\frac{1}{\rho^2}\frac{\partial^2\phi}{\partial\varphi^2}=\left(\frac{\partial^2}{\partial\rho^2}+\frac{1}{\rho}\frac{\partial}{\partial\rho}+\frac{1}{\rho^2}\frac{\partial^2}{\partial\varphi^2}\right)\phi=\sigma_x+\sigma_y=\frac{\partial^2\phi}{\partial x^2}+\frac{\partial^2\phi}{\partial y^2}$$

将上式代入相容方程 $\nabla^2(\sigma_x+\sigma_y)=0$ 后，可得到极坐标中体力为常量时的相容方程为：

$$\left(\frac{\partial^2}{\partial\rho^2}+\frac{1}{\rho}\frac{\partial}{\partial\rho}+\frac{1}{\rho^2}\frac{\partial^2}{\partial\varphi^2}\right)^2\phi=0\tag{5-16}$$

上式也可以通过将上面的 $\phi$ 对 $x$、$y$ 的二阶导数相加后，再代入 $\left(\frac{\partial^2}{\partial x^2}+\frac{\partial^2}{\partial y^2}\right)^2\phi=0$ 求得。

由此得出，当不计体力时，在极坐标中按应力求解平面问题，归结为求解一个应力函数 $\phi(\rho,\varphi)$，使其满足：

（1）在区域内的相容方程(5-16)。

（2）在边界上的应力边界条件（假设全部为应力边界条件，应力边界条件与直角坐标的表达形式一致）。

（3）在多连体中还应满足位移单值条件。

当求出应力函数 $\phi(\rho,\varphi)$ 后，可由式(5-15)求得应力分量表达式。

和直角坐标一样，极坐标中也采用逆解法或半逆解法来求解具体问题。对于逆解法，应力函数的假设，可结合边界上的外力（即面力）或截面内力，一部分问题表示成 $\varphi$ 函数的显式与

$f(\rho)$的乘积；另一部分问题可以表示成$\rho$函数的显式与$f(\varphi)$的乘积。

## §5-2 应力分量的坐标变换

在一定的应力状态下，由已知的直角坐标中的应力分量，求极坐标中的应力分量，或者由已知的极坐标中的应力分量，求直角坐标中的应力分量，就需要建立两个坐标系中应力分量的坐标变换关系式。

### 1. 由直角坐标形式变换到极坐标形式

设已知直角坐标中的应力分量$\sigma_x$、$\sigma_y$、$\tau_{xy}$的函数表达式，求极坐标中的应力分量$\sigma_\rho$、$\sigma_\varphi$、$\tau_{\rho\varphi}$的函数表达式。在弹性体中取出一个厚度为1的微小三角板$A$，如图5-3a)所示。命$bc$边的长度为d$s$，则$ac$及$ab$边的长度分别为$ds\cos\varphi$及$ds\sin\varphi$；类似地取出一个厚度为1的微小三角板$B$，命$ac$边的长度为d$s$，则$ab$及$bc$边的长度分别为$ds\cos\varphi$及$ds\sin\varphi$。

根据三角板$A$的平衡条件$\sum F_\rho=0$和$\sum F_\varphi=0$，和三角板$B$的平衡条件$\sum F_\varphi=0$，并注意$\tau_{xy}=\tau_{yx}$、$\tau_{\rho\varphi}=\tau_{\varphi\rho}$，可以得到

$$\left.\begin{aligned}\sigma_\rho&=\sigma_x\cos2\varphi+\sigma_y\sin2\varphi+2\tau_{xy}\cos\varphi\sin\varphi\\\sigma_\varphi&=\sigma_x\sin2\varphi+\sigma_y\cos2\varphi-2\tau_{xy}\cos\varphi\sin\varphi\\\tau_{\rho\varphi}&=(\sigma_y-\sigma_x)\sin\varphi\cos\varphi+\tau_{xy}(\cos^2\varphi-\sin^2\varphi)\end{aligned}\right\}\tag{5-17}$$

### 2. 由极坐标形式变换到直角坐标形式

设已知极坐标中的应力分量$\sigma_\rho$、$\sigma_\varphi$、$\tau_{\rho\varphi}$的函数表达式，求直角坐标中的应力分量$\sigma_x$、$\sigma_y$、$\tau_{xy}$的函数表达式。

如图5-3b)，同样取微小三角板$A$和$B$，可根据相应的平衡条件导出其变换关系式为：

$$\left.\begin{aligned}\sigma_x&=\sigma_\rho\cos^2\varphi+\sigma_\varphi\sin^2\varphi-2\tau_{\rho\varphi}\cos\varphi\sin\varphi\\\sigma_y&=\sigma_\rho\sin^2\varphi+\sigma_\varphi\cos^2\varphi+2\tau_{\rho\varphi}\cos\varphi\sin\varphi\\\tau_{xy}&=(\sigma_\rho-\sigma_\varphi)\sin\varphi\cos\varphi+\tau_{\rho\varphi}(\cos^2\varphi-\sin^2\varphi)\end{aligned}\right\}\tag{5-18}$$

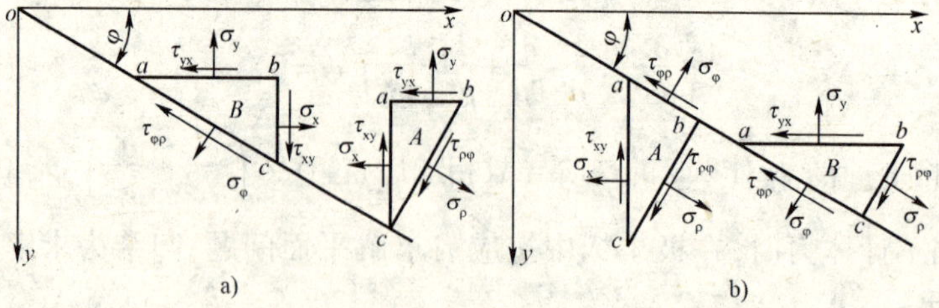


图5-3 平面应力坐标转换

## §5-3 轴对称平面问题的应力分量和位移分量

所谓轴对称，是指物体的形状、承受的外力或某物理量是绕一轴（$z$轴）对称，凡通过对称轴的任何面都是对称面。若应力是绕$z$轴对称的，则在任一环向线上的各点，正应力分量的数值相同，方向均对称于$z$轴，且仅为$\rho$的函数，不随$\varphi$而变，而剪应力$\tau_{\rho\varphi}=\tau_{\varphi\rho}$为零。

### 1. 应力函数及应力分量

在轴对称应力状态下，应力函数只是 $\rho$ 的函数，且为标量函数，即 $\phi=\phi(\rho)$，在这一特殊的情况下，应力公式(5-15)简化为：

$$\sigma_{\rho}=\frac{1}{\rho}\frac{\partial\phi}{\partial\rho},\sigma_{\varphi}=\frac{\partial^2\phi}{\partial\rho^2},\tau_{\rho\varphi}=\tau_{\varphi\rho}=0 \tag{5-19}$$

相容方程(5-16)简化为：

$$\left(\frac{\partial^2}{\partial\rho^2}+\frac{1}{\rho}\frac{\partial}{\partial\rho}\right)^2\phi=0$$

此时拉普拉斯算子可以进一步简化为：

$$\nabla^2=\frac{\partial^2}{\partial\rho^2}+\frac{1}{\rho}\frac{\partial}{\partial\rho}=\frac{1}{\rho}\frac{\partial}{\partial\rho}\left(\rho\frac{\partial}{\partial\rho}\right)$$

代入相容方程，成为：

$$\frac{1}{\rho}\frac{\partial}{\partial\rho}\left\{\rho\frac{\partial}{\partial\rho}\left[\frac{1}{\rho}\frac{\partial}{\partial\rho}\left(\rho\frac{\partial\phi}{\partial\rho}\right)\right]\right\}=0$$

这是一个四阶常微分方程，其通解只有四项，积分四次就得到轴对称状态下应力函数的通解：

$$\phi(\rho)=A\ln\rho+B\rho^2\ln\rho+C\rho^2+D \tag{5-20}$$

其中，$A$、$B$、$C$、D 是待定的常数。

将式(5-20)代入式(5-19)，得轴对称问题的应力分量的表达式：

$$\left.\begin{aligned}\sigma_{\rho}&=\frac{A}{\rho^2}+B(1+2\ln\rho)+2C\\\sigma_{\varphi}&=-\frac{A}{\rho^2}+B(3+2\ln\rho)+2C\\\tau_{\rho\varphi}&=\tau_{\varphi\rho}=0\end{aligned}\right\} \tag{5-21}$$

可见，应力状态对称于通过 $z$ 轴的任意平面。

### 2. 轴对称问题的形变和位移分量

1)对于平面应力问题

首先，将应力分量表达式(5-21)代入物理方程式(5-13)，得对应的形变分量：

$$\varepsilon_{\rho}=\frac{1}{E}\left[(1+\mu)\frac{A}{\rho^2}+(1-3\mu)B+2(1-\mu)B\ln\rho+2(1-\mu)C\right]$$

$$\varepsilon_{\varphi}=\frac{1}{E}\left[-(1+\mu)\frac{A}{\rho^2}+(3-\mu)B+2(1-\mu)B\ln\rho+2(1-\mu)C\right]$$

$$\gamma_{\rho\varphi}=0$$

可见，形变也是轴对称的。

将上面的形变分量的表达式代入物理方程式(5-13)，再代入几何方程式(5-12)，得

$$
\left.\begin{aligned}
&\frac{\partial u_\rho}{\partial \rho}=\frac{1}{E}\left[(1+\mu)\frac{A}{\rho^2}+(1-3\mu)\ B+2(1-\mu)B\ \ln\rho+2(1-\mu)C\right]\\
&\frac{u_\rho}{\rho}+\frac{1}{\rho}\ \frac{\partial u_\varphi}{\partial \varphi}=\frac{1}{E}\left[-(1+\mu)\frac{A}{\rho^2}+(3-\mu)B+2(1-\mu)B\ln\rho+2(1-\mu)C\right]\\
&\frac{1}{\rho}\ \frac{\partial u_\rho}{\partial \varphi}+\frac{\partial u_\varphi}{\partial \rho}-\frac{u_\varphi}{\rho}=0
\end{aligned}\right\}\qquad(5\text{-}22)
$$

由式(5-22)中第一式的积分得

$$
u_\rho=\frac{1}{E}\left[-(1+\mu)\frac{A}{\rho}+(1-3\mu)B\rho+2(1-\mu)B(\ln\rho-1)\rho+2(1-\mu)C\rho\right]+f(\varphi)\qquad(5\text{-}23)
$$

其中，$f(\varphi)$是$\varphi$的任意函数。

其次，将式(5-23)代入式(5-22)中的第二式，整理后，得

$$
\frac{\partial u_\varphi}{\partial \varphi}=\frac{4B\rho}{E}-f(\varphi)
$$

对其积分以后，得

$$
u_\varphi=\frac{4B\rho\varphi}{E}-\int f(\varphi)\,\mathrm{d}\varphi+f_1(\rho)\qquad(5\text{-}24)
$$

其中，$f_1(\rho)$是$\rho$的任意函数。

再将式(5-23)及式(5-24)代入式(5-22)中的第三式，整理后，得

$$
f_1(\rho)-\rho\frac{\mathrm{d}f_1(\rho)}{\mathrm{d}\rho}=\frac{\mathrm{d}f(\varphi)}{\mathrm{d}\varphi}+\int f(\varphi)\,\mathrm{d}\varphi
$$

该方程的左边只是$\rho$的函数，而右边只是$\varphi$的函数，因此，两边应等于同一常数$F$。于是有

$$
f_1(\rho)-\rho\frac{\mathrm{d}f_1(\rho)}{\mathrm{d}\rho}=F\qquad(5\text{-}25)
$$

$$
\frac{\mathrm{d}f(\varphi)}{\mathrm{d}\varphi}+\int f(\varphi)\,\mathrm{d}\varphi=F\qquad(5\text{-}26)
$$

式(5-25)的解答是：

$$
f_1(\rho)=H\rho+F\qquad(5\text{-}27)
$$

其中，$H$是任意常数。

由式(5-26)可以通过求导，变换为微分方程

$$
\frac{\mathrm{d}^2f(\varphi)}{\mathrm{d}\varphi^2}+f(\varphi)=0
$$

而它的解答是：

$$
f(\varphi)=I\cos\varphi+K\sin\varphi\qquad(5\text{-}28)
$$

此外，可由式(5-26)得

$$
\int f(\varphi)\,\mathrm{d}\varphi=F-\frac{\mathrm{d}f(\varphi)}{\mathrm{d}\varphi}=F+I\sin\varphi-K\cos\varphi\qquad(5\text{-}29)
$$

将式(5-27)、式(5-28)和式(5-29)分别代入式(5-23)和式(5-24)，得位移分量的表达式为：

$$
\left.\begin{aligned}
&u_\rho=\frac{1}{E}\left[-(1+\mu)\frac{A}{\rho}+(1-3\mu)B\rho+2(1-\mu)B\rho(\ln\rho-1)+2(1-\mu)C\rho\right]+I\cos\varphi+K\sin\varphi\\
&u_\varphi=\frac{4B\rho\varphi}{E}+H\rho-I\sin\varphi+K\cos\varphi
\end{aligned}\right\}
$$

(5-30)

式中，$A$、$B$、$C$ 是待定的常数，$H$、$I$、$K$ 和 $u_o$、$v_o$、$\omega$ 一样，代表刚体位移。

以上是轴对称应力状态下，应力分量和位移分量的一般性解答，适用于任何轴对称应力问题。应力分量表达式(5-21)和位移分量式(5-30)中的待定系数，可以通过应力边界条件和位移边界条件（在多连体中还需考虑位移单值条件）来确定。

2)对于平面应变问题

对于平面应变问题，只需将上述平面应力问题的形变分量和位移分量中的 $E$ 换为 $E/(1-\mu^2)$、$\mu$ 换为 $\mu/(1-\mu)$，就得到轴对称平面应变问题的形变分量和位移分量。

一般而言，产生轴对称应力状态的条件是，弹性体的形状和应力边界条件必须是轴对称的。如果位移边界条件是轴对称的，则位移也是轴对称的。

## §5-4　极坐标下平面问题求解举例

### 1．轴对称问题举例

同直角坐标一样，在求解具体问题时，对于单连体和多连体，位移单值条件都必须满足。在按应力求解时，首先求出应力分量，自然取为单值函数；再求形变分量，并由几何方程通过积分求出位移分量。在多连体中，积分时常常会出现多值函数，因此，需要校核位移单值条件，以排除其中的多值项。

**[例 5-1]**　设有圆环或圆筒受均布荷载，内半径为 $r$，外半径为 $R$，受内压力 $q_1$ 及外压力 $q_2$，如图 5-4a)所示。试分析圆环或圆筒内的应力分布情况。

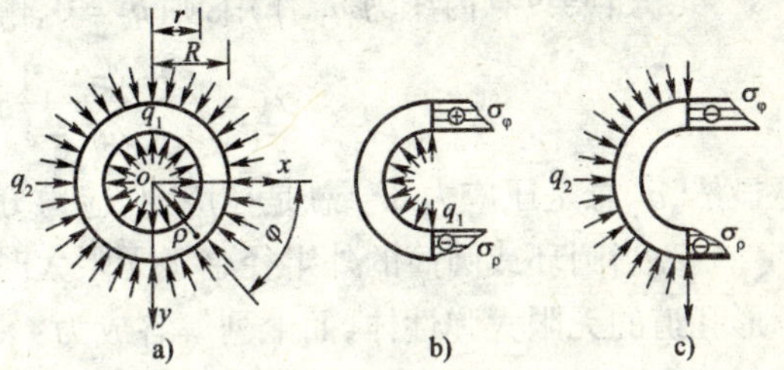


图5-4　[例5-1]图

**解**：(1)应力分量表达式选取。

根据题意知，应力分布是轴对称的，故可取轴对称的应力函数。因此，应力分量表达式直接取为式(5-21)。即

$$\sigma_\rho=\frac{A}{\rho^2}+B(1+2\ln\rho)+2C,\quad \sigma_\varphi=-\frac{A}{\rho^2}+B(3+2\ln\rho)+2C,\quad \tau_{\rho\varphi}=\tau_{\varphi\rho}=0$$

(2)根据边界条件确定积分常数 $A$、$B$、$C$。

①圆环或圆筒的内、外应力边界条件要求

$$(\tau_{\rho\varphi})_{\rho=r}=0,\quad (\tau_{\rho\varphi})_{\rho=R}=0,\quad (\sigma_\rho)_{\rho=r}=-q_1,\quad (\sigma_\rho)_{\rho=R}=-q_2 \tag{5-31}$$

可见，式(5-31)中前两个条件是自然满足的，而后两个条件则要求

$$\frac{A}{r^2}+B(1+2\ln r)+2C=-q_1 \tag{5-32}$$

$$\frac{A}{R^2}+B(1+2\ln R)+2C=-q_2 \tag{5-33}$$

边界条件都已满足，但两个方程不能决定三个常数 $A$、$B$、$C$。

②因为这里讨论的是多连体，所以我们来考察位移单值条件。

由位移分量表达式(5-30)知，环向位移 $u_\varphi$ 的表达式中 $\frac{4B\rho\varphi}{E}$ 一项是多值项。对于同一个 $\rho$ 值，例如 $\rho=\rho_1$，在 $\varphi=\varphi_1$ 时与 $\varphi=\varphi_1+2\pi$ 时，环向位移相差 $\frac{8\pi B\rho_1}{E}$。在圆环或圆筒中，这是不

可能的，因为$(\rho_1,\varphi_1)$与$(\rho_1,\varphi_1+2\pi)$是同一点，有相同的位移，因此必须取$B=0$。则由式(5-32)、式(5-33)求得

$$A=\frac{r^2R^2(q_2-q_1)}{R^2-r^2},\qquad 2C=\frac{q_1r^2-q_2R^2}{R^2-r^2} \tag{5-34}$$

③最后求解应力分量表达式。

将式(5-34)代入应力分量表达式，整理后即得圆筒受均布压力的拉梅解答如下：

$$\sigma_\rho=-\frac{\frac{R^2}{\rho^2}-1}{\frac{R^2}{r^2}-1}q_1-\frac{1-\frac{r^2}{\rho^2}}{1-\frac{r^2}{R^2}}q_2,\qquad \sigma_\varphi=\frac{\frac{R^2}{\rho^2}+1}{\frac{R^2}{r^2}-1}q_1-\frac{1+\frac{r^2}{\rho^2}}{1-\frac{r^2}{R^2}}q_2 \tag{5-35}$$

(3)讨论。

①$\sigma_\rho+\sigma_\varphi=2\dfrac{r^2q_1-R^2q_2}{R^2-r^2}=$常量，即沿圆筒厚度上，$\sigma_z=\mu(\sigma_\rho+\sigma_\varphi)$处处相等，整个圆筒壁横截面将沿轴向发生均匀伸长或者缩短，从而使得横截面变形后保持为平面。将式(5-35)代入位移分量表达式(5-30)，并略去刚体位移，得厚壁筒的位移表达式：

$$u_\rho=\frac{1}{E}\left[(1-\mu)\frac{r^2q_1-R^2q_2}{R^2-r^2}\rho-(1+\mu)\frac{q_2-q_1}{R^2-r^2}\frac{R^2r^2}{\rho}\right],\qquad u_\varphi=0 \tag{5-36}$$

②如果只有内压力$q_1$作用，则$q_2=0$，解答式(5-35)简化为：

$$\sigma_\rho=-\frac{R^2/\rho^2-1}{R^2/r^2-1}q_1,\qquad \sigma_\varphi=\frac{R^2/\rho^2+1}{R^2/r^2-1}q_1 \tag{5-37}$$

显然，$\sigma_\rho$总是压应力，$\sigma_\varphi$总是拉应力，应力分布大致如图5-4b)所示。

a. 当圆环或圆筒的外半径趋于无限大时($R\to\infty$)，得到具有圆孔的无限大薄板，或具有圆形孔道的无限大弹性体，而上列解答成为：

$$\sigma_\rho=-\frac{r^2}{\rho^2}q_1,\qquad \sigma_\varphi=\frac{r^2}{\rho^2}q_1 \tag{5-38}$$

可见，应力与$r^2/\rho^2$成正比。在$\rho$远大于$r$之处（即距圆孔或圆形孔道较远之处），应力是很小的，可以不计。这个实例也证实了圣维南原理，因为圆孔或圆形孔道中的内压力是平衡力系。

b. 其位移分量由式(5-36)简化为：

$$u_\rho=\frac{r^2q_1}{E(R^2-r^2)\rho}\left[(1-\mu)\rho^2+(1+\mu)R^2\right],\qquad u_\varphi=0 \tag{5-39}$$

③如果只有外压力$q_2$作用，则$q_1=0$，解答式(5-35)简化为：

$$\sigma_\rho=-\frac{1-r^2/\rho^2}{1-r^2/R^2}q_2,\qquad \sigma_\varphi=-\frac{1+r^2/\rho^2}{1-r^2/R^2}q_2 \tag{5-40}$$

显然，$\sigma_\rho$和$\sigma_\varphi$都总是压应力。应力分布大致如图5-4c)所示。

a. 最大压应力是内壁处的环向应力，即

$$(\sigma_\varphi)_{\rho=r}=-\frac{2R^2}{R^2-r^2}q_2 \tag{5-41}$$

b. 其位移分量由式(5-36)简化为：

$$u_\rho=-\frac{R^2q_2}{E(R^2-r^2)\rho}\left[(1-\mu)\rho^2+(1+\mu)r^2\right],\qquad u_\varphi=0 \tag{5-42}$$

[**例5-2**]　有一内半径 $r=0.1\text{m}$，外半径 $R=0.2\text{m}$ 的圆筒，承受内压力 $q=210\text{MPa}$，试确定此圆筒的内、外表面处和壁厚中间处的环向应力。

**解**：(1)确定内、外表面上的环向应力，由上例的式(5-37)得

内表面：
$$(\sigma_\varphi)_{\rho=0.1\text{m}}=\frac{0.2^2+0.1^2}{0.2^2-0.1^2}\times 210=350(\text{MPa})$$

外表面：
$$(\sigma_\varphi)_{\rho=0.2\text{m}}=\frac{2\times 0.1^2}{0.2^2-0.1^2}\times 210=140(\text{MPa})$$

壁厚中间：
$$(\sigma_\varphi)_{\rho=0.15\text{m}}=\frac{0.2^2+0.15^2}{0.2^2-0.15^2}\times 0.15^2\times 210=194.44(\text{MPa})$$

如图5-5b)中虚线 $SS'$ 所示，内壁处的环向应力偏大。

(2)讨论。

①通常采用组合筒来改善其应力分布。如图5-5a)，外筒的内半径略小于内筒的外半径，并预先将外筒加热使其膨胀，然后装配而成，冷却后内外筒接触面之间产生的接触压力，称之为冷却配合压力。

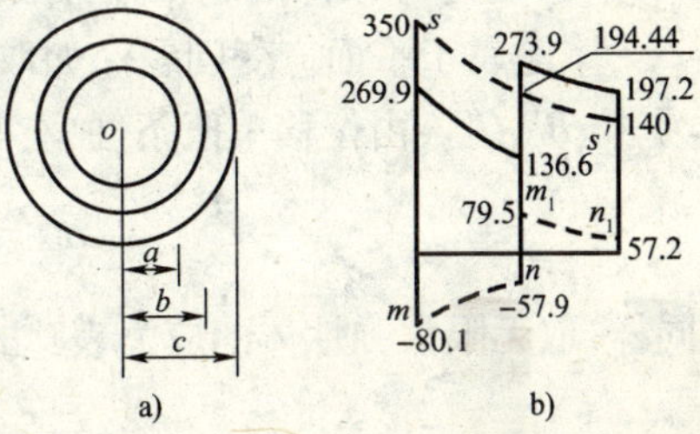


图5-5　[例5-2]图(单位：MPa)

设内圆筒的外半径受力前比外半径大 $\delta$，于是装配后产生了接触压力 $k$，该压力可由内半径的增量和外半径的减量之和等于 $\delta$ 来确定。即由上例的式(5-39)和式(5-42)得出

$$\frac{bk}{E(c^2-b^2)}[(c^2+b^2)+\mu(c^2-b^2)]+\frac{bk}{E(b^2-a^2)}[(b^2+a^2)-\mu(b^2-a^2)]=\delta$$

从而求得

$$k=\frac{E\delta}{b}\frac{(b^2-a^2)(c^2-b^2)}{2b^2(c^2-a^2)}$$

②对本题，如图5-5b)所示，采用组合筒的弹性模量 $E=206\times 10^3\text{MPa}$，$a=0.1\text{m}$，$b=0.15\text{m}$，$c=0.2\text{m}$，$\delta=0.0001\text{m}$，内压力 $q=210\text{MPa}$，试确定筒内的环向应力。

首先，求出筒内的接触应力，由上例的公式可得

$$k=\frac{206\times 10^3\times 0.0001(0.15^2-0.1^2)\times(0.2^2-0.15^2)}{0.15\times 2\times 0.15(0.2^2-0.1^2)}=22.25(\text{MPa})$$

其次，求出由接触压力 $k$ 引起的内圆筒的环向预应力(相当于只有外压力)：

$$(\sigma_\varphi)_{\rho=0.1\text{m}}=-80.1\text{MPa}$$

$$(\sigma_\varphi)_{\rho=0.15\text{m}}=-57.85\text{MPa}$$

再次，求出由接触压力 $k$ 引起的外圆筒的环向预应力(相当于只有内压力)：

$$(\sigma_\varphi)_{\rho=0.15\text{m}}=79.46.1\text{MPa}$$

$$(\sigma_\varphi)_{\rho=0.15\text{m}}=57.21\text{MPa}$$

接触压力 $k$ 引起的环向应力沿筒壁厚度的分布，在图5-5b)中用虚线 $mn$ 和 $m_1n_1$ 表示；内压力 $q$ 产生环向应力与上面的解答相同，图中用虚线 $SS'$ 表示。实际的环向应力由上述两部分叠加而成，在图中用实线表示。可知，装配与应力的存在使圆筒承受内压力时，最大应力由350MPa降至了273.9MPa。因此，冷缩装配的组合筒与整体筒相比，应力分布较为有利。这种二层或多层组合筒可以用于内压力非常高的场合，如炮筒。

**[例 5-3]** 压力隧洞如图 5-6 所示。设有埋在无限大弹性体中的圆筒,受均布内压力 $q$ 作用。设圆筒和无限大弹性体的弹性常数分别为 $E$、$\mu$ 和 $E'$、$\mu'$。试求解其应力分量表达式。

**解:**(1)问题分析和应力分量表达式的选取。

这个问题是最简单的一个接触问题,即两个弹性体在边界上互相接触的问题。必须考虑交接面上的接触条件。由于两者的材料性质不同,不符合均匀性假设,因此,不能用同一个函数表示其解答。可以把无限大弹性体看成是内半径为 $R$ 而外半径为无限大的圆筒。显然,圆筒和无限大弹性体的应力分布是轴对称的,可以分别引用轴对称应力解答式(5-21)和相应位移解答式(5-30)。

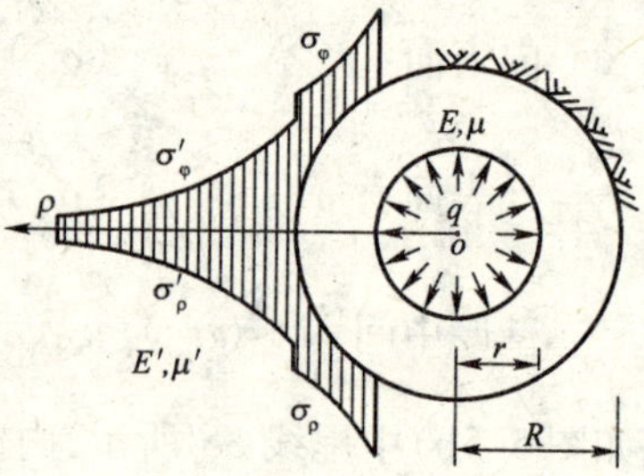

图 5-6 [例 5-3]图

(2)用边界条件确定积分常数。

本题属于平面应变问题。如取圆筒解答中的系数为 $A$、$B$、$C$,无限大弹性体解答中的系数为 $A'$、$B'$、$C'$。由位移单值条件,有 $B=0$、$B'=0$,则圆筒的应力表达式取为:

$$\sigma_\rho=\frac{A}{\rho^2}+2C,\qquad \sigma_\varphi=-\frac{A}{\rho^2}+2C \tag{5-43}$$

同样,取无限大弹性体的应力表达式为:

$$\sigma'_\rho=\frac{A'}{\rho^2}+2C',\qquad \sigma'_\varphi=-\frac{A'}{\rho^2}+2C' \tag{5-44}$$

考虑边界条件和接触条件来解答常数 $A$、$C$、$A'$、$C'$。

①在圆筒的内面有边界条件 $(\sigma_\rho)_{\rho=r}=-q$,由此得

$$\frac{A}{r^2}+2C=-q \qquad ①$$

其次,在远离圆筒处,按照圣维南原理,应当几乎没有应力,于是有

$$(\sigma'_\rho)_{\rho=\infty}=0,\qquad (\sigma'_\varphi)_{\rho=\infty}=0$$

由此得

$$2C'=0 \qquad ②$$

②在圆筒和无限大弹性体接触面上,有

$$(\sigma_\rho)_{\rho=R}=(\sigma'_\rho)_{\rho=R}$$

于是由式(5-43)及式(5-44)得

$$\frac{A}{R^2}+2C=\frac{A'}{R^2} \qquad ③$$

上述条件①、②、③仍然不足以确定四个常数。

③考察位移。

应用式(5-30)中的第一式,并注意这里是平面应变问题,而且 $B=0$、$2C'=0$,可以写出圆筒和无限大弹性体经简化后的径向位移表达式:

$$\left.\begin{aligned} u_\rho&=\frac{1+\mu}{E}\left[2(1-2\mu)C\rho-\frac{A}{\rho}\right]+I\cos\varphi+K\sin\varphi\\ u'_\rho&=-\frac{1+\mu'}{E}\frac{A'}{\rho}+I'\cos\varphi+K'\sin\varphi \end{aligned}\right\} \tag{5-45}$$

在接触面上,圆筒和无限大弹性体应当具有相同的位移,即

$$(u_\rho)_{\rho=R}=(u'_\rho)_{\rho=R} \tag{5-46}$$

将式(5-45)代入式(5-46),得

$$\frac{1+\mu}{E}\left[2(1-2\mu)CR-\frac{A}{R}\right]+I\cos\varphi+K\sin\varphi=-\frac{1+\mu'}{E'}\frac{A'}{R}+I'\cos\varphi+K'\sin\varphi \tag{5-47}$$

因为这一方程在接触面上的任意一点都应当成立,也就是在 $\varphi$ 取任何数值时都应当成立,所以,方程两边的自由项必须相等(当然,两边 $\cos\varphi$ 的系数及 $\sin\varphi$ 的系数也必须相等),于是得

$$\frac{1+\mu}{E}\left[2(1-2\mu)CR-\frac{A}{R}\right]=-\frac{1+\mu'}{E'}\frac{A'}{R}$$

对上式进行简化,得

$$n\left[2(1-2\mu)CR-\frac{A}{R}\right]+\frac{A'}{R}=0 \qquad ④$$

其中,$n=\dfrac{E'(1+\mu)}{E(1+\mu')}$。

由方程①、③、④求出 $A$、$C$、$A'$,然后代入式(5-43)及式(5-44),得圆筒及无限大弹性体的应力分量表达式:

$$\left.\begin{aligned}
\sigma_\rho&=-q\frac{[1+(1-2\mu)n]\dfrac{R^2}{\rho^2}-(1-n)}{[1+(1-2\mu)n]\dfrac{R^2}{r^2}-(1-n)}\\
\sigma_\varphi&=q\frac{[1+(1-2\mu)n]\dfrac{R^2}{\rho^2}+(1-n)}{[1+(1-2\mu)n]\dfrac{R^2}{r^2}-(1-n)}\\
\sigma'_\rho&=-\sigma'_\varphi=-q\frac{2(1-\mu)n\dfrac{R^2}{\rho^2}}{[1+(1-2\mu)n]\dfrac{R^2}{r^2}-(1-n)}
\end{aligned}\right\} \tag{5-48}$$

当 $n<1$ 时,应力分布如图 5-6 所示。

由于本题是轴对称问题,还可以证明,在 $\rho=r$ 的面上剪应力等于零的边界条件以及 $\rho=R$ 的边界上,环向应力和位移的接触条件都是自然满足的。

(3)讨论。

①完全接触。在一般的接触问题中,通常都假定各弹性体在接触面上保持既不互相脱离也不互相滑动。其边界条件为:

a. 应力方面的接触条件。两弹性体在接触面上的正应力相等,剪应力也相等。

b. 位移方面的接触条件。两弹性体在接触面上的法向位移相等,切向位移也相等。

c. 对平面问题来说,在通常的边界上,有两个边界条件,而在接触面上,有四个接触条件,条件并没有增多或减少,因为接触面是两个弹性体的共同边界。

②光滑接触。光滑接触是"非完全接触"。在光滑接触面上,也有四个接触条件,即两个弹性体的剪应力都等于零,两个弹性体的正应力相等,法向位移也相等。由于有滑动,切向位移并不相等。

③摩擦滑动接触。即在接触面上,法向仍保持接触,两弹性体的正应力相等,法向位移也相等;而在环向,则达到极限滑移状态而产生移动。这时,两弹性体的剪应力都等于极限摩擦力。

④接触问题中若有“局部脱离接触”，则在此局部接触面上，由于两弹性体互相脱离，各自的两个正应力和两个剪应力都等于零。

## 2. 常见的几个特殊问题的求解方法举例

1）圆孔孔边的应力集中

设受力的弹性体上具有小圆孔，孔口的尺寸远小于弹性体的尺寸，且圆孔边距弹性体边界比较远，约远大于1.5倍孔口尺寸。否则孔边应力分布将受边界条件的影响。

由于开孔，使得弹性体在孔边附近的应力将远大于无孔时的应力。也远大于距孔边较远处的应力，这种现象称为孔口应力集中。孔口应力集中，不是简单地由于减少截面尺寸（由于开孔而减少的截面尺寸一般很小）引起的，而是由于开孔后发生的应力扰动所引起的。

注：因为孔口应力集中的程度比较高，所以在结构设计中应充分注意。

**［例5-4］** 设有矩形薄板（或长柱）在离开边界较远处有半径为 $r$ 的小圆孔，在四边受均布拉力，集度为 $q$，如图5-7所示，试分析圆孔边的应力集中情况。

**解：**坐标原点取在圆孔中心，坐标轴平行于边界。因为这里主要是考察圆孔附近的应力，所以用极坐标求解。首先将外部直边换为圆边。为此，以坐标原点 $o$ 为圆心，以远大于 $r$ 的某一长度 $R$ 为半径作一个大圆，如图5-7中虚线所示。由应力集中的局部性可见，在大圆周处任意一点 $A$，其应力状态与无孔时相同，即 $\sigma_x=\sigma_y=q$、$\tau_{xy}=0$。代入坐标变换公式，得到该处的极坐标表示的应力分量 $\sigma_\rho=\sigma_\varphi=q$、$\tau_{\rho\varphi}=\tau_{\varphi\rho}=0$。于是，原来的问题变换为这样一个新问题：内半径为 $r$ 而外半径为 $R$ 的圆环或圆筒，在外边界上受均布拉力 $q$ 的作用。

为了得出这个问题的解答，利用［例5-1］中的圆环（或圆筒）受均布外压力时的解答即可，即命 $-q_2=q$。又因 $R$ 远大于 $r$，可以取 $r/R=0$，于是得

$$\sigma_\rho=q(1-r^2/\rho^2),\quad \sigma_\varphi=q(1+r^2/\rho^2),\quad \tau_{\rho\varphi}=\tau_{\varphi\rho}=0$$

从上式中可以看出，孔边的最大应力为环向应力 $(\sigma_\varphi)_{max}=(\sigma_\varphi)_{\rho=r}=2q$。

**［例5-5］** 设矩形薄板（或长柱）左右两边受有均布拉力 $q$，而在上下两边也受有均布压力 $q$，如图5-8所示，试分析其应力分布情况。

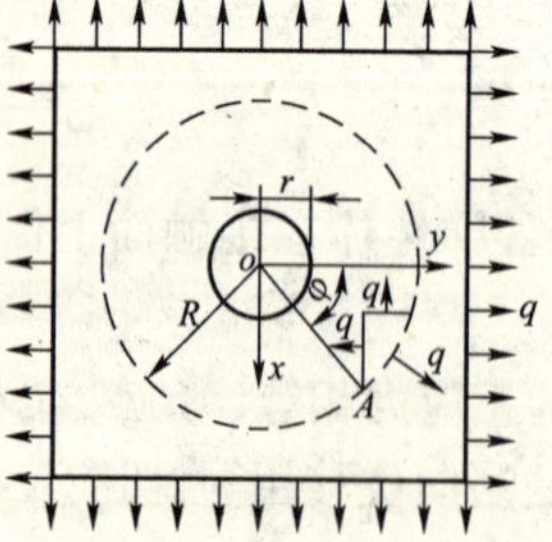

图5-7 ［例5-4］图

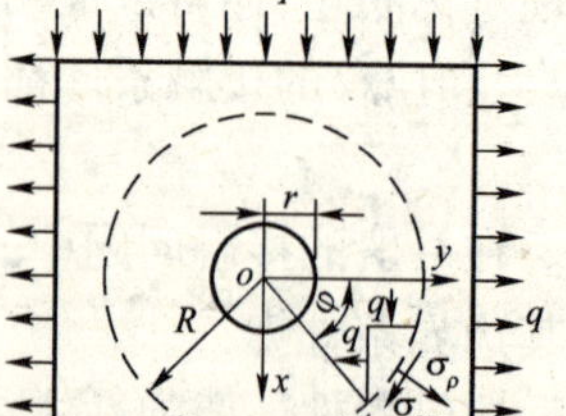

图5-8 ［例5-5］图

**解：**进行与上例题相同的处理和分析，可见在大圆周处任意点 $A$ 处，应力情况与无孔时相同，也就是

$$\sigma_x=-\sigma_y=q,\quad \tau_{xy}=0$$

利用坐标变换式，可得

$$(\sigma_\rho)_{\rho=R}=q\cos^2\varphi-\sin^2\varphi=q\cos2\varphi,\quad (\tau_{\rho\varphi})_{\rho=R}=-2q\sin\varphi\cos\varphi=-q\sin2\varphi \tag{5-49}$$

而这也正是外边界上的**边界条件**。在孔边（内边界），边界条件是：

$$(\sigma_\rho)_{\rho=r}=0,\qquad (\tau_{\rho\varphi})_{\rho=R}=0 \tag{5-50}$$

(1)用半逆解法推设应力函数。

由边界条件式(5-49)和式(5-50)可见,可以假设 $\sigma_\rho$ 为 $\rho$ 的某一函数乘以 $\cos2\varphi$,而 $\tau_{\rho\varphi}$ 为 $\rho$ 的另一函数乘以 $\sin2\varphi$。又由于

$$\sigma_\rho=\frac{1}{\rho}\frac{\partial\phi}{\partial\rho}+\frac{1}{\rho^2}\frac{\partial^2\phi}{\partial^2\varphi},\qquad \tau_{\rho\varphi}=-\frac{\partial}{\partial\rho}\left(\frac{1}{\rho}\frac{\partial\phi}{\partial\varphi}\right)$$

因此可以假设

$$\phi(\rho,\varphi)=f(\rho)\cos2\varphi \tag{5-51}$$

将式(5-51)代入相容方程(5-16),得

$$\cos2\varphi\left[\frac{\partial^4 f(\rho)}{\partial\rho^4}+\frac{2}{\rho}\frac{\partial^3 f(\rho)}{\partial\rho^3}-\frac{9}{\rho^2}\frac{\partial^2 f(\rho)}{\partial\rho^2}+\frac{9}{\rho^3}\frac{\partial f(\rho)}{\partial\rho}\right]=0$$

删去因子 $\cos2\varphi$ 以后,求解这个常微分方程,可得

$$f(\rho)=A\rho^4+B\rho^2+C+D/\rho^2$$

其中,$A$、$B$、$C$、$D$ 为待定常数。代入式(5-51),得应力函数

$$\phi(\rho,\varphi)=\cos2\phi(A\rho^4+B\rho^2+C+D/\rho^2)$$

从而由式(5-15),求得应力分量:

$$\left.\begin{aligned}\sigma_\rho&=-\cos2\varphi(2B+4C/\rho^2+6D/\rho^4)\\ \sigma_\varphi&=\cos2\varphi(12A\rho^2+2B+6D/\rho^4)\\ \tau_{\rho\varphi}&=\sin2\varphi(6A\rho^2+2B-2C/\rho^2-6D/\rho^4)\end{aligned}\right\} \tag{5-52}$$

(2)确定积分常数。

将式(5-52)代入边界条件式(5-49)和式(5-50),得

$$2B+\frac{4C}{R^2}+\frac{6D}{R^4}=-q$$

$$12AR^2+2B-\frac{2C}{R^2}-\frac{6D}{R^4}=-q$$

$$2B+\frac{4C}{r^2}+\frac{6D}{r^4}=0$$

$$12Ar^2+2B-\frac{2C}{r^2}-\frac{6D}{r^4}=0$$

联立求解以上的四式,因 $R$ 远大于 $r$,取 $r/R=0$,于是得

$$A=0,\quad B=-q/2,\quad C=qr^2,\quad D=-qr^4/2$$

(3)将各个已求出的系数值代入式(5-52),得应力分量的最后表达式为:

$$\left.\begin{aligned}\sigma_\rho&=q\cos2\varphi\left(1-\frac{r^2}{\rho^2}\right)\left(1-3\frac{r^2}{\rho^2}\right)\\ \sigma_\varphi&=-q\cos2\varphi\left(1+3\frac{r^4}{\rho^4}\right)\\ \tau_{\rho\varphi}=\tau_{\varphi\rho}&=-q\sin2\varphi\left(1-\frac{r^2}{\rho^2}\right)\left(1-3\frac{r^2}{\rho^2}\right)\end{aligned}\right\} \tag{5-53}$$

**[例 5-6]** 如果上题中的矩形板(或长柱)在左右两边受有均布拉力 $q_1$,在上下两边受有均布拉力 $q_2$,如图 5-9a)所示,试确定其应力分量。

**解:**可以将荷载分解为两部分:第一部分是四边均布拉力 $(q_1+q_2)/2$,如图 5-9b)所示;第

二部分是左右两边受有均布拉力 $(q_1-q_2)/2$，在上下两边受有均布压力 $(q_1-q_2)/2$，如图 5-9c)所示。对于第一部分荷载，可应用[例 5-3]解答，命 $q=(q_1+q_2)/2$ 即可；第二部分可应用[例 5-4]解答，命 $q=(q_1-q_2)/2$。将以上两部分解答叠加，即得在原荷载作用下的应力分量，过程从略。

**[例 5-7]** 设矩形薄板(或长柱)只在左右两边受有均布拉力 $q$，板中有一小圆孔，如图 5-10所示。设圆孔直径为 $2r$，板厚为 1。试分析圆孔孔边的应力集中情况。

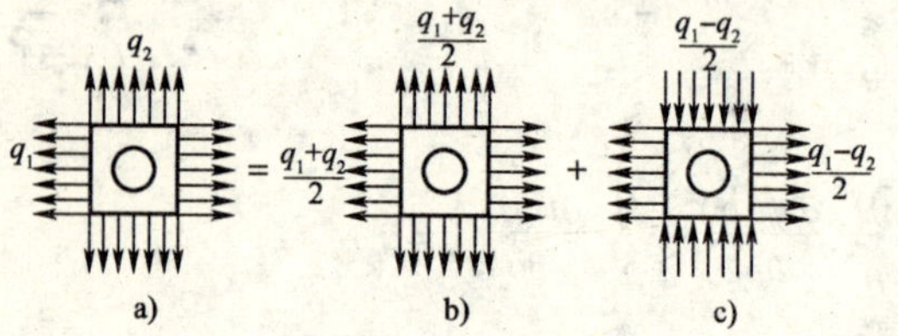


图 5-9 [例 5-6]图

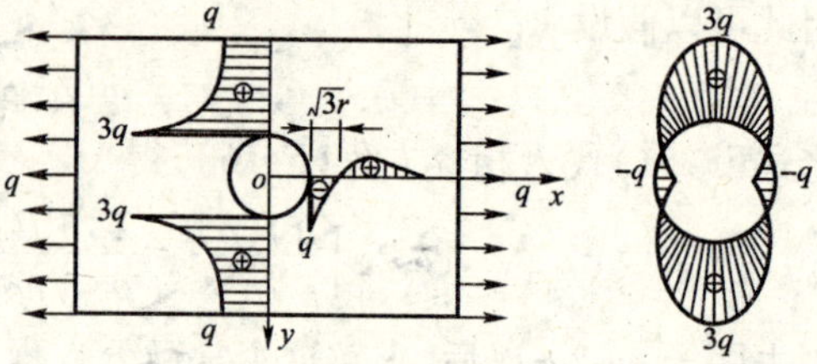


图 5-10 [例 5-7]图

**解：**(1)用[例 5-6]的分析法进行叠加，或按[例 5-4]的半逆解法，均可分析得出如下的应力函数表达式(基尔斯的解答)：

$$\left.\begin{aligned}\sigma_\rho&=\frac{q}{2}\left(1-\frac{r^2}{\rho^2}\right)+\frac{q}{2}\left(1-\frac{r^2}{\rho^2}\right)\left(1-3\frac{r^2}{\rho^2}\right)\cos2\varphi\\ \sigma_\varphi&=\frac{q}{2}\left(1+\frac{r^2}{\rho^2}\right)-\frac{q}{2}\left(1+3\frac{r^4}{\rho^4}\right)\cos2\varphi\\ \tau_{\rho\varphi}=\tau_{\varphi\rho}&=-\frac{q}{2}\left(1-\frac{r^2}{\rho^2}\right)\left(1+3\frac{r^2}{\rho^2}\right)\sin2\varphi\end{aligned}\right\}\tag{5-54}$$

(2)讨论。

①沿着孔边，$\rho=r$，环向正应力是 $\sigma_\varphi=q(1-2\cos2\varphi)$，它的几个重要数值如表 5-1 所示。

**$\sigma_\varphi$ 随 $\varphi$ 角的变化** 表 5-1

| $\varphi$ | 0° | 30° | 45° | 60° | 90° |
|---|---|---|---|---|---|
| $\sigma_\varphi$ | $-q$ | 0 | $q$ | $2q$ | $3q$ |

②沿着 $y$ 轴，$\varphi=90°$，环向应力应是 $\sigma_\varphi=q\left(1+\frac{1}{2}\frac{r^2}{\rho^2}+\frac{3}{2}\frac{r^4}{\rho^4}\right)$，它的几个重要的数值如表 5-2 所示。

**$\sigma_\varphi$ 随 $\varphi$ 角的变化($\varphi=90°$)** 表 5-2

| $\rho$ | $r$ | $2r$ | $3r$ | $4r$ |
|---|---|---|---|---|
| $\sigma_\varphi$ | $3q$ | $1.22q$ | $1.07q$ | $1.04q$ |

可见，应力在孔边达到均匀拉力的 3 倍，但随着远离孔边而急剧趋于 $q$，如图 5-10 所示。

③沿着 $x$ 轴，$\varphi=0°$，环向应力是：

$$\sigma_\varphi=\frac{q}{2}\frac{r^2}{\rho^2}\left(1-3\frac{r^2}{\rho^2}\right)$$

在 $\rho=r$ 处，$\sigma_\varphi=-q$，在 $\rho=\sqrt{3}r$ 处，$\sigma_\varphi=0$，如图 5-10 所示。在 $\rho=r$ 与 $\rho=\sqrt{3}r$ 之间，压应力的合力为：

$$P=\int_r^{\sqrt{3}r}(\sigma_\varphi)_{\varphi=0}\mathrm{d}\rho=-0.1924qr$$

显然，当 $q$ 为均布压力时，在 $\rho = r$ 与 $\rho = \sqrt{3}r$ 间将发生拉应力，其合力为 $0.1924qr$。

④对于其他各种形式的孔口，大多是运用弹性力学理论中的复变函数解法求解的。由圆孔和其他孔口的解答可见，这些小孔口问题的应力集中现象具有共同的特点：一是集中性，孔附近的应力远大于较远处的应力，且最大和最小应力一般都发生在孔边上。二是局部性，由于开孔引起的应力扰动，主要发生在距孔边 1.5 倍孔口尺寸（例如圆孔的直径）的范围内。在此区域以外，由于开孔引起的应力扰动值一般小于 5%，可以忽略不计。

⑤孔口应力集中与孔口形状有关，对于具有凹尖角的孔口，在尖角处会发生高度的应力集中，因此，在孔口中应尽量避免出现凹尖角。圆孔的应力集中程度最低，故如果必须在构件中开孔，尽量能留圆孔。

由上所述可知，如果任意形状薄板（或长柱）受有任意面力，在距边界较远处有一小圆孔，那么，只要有了无孔时的解答，就可以计算孔边的应力。为此，只需先求出无孔时相应于圆孔中心处的应力分量，从而求出相应的两个应力主向及主应力 $\sigma_1$ 和 $\sigma_2$。如果圆孔确实很小，圆孔的附近部分就可以当作是沿主向分别受均布拉力 $q_1 = \sigma_1$ 及 $q_2 = \sigma_2$，则可以应用前面所说的叠加法。这样求得的孔边应力，当然会有一定的误差，但在工程实际上却很有参考价值。

2）楔形体在顶端受力

**［例 5-8］** 设单位厚度楔形体的顶角为 $2\alpha$，下端无限长，作用在楔顶的集中力 $P$ 与 $x$ 轴成 $\beta$ 角，如图 5-11 所示。试分析楔形体的应力分布情况。

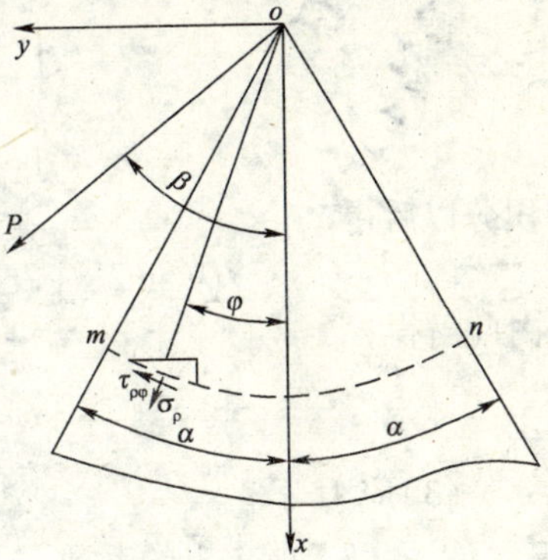

图 5-11 ［例 5-8］图 1

**解：**(1) 采用逆解法确定应力函数和应力分量的表达式。

①应力函数的假设。

采用量纲分析法确定应力函数 $\phi$ 的形式。因为楔形体内一点的应力分量取决于 $P$、$\rho$、$\beta$、$\alpha$、$\varphi$，而 $\beta$、$\alpha$、$\varphi$ 为无量纲量，用 $N$ 表示；$\rho$ 的量纲是长度单位；设单位宽度上所受的力为 $P$，其量纲是［力］［长度］$^{-1}$。而应力的量纲是［力］［长度］$^{-2}$，所以，各应力分量的表达式只可能是 $NP/\rho$ 的形式。也就是说，在应力分量的表达式中，$\rho$ 只可能以负一次幂出现。

由极坐标表示的应力分量表达式(5-15)，可以看出应力函数 $\phi$ 中的 $\rho$ 的幂次应当比应力分量中的高出两次。因此，可以假设应力函数为：

$$\phi = \rho f(\varphi) \tag{5-55}$$

将其代入相容方程(5-16)，得

$$\frac{1}{\rho^3}\left[\frac{\mathrm{d}^4 f(\varphi)}{\partial\varphi^4} + 2\frac{\mathrm{d}^2 f(\varphi)}{\partial\varphi^2} + f(\varphi)\right] = 0$$

删去 $\frac{1}{\rho^3}$，其特征方程为 $(\lambda^2+1)^2 = 1$，特征根为 $\lambda = i, -i, i, -i$，所以通解为：

$$f(\varphi) = A\cos\varphi + B\sin\varphi + \varphi(C\cos\varphi + D\sin\varphi)$$

将该式代入式(5-55)，得

$$\phi(\rho,\varphi) = A\rho\cos\varphi + B\rho\sin\varphi + \rho\varphi(C\cos\varphi + D\sin\varphi)$$

再注意上式中的前两项 $A\rho\cos\varphi + B\rho\sin\varphi = Ax + By$ 为一次项，不影响应力，可略去。因此，应力函数表达式应为：

$$\phi(\rho,\varphi) = \rho\varphi(C\cos\varphi + D\sin\varphi) \tag{5-56}$$

②应力分量表达式。

将式(5-56)代入式(5-15),得

$$\sigma_\rho=\frac{2}{\rho}(D\cos\varphi-C\sin\varphi),\qquad \sigma_\varphi=0,\qquad \tau_{\rho\varphi}=\tau_{\varphi\rho}=0 \tag{5-57}$$

(2)用边界条件确定积分常数。

①应力边界条件。

楔形体两侧边界上无外力作用,其边界条件为$(\sigma_\varphi)_{\varphi=\pm\alpha}=(\tau_{\rho\varphi})_{\varphi=\pm\alpha}=0$,可见这个条件是自然满足的。

②平衡条件。

为了求出 $C$、$D$,还可以有一个由边界条件变来的平衡方程可利用。即取图 5-11 中半径为 $\rho$ 的圆柱面 $m$-$n$ 以上部分的平衡条件来考察,即

$$\sum F_x=0,\qquad \int_{-a}^{a}\sigma_\rho\rho\mathrm{d}\varphi\cos\varphi+P\cos\beta=0$$

$$\sum F_y=0,\qquad \int_{-a}^{a}\sigma_\rho\rho\mathrm{d}\varphi\sin\varphi+P\sin\beta=0$$

$$\sum M_o=0\qquad \int_{-\alpha}^{\alpha}\tau_{\rho\varphi}\rho\mathrm{d}\varphi\cdot\rho=0$$

将式(5-57)代入上式,第三式自然满足,得

$$2\int_{-a}^{a}(D\cos^2\varphi-C\sin\varphi\cos\varphi)\mathrm{d}\theta+P\cos\beta=0$$

$$2\int_{-\alpha}^{\alpha}(D\sin\varphi\cos\varphi-C\sin^2\varphi)\mathrm{d}\theta+P\sin\beta=0$$

积分以后得

$$D(\sin2\alpha+2\alpha)+P\cos\beta=0,\qquad C(\sin2\alpha-2\alpha)+P\sin\beta=0$$

由此解得

$$C=\frac{P\sin\beta}{2\alpha-\sin2\alpha},\qquad D=-\frac{P\cos\beta}{2\alpha+\sin2\alpha}$$

(3)应力分量。

①将以上所求出的系数 $C$、$D$ 代入式(5-57)得极坐标下的应力分量表达式:

$$\sigma_\rho=-\frac{2P}{\rho}\left(\frac{\sin\beta\sin\varphi}{2\alpha-\sin2\alpha}+\frac{\cos\beta\cos\varphi}{2\alpha+\sin2\alpha}\right),\qquad \sigma_\varphi=0,\qquad \tau_{\rho\varphi}=0 \tag{5-58}$$

②通过坐标转换,得直角坐标下的应力分量表达式为:

$$\left.\begin{aligned}
\sigma_x&=\sigma_\rho\cos^2\varphi=-2P\left[\frac{\cos\beta}{2\alpha+\sin2\alpha}\cdot\frac{x^3}{(x^2+y^2)^2}+\frac{\sin\beta}{2\alpha-\sin2\alpha}\cdot\frac{x^2y}{(x^2+y^2)^2}\right]\\
\sigma_y&=\sigma_\rho\sin^2\varphi=-2P\left[\frac{\cos\beta}{2\alpha+\sin2\alpha}\cdot\frac{xy^2}{(x^2+y^2)^2}+\frac{\sin\beta}{2\alpha-\sin2\alpha}\cdot\frac{y^3}{(x^2+y^2)^2}\right]\\
\tau_{xy}&=\sigma_\rho\sin\varphi\cos\varphi=-2P\left[\frac{\cos\beta}{2\alpha+\sin2\alpha}\cdot\frac{x^2y}{(x^2+y^2)^2}+\frac{\sin\beta}{2\alpha-\sin2\alpha}\cdot\frac{xy^2}{(x^2+y^2)^2}\right]
\end{aligned}\right\} \tag{5-59}$$

(4)讨论两种特殊情况。

①楔形体受垂直集中力 $P$ 的作用,此时 $\beta=0$,由式(5-59)确定其水平界面($x$ = 常数)$ab$ 上的应力分布。如图 5-12 所示,$\sigma_x$ 不是均匀分布的,而且,用材料力学也求不出 $\sigma_x$、$\tau_{xy}$。

②楔形体受水平集中力 $P$ 的作用,此时 $\beta=\pi/2$,如图 5-12b)所示,$\sigma_x$ 不是按直线规律分布,最大剪应力发生在界面外边缘处,而在 $y=0$ 处剪应力为零,与材料力学的结论正好相反。由此可见,对于变截面杆,用材料力学中等截面的公式计算是存在一定的误差的,若中心角过

小时，其误差可忽略。

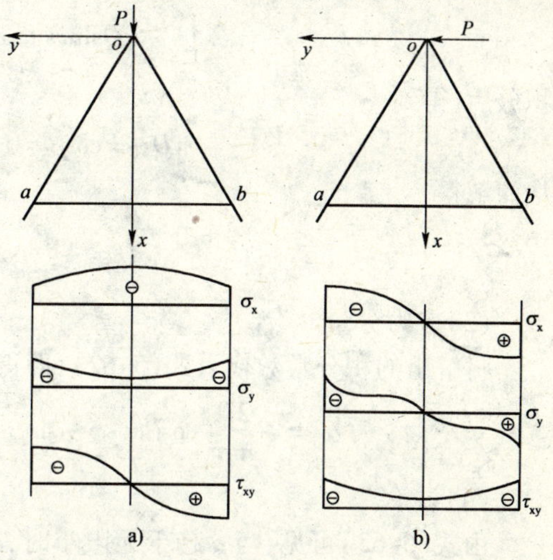

图 5-12 ［例 5-8］图 2

3）半平面体在边界上的受力问题

当楔形体的中心角等于平面角时（或 180°），其侧面成为半无限平面。如图 5-13 所示。

**［例 5-9］** 设有半平面体，在其直边界上受有集中力 $P$，与边界法线成角 $\beta$，如图 5-13 所示，试分析其应力状况。

**解：**（1）应力函数的推设。

①同上题一样，采用量纲分析法。假设应力函数 $\phi$ 是 $\varphi$ 的某一函数乘以 $\rho$ 的一次幂，即

$$\phi = \rho f(\varphi) \tag{5-60}$$

将式（5-60）代入相容方程（5-16），经过与上题同样的变换，得出应力函数为：

$$\phi(\rho,\varphi) = \rho\varphi(C\cos\varphi + D\sin\varphi) \tag{5-61}$$

②应力分量表达式。

将式（5-61）代入式（5-15），得

$$\sigma_\rho = \frac{2}{\rho}(D\cos\varphi - C\sin\varphi), \qquad \sigma_\varphi = 0, \qquad \tau_{\rho\varphi} = \tau_{\varphi\rho} = 0 \tag{5-62}$$

（2）用边界条件确定积分常数 $C$、$D$。

①应力边界条件。

除原点以外，在 $\varphi = \pm\pi/2$ 的边界上没有任何的法向和切向面力，故应力边界条件要求

$$(\sigma_\varphi)_{\varphi=\pm\pi/2,\rho\neq 0} = (\tau_{\rho\varphi})_{\varphi=\pm\pi/2,\rho\neq 0} = 0$$

可见这个条件是自然满足的。

②平衡条件。

还需考虑在 $o$ 点有集中力 $P$ 的作用。集中力 $P$ 可以看成是：在点 $o$ 附近的一小部分边界上，受有一组面力。这组面力向点 $o$ 简化后，成为主矢量 $P$，而主矩为零（荷载的抽象化）。为了考虑点 $o$ 附近小边界上的应力边界条件，按照圣维南原理，以点 $o$ 为中心，以 $\rho$ 为半径作圆弧线 $abc$，在点 $o$ 附近割出一小部分隔离体 $oabc$，如图 5-13 所示虚线。然后考虑此隔离体的平衡条件，列出三个平衡方程：

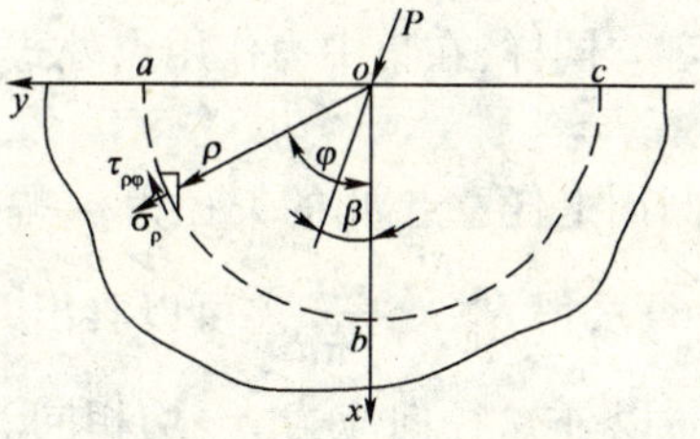

图 5-13 ［例 5-9］图

$$\sum F_x = 0, \qquad \int_{-\pi/2}^{\pi/2} [\sigma_\rho \rho\cos\varphi - \tau_{\rho\varphi}\rho\sin\varphi]\,d\varphi + P\cos\beta = 0$$

$$\sum F_y = 0, \qquad \int_{-\pi/2}^{\pi/2} [\sigma_\rho \rho\sin\varphi + \tau_{\rho\varphi}\rho\cos\varphi]\,d\varphi + P\sin\beta = 0$$

$$\sum M_o = 0, \qquad \int_{-\pi/2}^{\pi/2} [\tau_{\rho\varphi}\rho^2 d\varphi] = 0$$

将式（5-62）代入上式，第三式自然满足，所以得

$$2\int_{-\pi/2}^{\pi/2} (D\cos^2\varphi - C\sin\varphi\cos\varphi)\,d\varphi + P\cos\beta = 0$$

$$2\int_{-\pi/2}^{\pi/2}(D\sin\varphi\cos\varphi - C\sin^2\varphi)\,\mathrm{d}\varphi + P\sin\beta = 0$$

积分后，得到

$$\pi D + P\cos\beta = 0, \qquad -\pi C + P\sin\beta = 0$$

从而解得

$$D = -\frac{P}{\pi}\cos\beta, \qquad C = \frac{P}{\pi}\sin\beta$$

(3)应力分量。

将解出的积分常数代入式(5-62)，即得应力分量的最后解答：

$$\sigma_\rho = -\frac{2P}{\pi\rho}(\cos\beta\cos\varphi + \sin\beta\sin\varphi), \qquad \sigma_\varphi = 0, \qquad \tau_{\rho\varphi} = \tau_{\varphi\rho} = 0 \tag{5-63}$$

(4)讨论。

由式(5-63)可见，当$\rho$趋于无限小时，$\sigma_\rho$趋于无限大。实际上，当$\sigma_\rho$超过半平面体的材料的比例极限，弹性力学的基本方程就不再适用，以上解答也就不再适用。因此，我们必须这样来理解：半平面体在$o$点附近受有一定的面力，这个面力以及所引起应力的最大集度不超过比例极限(应力保持有限值)，而面力的合成结果如图5-13中所示的力$P$。当然，面力分布的方式不同，应力分布也就不同。但是，按照圣维南原理，不论这个面力如何分布，在离开面力稍远的处所，应力分布都相同，也就和式(5-63)所示的分布相同。



**[例5-10]** 如图5-14所示，当力$P$垂直于半平面体的直线边界时(该问题的解答具有实用性)，试分析其应力及位移与半平面体的沉陷。

**解：**(1)极坐标中的应力分量。

在此情况下，只需在上题解答的式(5-63)中取$\beta=0$，于是得

$$\sigma_\rho = -\frac{2P}{\pi\rho}\cos\varphi, \qquad \sigma_\varphi = 0, \qquad \tau_{\rho\varphi} = \tau_{\varphi\rho} = 0 \tag{5-64}$$

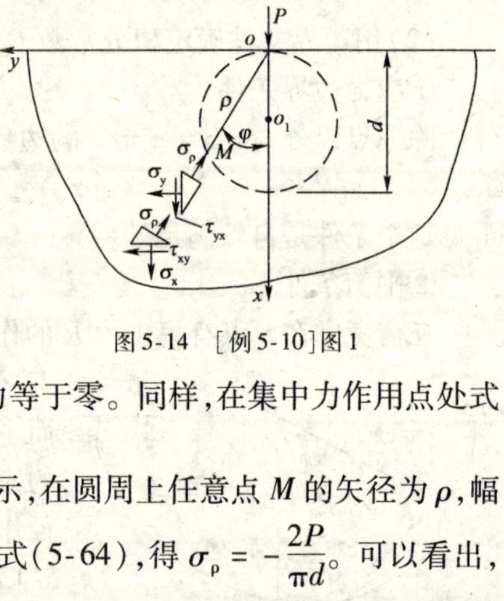


图5-14 [例5-10]图1

由式(5-64)可见，在半平面体内任何点处的与矢径$\rho$垂直的微分面均为主平面；因为在此平面上的剪应力等于零。同样，在集中力作用点处式(5-64)不适合，此时，$\rho\Rightarrow 0$，$\sigma_\rho\Rightarrow\infty$。

现在来考察，经过$o$点并与$y$轴相切的圆周，如图所示，在圆周上任意点$M$的矢径为$\rho$，幅角为$\varphi$，它们与该圆周的直径$d$的关系为：$\rho = d\cos\theta$，代入式(5-64)，得$\sigma_\rho = -\frac{2P}{\pi d}$。可以看出，此时$\sigma_\rho$与$\theta$无关，因此在圆周上的任意一点(除荷载作用点$o$以外)，径向应力$\sigma_\rho$均相同。同样，任何经过$P$作用点$o$并与$y$轴相切的圆，其圆周上各点的$\sigma_\rho$都相同，因此称此圆为等应力圆。在不同直径的圆周上，应力分量$\sigma_\rho$随直径$d$的增大而减小。

(2)应用坐标变换式，求得直角坐标中的应力分量：

$$\left.\begin{aligned}
\sigma_x &= \sigma_\rho\cos^2\varphi = -\frac{2P}{\pi\rho}\cos^3\varphi = -\frac{2P}{\pi}\frac{x^3}{(x^2+y^2)^2}\\
\sigma_y &= \sigma_\rho\sin^2\varphi = -\frac{2P}{\pi\rho}\sin^2\varphi\cos\varphi = -\frac{2P}{\pi}\frac{xy^2}{(x^2+y^2)^2}\\
\tau_{xy} &= \sigma_\rho\sin\varphi\cos\varphi = -\frac{2P}{\pi\rho}\sin\varphi\cos^2\varphi = -\frac{2P}{\pi}\frac{x^2y}{(x^2+y^2)^2}
\end{aligned}\right\} \tag{5-65}$$

(3)平面应力问题位移分量(符拉芒解答)。

将应力分量式(5-64)代入物理方程(5-13),得形变分量:

$$\varepsilon_\rho = -\frac{2P}{\pi E}\frac{\cos\varphi}{\rho}, \qquad \varepsilon_\rho = \frac{2\mu P}{\pi E}\frac{\cos\varphi}{\rho}, \qquad \gamma_{\rho\varphi} = \gamma_{\varphi\rho} = 0 \tag{5-56}$$

再将这些形变分量代入几何方程(5-12),得

$$\left.\begin{aligned} &\frac{\partial u_\rho}{\partial\rho} = -\frac{2P}{\pi E}\frac{\cos\varphi}{\rho} \\ &\frac{u_\rho}{\rho} + \frac{1}{\rho}\frac{\partial u_\varphi}{\partial\varphi} = \frac{2\mu P}{\pi E}\frac{\cos\varphi}{\rho} \\ &\frac{1}{\rho}\frac{\partial u_\rho}{\partial\varphi} + \frac{\partial u_\varphi}{\partial\rho} - \frac{u_\varphi}{\rho} = 0 \end{aligned}\right\} \tag{5-67}$$

对式(5-67)进行积分等运算后,可得

$$\left.\begin{aligned} u_\rho &= -\frac{2P}{\pi E}\cos\varphi\ln\rho - \frac{(1-\mu)P}{\pi E}\varphi\sin\varphi + I\cos\varphi + K\sin\varphi \\ u_\varphi &= \frac{2P}{\pi E}\sin\varphi\ln\rho + \frac{(1+\mu)P}{\pi E}\sin\varphi - \frac{(1-\mu)P}{\pi E}\varphi\cos\varphi + H\rho - I\sin\varphi + K\cos\varphi \end{aligned}\right\} \tag{5-68}$$

其中的 $H$、$I$、$K$ 都是待定常数。

由问题的对称条件,有 $(u_\varphi)_{\varphi=0}=0$,将上式中的 $u_\varphi$ 代入,得 $H=K=0$,于是有

$$\left.\begin{aligned} u_\rho &= -\frac{2P}{\pi E}\cos\varphi\ln\rho - \frac{(1-\mu)P}{\pi E}\varphi\sin\varphi + I\cos\varphi \\ u_\varphi &= \frac{2P}{\pi E}\sin\varphi\ln\rho + \frac{(1+\mu)P}{\pi E}\sin\varphi - \frac{(1-\mu)P}{\pi E}\varphi\cos\varphi - I\sin\varphi \end{aligned}\right\} \tag{5-69}$$

如果半平面体有铅直方向的约束,则常数 $I$ 可以确定。常数 $I$ 就代表铅直方向($x$ 方向)的刚体位移;如果不受有铅直方向的约束,则无法确定常数 $I$。

①绝对沉陷。

为了求得边界上任意一点 $M$ 向下的位移,即所谓沉陷,可应用式(5-69)中的第二式。注意,位移分量 $u_\varphi$,以沿 $\varphi$ 正方向的为正。因此,$M$ 点的沉陷是:

$$-(u_\varphi)_{\varphi=\pi/2} = -\frac{2P}{\pi E}\ln\rho - \frac{(1+\mu)P}{\pi E} + I \tag{5-70}$$

如果常数 $I$ 未能确定,则沉陷也不能确定。这时,只能求得相对沉陷。

②相对沉陷。

试在边界上取一个基点 $A$,如图 5-15 所示,它距荷载作用点 $O$ 的水平距离为 $s$。边界上任意一点 $M$ 相对于基点 $A$ 的相对沉陷,等于 $M$ 点的沉陷减去 $A$ 点的沉陷,相对沉陷用 $\eta$ 表示,即

$$\eta = \left[-\frac{2P}{\pi E}\ln\rho - \frac{(1+\mu)P}{\pi E} + I\right] - \left[-\frac{2P}{\pi E}\ln s - \frac{(1+\mu)P}{\pi E} + I\right]$$

简化以后,得

$$\eta = \frac{2P}{\pi E}\ln\frac{s}{\rho} \tag{5-71}$$

(4)平面应变问题位移分量。

对于平面应变情况下的半平面体,在以上关于形变和位移的公式中,需将 $E$ 替换为 $E/(1-\mu^2)$,将 $\mu$ 换为 $\mu/(1-\mu)$。

**[例 5-11]** 半平面体上受有分布荷载。设半平面体在其边界的 $AB$ 一段上受有铅直分布

力，它在各点的集度为 $q$，如图 5-16 所示。试分析其应力及位移与沉陷状况。

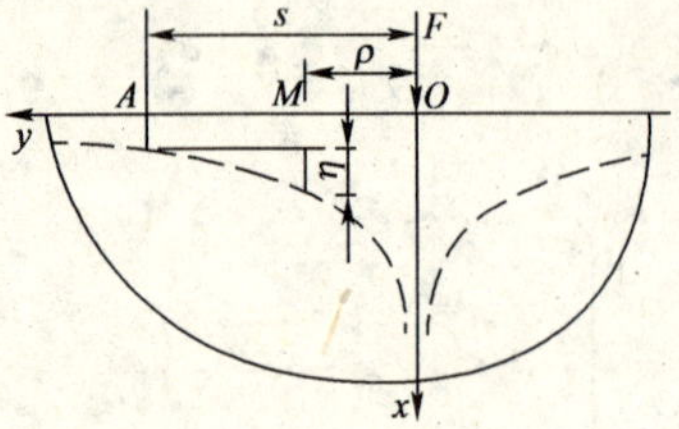


图 5-15 [例 5-10]图 3

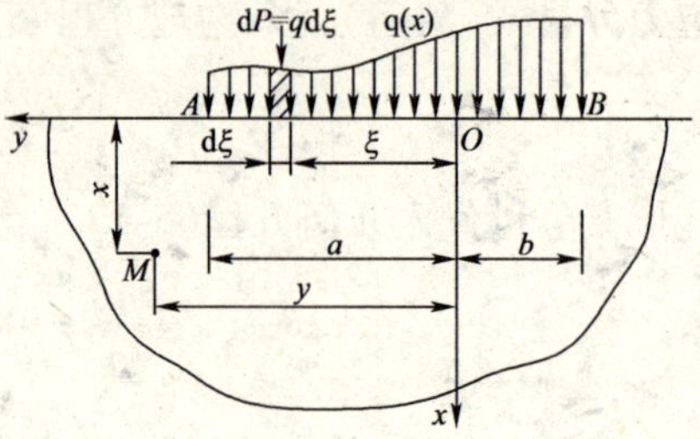


图 5-16 [例 5-11]图 1

**解**：(1)一般的分布荷载，$q = q(x)$。

如图 5-16 所示。为了求出半平面体内一点 $M$ 处的应力，取坐标轴如图 5-16 所示，命 $M$ 点的坐标为 $(x, y)$。在 $AB$ 一段上距坐标原点 $O$ 为 $\xi$ 处取微小长度 $d\xi$，将其上所受面力 $dP = qd\xi$ 看作一个微小的集中力。对于这个微小的集中力引起的应力，可应用[例 5-10]题的结果。但需注意，在[例 5-10]题的式(5-65)中，$x$ 和 $y$ 分别为欲求应力之点与集中力 $P$ 作用点的铅直和水平距离，而在图的 $M$ 点与微小集中力 $dP$ 的铅直及水平距离分别为 $x$ 及 $y-\xi$。因此，微小集中力 $dP = qd\xi$ 在 $M$ 点引起的应力为：

$$\left.\begin{aligned} d\sigma_x &= -\frac{2qd\xi}{\pi}\frac{x^3}{[x^2+(y-\xi)^2]^2} \\ d\sigma_y &= -\frac{2qd\xi}{\pi}\frac{x(y-\xi)^2}{[x^2+(y-\xi)^2]^2} \\ d\tau_{xy} &= -\frac{2qd\xi}{\pi}\frac{x^2(y-\xi)}{[x^2+(y-\xi)^2]^2} \end{aligned}\right\} \tag{5-72}$$

全部分布力引起的应力，只需将各个微小集中力引起的应力相叠加，即求上列三式的积分，从 $\xi = -b$ 到从 $\xi = a$，即

$$\left.\begin{aligned} \sigma_x &= -\frac{2}{\pi}\int_{-b}^{a}\frac{qx^3 d\xi}{[x^2+(y-\xi)^2]^2} \\ \sigma_y &= -\frac{2}{\pi}\int_{-b}^{a}\frac{qx(y-\xi)^2 d\xi}{[x^2+(y-\xi)^2]^2} \\ \tau_{xy} &= -\frac{2}{\pi}\int_{-b}^{a}\frac{qx^2(y-\xi) d\xi}{[x^2+(y-\xi)^2]^2} \end{aligned}\right\} \tag{5-73}$$

在应用上列公式时，需将分布力的集度 $q$ 表示成为 $\xi$ 的函数，然后再进行积分。

(2)对于均布荷载情况，$q =$ 常量，应用公式(5-73)，积分运算后，得

$$\left.\begin{aligned} \sigma_x &= -\frac{q}{\pi}\left[\arctan\frac{y+b}{x} - \arctan\frac{y-a}{x} + \frac{x(y+b)}{x^2+(y+b)^2} - \frac{x(y-a)}{x^2+(y-a)^2}\right] \\ \sigma_y &= -\frac{q}{\pi}\left[\arctan\frac{y+b}{x} - \arctan\frac{y-a}{x} - \frac{x(y+b)}{x^2+(y+b)^2} + \frac{x(y-a)}{x^2+(y-a)^2}\right] \\ \tau_{xy} &= \frac{q}{\pi}\left[\frac{x^2}{x^2+(y+b)^2} - \frac{x^2}{x^2+(y-a)^2}\right] \end{aligned}\right\} \tag{5-74}$$

(3)半平面体边界上受有均布单位力作用的沉陷公式。

①先假设该问题为平面应力问题。

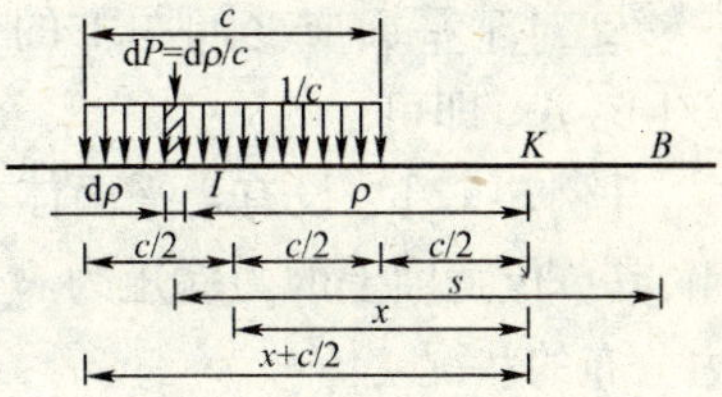

图 5-17 ［例 5-11］图 2

设有单位力均匀分布在半平面体边界的长度 $c$ 上面(分布集度为 $1/c$),如图 5-17 所示。为了求得距均布力中点 $I$ 为 $x$ 的一点 $K$ 的沉陷,将这均布力分为微分力 $\mathrm{d}P=\frac{1}{c}\mathrm{d}\rho$。其中,$\rho$ 为微分力至 $K$ 点的距离。应用前一例题的半平面体的相对沉陷公式,得出点 $K$ 由于 $\mathrm{d}P$ 作用而引起的微分沉陷:

$$\mathrm{d}\eta_{\mathrm{ki}}=\frac{2\mathrm{d}P}{\pi E}\ln\frac{s}{\rho}=\frac{2}{\pi Ec}\ln\frac{s}{\rho}\mathrm{d}\rho \tag{5-75}$$

其中,$s$ 是微分力与基点 $B$ 之间的距离。将式(5-75)对 $\rho$ 进行积分,即可得沉陷 $\eta_{\mathrm{ki}}$。

如果 $K$ 点在均布力之外,则沉陷为:

$$\eta_{\mathrm{ki}}=\int_{x-c/2}^{x+c/2}\mathrm{d}\eta_{\mathrm{ki}}=\int_{x-c/2}^{x+c/2}\frac{2}{\pi Ec}\ln\frac{s}{\rho}\mathrm{d}\rho \tag{5-76}$$

显然,上式中的 $s$ 也是随 $\rho$ 而变化的。为简单起见,我们假定沉陷的基点取得很远($s$ 远大于 $\rho$),积分时可以把 $s$ 当作常量,积分的结果可以写成:

$$\eta_{\mathrm{ki}}=\frac{1}{\pi E}(F_{\mathrm{ki}}+C) \tag{5-77}$$

式中:

$$F_{\mathrm{ki}}=-2\frac{x}{c}\ln\left[\frac{2\frac{x}{c}+1}{2\frac{x}{c}-1}\right]-\ln\left(4\frac{x^2}{c^2}-1\right),\quad C=2\left(\ln\frac{s}{c}+1+\ln2\right) \tag{5-78}$$

如果 $K$ 点在均布力的中点 $I(x=0)$,则沉陷公式为:

$$\eta_{\mathrm{ki}}=\frac{4}{\pi Ec}\int_0^{c/2}n\frac{s}{\rho}\mathrm{d}\rho$$

上式的积分结果仍可以写成公式(5-77)的形式,且常数 $C$ 仍然如式(5-78),但 $F_{\mathrm{ki}}=0$。

当 $x/c$ 值为参数时(包括 $x/c=0$ 在内),可以从表 5-3 查得式(5-77)中的 $F_{\mathrm{ki}}$ 的数值。

在用连杆法计算基础梁的平面问题时,要应用沉陷公式(5-77)和表 5-3。

**半平面体沉陷公式中 $F_{\mathrm{ki}}$ 值** 表 5-3

| $x/c$ | $F_{\mathrm{ki}}$ | $x/c$ | $F_{\mathrm{ki}}$ | $x/c$ | $F_{\mathrm{ki}}$ | $x/c$ | $F_{\mathrm{ki}}$ |
|---|---|---|---|---|---|---|---|
| 0 | 0 | | | | | | |
| 1 | -3.296 | 6 | -6.967 | 11 | -8.181 | 16 | -8.931 |
| 2 | -4.751 | 7 | -7.276 | 12 | -8.356 | 17 | -9.052 |
| 3 | -5.574 | 8 | -7.544 | 13 | -8.516 | 18 | -9.167 |
| 4 | -6.154 | 9 | -7.780 | 14 | -8.664 | 19 | -9.275 |
| 5 | -6.602 | 10 | -7.991 | 15 | -8.802 | 20 | -9.378 |

②对于平面应变问题下的半平面体，沉陷公式(5-77)仍然适用，只需把式中 $E$ 替换为 $E/(1-\mu^2)$ 即可。

**[例 5-12]** 设有半平面体，在其直边界上受集中力偶作用，其单位宽度上的力偶矩为 $M$，如图 5-18 所示，试分析其应力分布的状况。

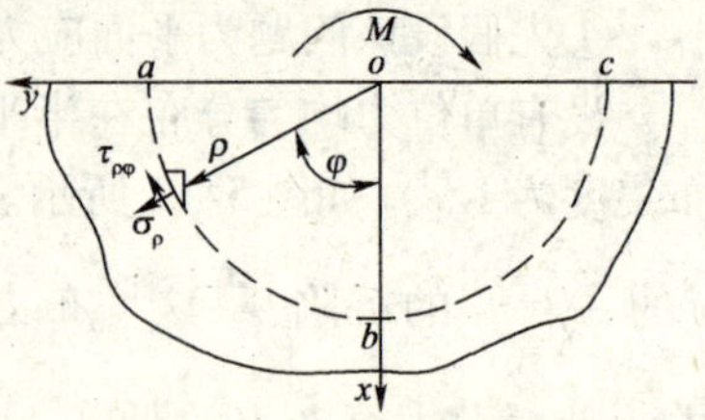


图 5-18 [例 5-12]图

**解:**(1)应力函数的推设。

同样采用量纲分析法，即单位宽度上力偶的量纲是[力][长度]。而应力的量纲是[力][长度]$^{-2}$。因而可推设应力函数 $\phi$ 是 $\varphi$ 的某一函数，即

$$\phi=f(\varphi) \tag{5-79}$$

将式(5-79)代入相容方程(5-16)，得

$$\frac{1}{\rho^4}\left[\frac{\partial^4 f(\varphi)}{\partial\varphi^4}+4\frac{\partial^2 f(\varphi)}{\partial\varphi^2}\right]=0$$

删去因子$\frac{1}{\rho^4}$，求解这一常微分方程，其特征方程和特征根为：

$$k^4+4k^2=0 \quad\Rightarrow\quad k^2(k^2+4)=0 \quad\Rightarrow\quad k=0、0,k=\pm 2i$$

故有

$$\phi(\rho,\varphi)=f(\varphi)=A\cos 2\varphi+B\sin 2\varphi+C\varphi+D$$

其中，$A$、$B$、$C$、$D$ 为待定系数。由于反对称性，可知 $\phi$ 必为 $\varphi$ 的奇函数，即 $A=0$、$D=0$。因此，应力函数表达式为：

$$\phi(\rho,\varphi)=B\sin 2\varphi+C\varphi \tag{5-80}$$

则应力分量表达式为：

$$\sigma_\rho=-\frac{4}{\rho^2}B\sin 2\varphi,\qquad \sigma_\varphi=0,\qquad \tau_{\rho\varphi}=\tau_{\varphi\rho}=\frac{2}{\rho^2}(B\cos 2\varphi+C) \tag{5-81}$$

(2)用边界条件确定积分常数 $B$、$C$。

①应力边界条件：在 $\varphi=\pm\pi/2$ 的边界上没有任何的法向和切向面力，因而，应力边界条件要求 $(\sigma_\varphi)_{\varphi=\pm\pi/2}=(\tau_{\rho\varphi})_{\varphi=\pm\pi/2}=0$，即 $-2B+C=0$ 或 $C=2B$。

②平衡条件：取隔离体 $oabc$，如图 5-18 所示虚线。然后考虑此隔离体的平衡条件，列出三个平衡方程，由 $\sum M_o=0$，得

$$\int_{-\pi/2}^{\pi/2}\tau_{\rho\varphi}\rho^2\mathrm{d}\varphi=-M \quad\Rightarrow\quad \int_{-\pi/2}^{\pi/2}\left[\frac{2}{\rho^2}(2B\cos 2\varphi+C)\rho^2\right]\mathrm{d}\varphi=-M$$

将 $C=2B$ 代入上式积分后，可解得

$$C=2B=-\frac{M}{\pi}$$

(3)应力分量的最终表达式。

将解出的积分常数代入式(5-81)，即得应力分量的最后解答：

$$\sigma_\rho=\frac{2M}{\pi\rho^2}\sin 2\varphi,\qquad \sigma_\varphi=0,\qquad \tau_{\rho\varphi}=\tau_{\varphi\rho}=-\frac{M}{\pi\rho^2}(\cos 2\varphi+1) \tag{5-82}$$

(4)讨论。

由式(5-82)可见，同样，当 $\rho$ 趋于无限小时，$\sigma_\rho$、$\tau_{\rho\varphi}$ 趋于无限大。实际上，当最大的 $\sigma_\rho$ 超过半平面体的材料的比例极限，弹性力学的基本法则就不再适用，以上解答也就不再适用。因

此，我们只能理解为半平面体在 $o$ 点附近受有一定的面力，这个面力以及所引起应力的最大集度不超过比例极限，而面力的合成结果如图 5-18 中所示的力偶 $M$。

## §5-5　平面问题极坐标解法的特点

### 1. 双调和方程

极坐标中，求解弹性力学平面问题归结为寻求一个应力函数，且应满足双调和方程：

$$\nabla^4\phi=\left(\frac{\partial^2}{\partial\rho^2}+\frac{1}{\rho}\frac{\partial}{\partial\rho}+\frac{1}{\rho^2}\frac{\partial^2}{\partial\varphi^2}\right)^2\phi=0$$

### 2. 用应力函数表示的应力分量（不计体力）

$$\sigma_\rho=\frac{1}{\rho}\frac{\partial\phi}{\partial\rho}+\frac{1}{\rho^2}\frac{\partial^2\phi}{\partial\varphi^2},\quad \sigma_\varphi=\frac{\partial^2\varphi}{\partial\rho^2},\quad \tau_{\rho\varphi}=\tau_{xy}=-\frac{\partial}{\partial\rho}\left(\frac{1}{\rho}\frac{\partial\phi}{\partial\varphi}\right)$$

其中，应力函数 $\phi(\rho,\varphi)$ 若能做到分离变量，即 $\phi(\rho,\varphi)=f(\rho)f(\varphi)$，则求解方程 $\nabla^4\phi=0$ 的问题转化为求解常微分方程（Euler 方程）。第一类情况是：$f(\varphi)$ 成为显函数，如轴对称问题与 $\varphi$ 无关，$\phi(\rho,\varphi)=f(\rho)$。又如圆孔问题，经等代变换后，根据边界上的受力，推设 $\phi(\rho,\varphi)=f(\rho)\cos2\varphi$，对于 1/4 圆环上端受水平集中力的问题，其截面同弯矩相应的应力 $\sigma_\varphi$ 与 $\sin\varphi$ 成正比，故设 $\phi(\rho,\varphi)=f(\rho)\sin\varphi$，而 1/2 圆环上端受竖向集中力的问题，设 $\phi(\rho,\varphi)=f(\rho)\cos\varphi$ 等。第二类情况是：$f(\rho)$ 成为显函数，对于楔形体和半无限体问题，其应力函数 $\phi(\rho,\varphi)$ 的选取一般是通过量纲分析确定。即

$$\phi(\rho,\varphi)=\rho^{n+2}f(\varphi)$$

(1) $n=-2$，对应于边界或楔顶受集中力偶作用，$\phi(\rho,\varphi)=f(\varphi)$。

(2) $n=-1$，对应于边界或楔顶受集中力作用，$\phi(\rho,\varphi)=\rho f(\varphi)$。

(3) $n=0$，对应于边界或楔顶受均布荷载作用，$\phi(\rho,\varphi)=\rho^2f(\varphi)$。

(4) $n=1$，对应于边界或楔顶受线性分布荷载作用，$\phi(\rho,\varphi)=\rho^3f(\varphi)$。

(5) $n=2$，对应于边界或楔顶受抛物线分布荷载作用，$\phi(\rho,\varphi)=\rho^4f(\varphi)$。

### 3. 用应力和函数求解弹性力学问题

在求解弹性力学问题时，无论应力法还是位移法，都会遇到求解耦联的偏微分方程组，这个问题一直是影响弹性力学发展的一个瓶颈。近年来有学者在对这个问题研究的基础上，引入应力和函数的方法，将耦联的偏微分方程组解耦成非耦联的几个偏微分方程，从而降低了求解问题的难度，该方法已经成功地应用于解决多跨连续深梁的计算，其解答与采用应力函数（三角级数加多项式）的解答完全一致。并由此扩大了弹性力学的应用范围。

## 思考题与习题

5-1　试比较极坐标和直角坐标中的平衡微分方程、几何方程和物理方程，指出哪些项是相似的，哪些项是极坐标中特有的？并说明其产生的原因。

5-2　试导出极坐标和直角坐标中位移分量的坐标变换式。

**答案**：$u_\rho = u\cos\varphi + v\sin\varphi$，$u_\varphi = -u\sin\varphi + v\cos\varphi$；$u = u_\rho\cos\varphi - u_\varphi\sin\varphi$，$v = u_\rho\sin\varphi + u_\varphi\cos\varphi$。

5-3 试导出在轴对称位移问题中按位移求解的基本方程。并证明 $u_\rho = A\rho + \dfrac{B}{\rho}$，$u_\varphi = 0$ 能满足此基本方程。

**提示**：设 $u_\rho = u_\rho(\rho)$，$u_\varphi = 0$。

**答案**：求解 $u_\rho$ 的基本方程是：$\dfrac{d^2u_\rho}{d\rho^2} + \dfrac{1}{\rho}\dfrac{du_\rho}{d\rho} - \dfrac{u_\rho}{\rho^2} = 0$，或者 $\dfrac{d}{d\rho}\left[\dfrac{1}{\rho}\dfrac{1}{d\rho}(\rho u_\rho)\right] = 0$，积两次分即可。

5-4 试导出轴对称位移问题中，按应力求解时的相容方程。

**提示**：从几何方程中消去位移，导出形变分量之间的相容方程，再将形变分量用应力分量来表示。

**答案**：$\dfrac{d\varepsilon_\varphi}{d\rho} = \dfrac{\varepsilon_\rho - \varepsilon_\varphi}{\rho}$。

5-5 试由应力分量的坐标变换式 $\sigma_x = \sigma_\rho\cos^2\varphi + \sigma_\varphi\sin 2\varphi - 2\tau_{\rho\varphi}\sin\varphi\cos\varphi$ 和二阶导数 $\dfrac{\partial^2\phi}{\partial y^2}$ 的坐标变换式，导出用应力函数 $\phi(\rho,\varphi)$ 表示应力分量 $\sigma_\rho$、$\sigma_\varphi$、$\tau_{\rho\varphi}$ 的表达式。

**提示**：$\sigma_x = \dfrac{d^2\phi}{dy^2}$，两边比较系数即可得出结果。

5-6 如图 5-19 所示，考察函数 $\varphi = \dfrac{M}{2\pi}\theta$ 可否作为极坐标的应力函数（$M$ 为常量），若可以，则在 $r \leqslant \rho \leqslant R$ 的圆环或圆筒边界上对应着怎样的面力？

**答案**：$\sigma_r = \sigma_\theta = 0$，$\tau_{r\theta} = \dfrac{M}{2\pi\rho^2}$，主矢为零，主矩为 $M$。

5-7 实心圆盘在 $\rho = r$ 的周界上受均布压力 $q$ 的作用，试导出其解答。

**提示**：在弹性力学中，除了应力集中点外，应考虑所有"应力有限值条件"，即应力应保持为有限值，或 $\sigma \neq \infty$。在一般情况中，应力有限值条件是自然满足的。但在 $\rho = 0$ 和 $\rho = \infty$ 处，应检查此条件是否满足。

**答案**：$\sigma_\rho = \sigma_\varphi = -q$，$\tau_{\rho\varphi} = 0$。

5-8 求出图 5-20 所示的圆弧曲梁内的应力分布[提示：设应力函数 $\phi(\rho,\varphi) = f(\rho)\sin\varphi$]。

**答案**：
$$\sigma_\rho = \frac{P}{N^3}\left(\rho + \frac{r^2R^2}{\rho^3} - \frac{r^2+R^2}{\rho}\right)\cos\varphi;$$
$$\sigma_\varphi = \frac{P}{N^3}\left(3\rho - \frac{r^2R^2}{\rho^3} - \frac{r^2+R^2}{\rho}\right)\sin\varphi;$$
$$\tau_{\rho\varphi} = -\frac{P}{N^3}\left(\rho + \frac{r^2R^2}{\rho^3} - \frac{r^2+R^2}{\rho}\right)\sin\varphi;$$

其中：$N = r^2 - R^2 + (r^2+R^2)\ln\dfrac{r}{R}$。

5-9 图 5-21 所示楔形体在两侧上受有均布剪力 $q$，试求应力分量。

提示：设应力函数 $\phi(\rho,\varphi) = \rho^2 f(\varphi)$，可直接用 $\phi = \rho^2(A\cos 2\varphi + B\sin 2\varphi + C\varphi + D)$ 求解，注意对称性的利用。

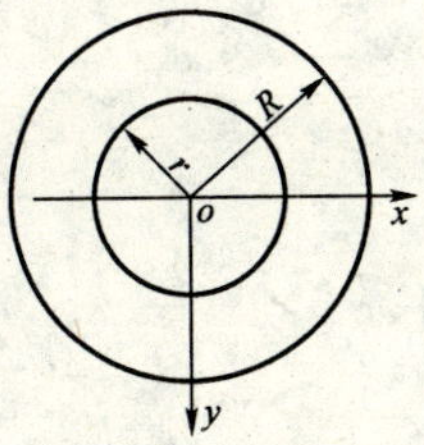


图 5-19　习题 5-6 图

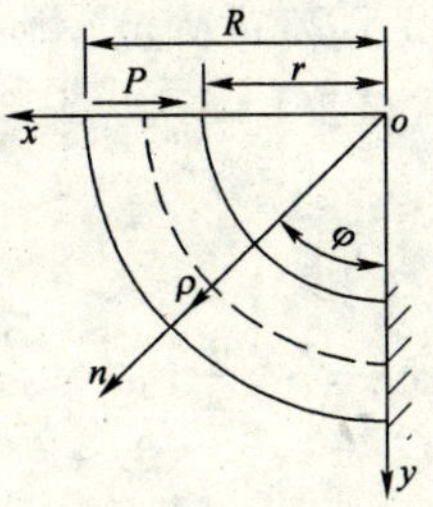


图 5-20　习题 5-8 图

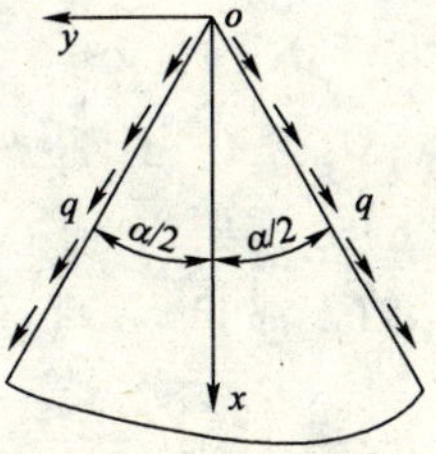


图 5-21　习题 5-9 图

**答案**:$\sigma_\rho=-q\left(\dfrac{\cos2\varphi}{\sin\alpha}+\cot\varphi\right)$;$\sigma_\varphi=q\left(\dfrac{\cos2\varphi}{\sin\alpha}-\cot\varphi\right)$;$\tau_{\rho\varphi}=\tau_{\varphi\rho}=q\dfrac{\sin2\varphi}{\sin\alpha}$。

5-10　试考察应力函数 $\phi(\rho,\varphi)=\dfrac{q}{6a}\rho^3\cos3\varphi$ 能解决图 5-22 所示弹性体的何种受力问题?

**提示及答案**:按逆解法求解。$(\sigma_\varphi)_{\varphi=\pm30°}=0$,$(\tau_{\varphi\rho})_{\varphi=\pm30°}=\pm\dfrac{\rho}{a}q$;$(\sigma_\rho)_{\rho=a}=-q\cos3\varphi$,$(\tau_{\rho\varphi})_{\rho=a}=q\sin3\varphi$。

5-11　半平面体表面上受有均布水平力为 $q$,如图 5-23 所示。试用应力函数 $\phi(\rho,\varphi)=\rho^2(B\cos2\varphi+C\varphi)$ 求解应力分量。

**答案**:$\sigma_\rho=q\sin2\varphi$,$\sigma_\varphi=-q\sin2\varphi$,$\tau_{\rho\varphi}=q\cos2\varphi$。

5-12　图 5-24 所示有一小圆孔的矩形薄板受纯剪切,试求孔边最大、最小正应力。

**答案**:$(\sigma_\varphi)_{max}=4q$,$(\sigma_\varphi)_{max}=-4q$。

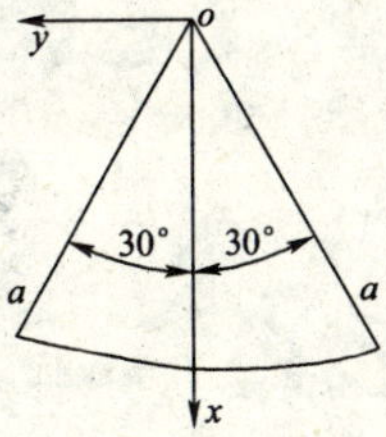


图 5-22　习题 5-10 图

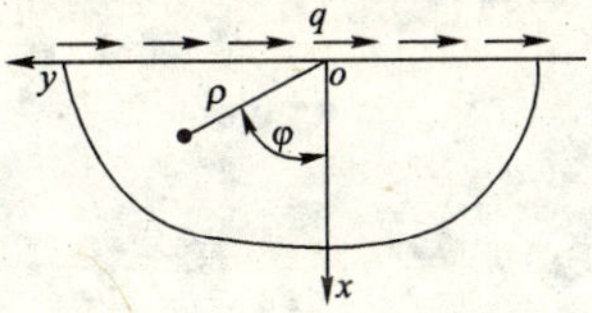


图 5-23　习题 5-11 图

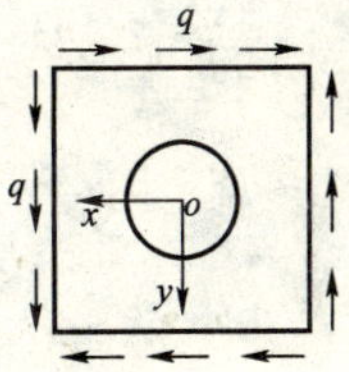


图 5-24　习题 5-12 图

5-13　在薄板内距边界较远的某一点处,应力分量为 $\sigma_x=\sigma_y=\tau_{xy}=q$,如该处有一小圆孔,试求孔边的最大正应力。

**答案**:$6q$。

5-14　设有内半径为 $r$ 而外半径为 $R$ 的圆筒,受内压力 $q$ 作用,试求内半径和外半径的改变,并求圆筒厚度的改变。

**答案**:内外半径的改变为:$\dfrac{qr(1-\mu^2)}{E}\left(\dfrac{R^2+r^2}{R^2-r^2}+\dfrac{\mu}{1-\mu}\right)$,$\dfrac{qr(1-\mu^2)}{E}\dfrac{2rR}{R^2-r^2}$;

圆筒厚度的改变为:$\dfrac{qr(1-\mu^2)}{E}\left(\dfrac{R+r}{R-r}+\dfrac{\mu}{1-\mu}\right)$。

5-15　设有一刚体,具有半径为 $R$ 的圆柱孔道,孔道内放置外半径为 $R$ 而内半径为 $r$ 的圆筒,圆筒受内压力 $q$ 作用,试求圆筒的应力。

**答案**:$\sigma_\varphi=\left(\dfrac{1-2\mu}{\rho}-\dfrac{1}{R^2}\right)q/\left(\dfrac{1-2\mu}{r}+\dfrac{1}{R^2}\right)$,$\sigma_\rho=-\left(\dfrac{1-2\mu}{\rho}+\dfrac{1}{R^2}\right)q/\left(\dfrac{1-2\mu}{r}+\dfrac{1}{R^2}\right)$。

5-16　在半平面体表面上:

(1)受有水平集中力 $P$ 作用,如图 5-25a)所示,求解任一点的应力分量。

(2)受均布水平荷载 $q$ 作用,如图 5-25b)所示,求解任一点的应力分量。

**答案:**(1)$\sigma_\rho = -\dfrac{2P}{\pi}\dfrac{\cos\varphi}{\rho}, \sigma_\varphi = \tau_{\rho\varphi} = 0$。

(2)设 $\phi(\rho,\varphi) = \rho^2 f(\varphi)$,得:$\sigma_\rho = -\dfrac{q}{\pi}(\varphi + \sin\varphi\cos\varphi), \sigma_\varphi = -\dfrac{q}{\pi}(\varphi - \sin\varphi\cos\varphi)$,

$\tau_{\rho\varphi} = \dfrac{q}{\pi}\sin^2\varphi$。

5-17　如图 5-26 所示无限大薄板,在板内圆孔中受有集中力 $P$,试用应力函数 $\phi(\rho,\varphi) = A\rho\ln\rho\cos\varphi + B\rho\varphi\sin\varphi$ 进行求解。

**提示及答案:**需要考虑位移单值条件。

$$\sigma_\rho = -\frac{(3+\mu)}{4\pi}\frac{P\cos\varphi}{\rho}, \sigma_\varphi = \frac{(1-\mu)}{4\pi}\frac{P\cos\varphi}{\rho}, \tau_{\rho\varphi} = \frac{(1-\mu)}{4\pi}\frac{P\sin\varphi}{\rho}。$$

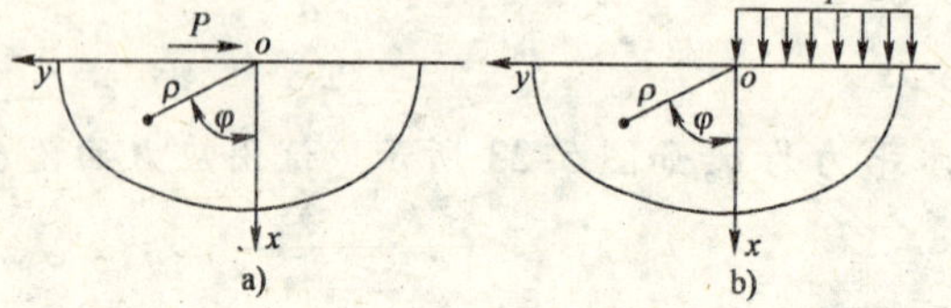


图 5-25　习题 5-16 图

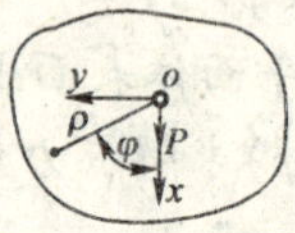


图 5-26　习题 5-17 图

5-18　在距地表面为 $h$ 的弹性地基中,挖一直径为 $d$ 的水平圆形孔道,设 $h$ 远大于 $d$,弹性地基的密度为 $\rho$,弹性模量为 $E$,泊松比为 $\mu$,试求小圆孔附近的最大、最小应力。

**提示:**距地表 $h$ 处,无孔时铅直应力为 $\sigma_z = -\rho gh$,由水平向条件 $\varepsilon_x = \varepsilon_y = 0$,可得 $\sigma_x = \sigma_y = -\dfrac{\mu}{1-\mu}\rho gh$。

**答案:**圆孔中的最大、最小环向应力分别发生在孔顶和孔侧,其值分别为 $\dfrac{1-4\mu}{1-\mu}\rho gh$ 和 $-\dfrac{3-4\mu}{1-\mu}\rho gh$。

# 第6章　空间问题求解及应用举例



## §6-1　空间问题的基本方程

### 1. 平衡方程

$$\left.\begin{aligned}\frac{\partial\sigma_x}{\partial x}+\frac{\partial\tau_{yx}}{\partial y}+\frac{\partial\tau_{zx}}{\partial z}+f_x=0\\ \frac{\partial\tau_{xy}}{\partial x}+\frac{\partial\sigma_y}{\partial y}+\frac{\partial\tau_{zy}}{\partial z}+f_y=0\\ \frac{\partial\tau_{xz}}{\partial x}+\frac{\partial\tau_{yz}}{\partial y}+\frac{\partial\sigma_z}{\partial z}+f_z=0\end{aligned}\right\}\tag{6-1}$$

### 2. 物理方程

$$\left.\begin{aligned}\varepsilon_x=\frac{1}{E}[\sigma_x-\mu(\sigma_y+\sigma_z)],\quad\gamma_{xy}=\frac{2(1+\mu)}{E}\tau_{xy}\\ \varepsilon_y=\frac{1}{E}[\sigma_y-\mu(\sigma_z+\sigma_x)],\quad\gamma_{zx}=\frac{2(1+\mu)}{E}\tau_{zx}\\ \varepsilon_z=\frac{1}{E}[\sigma_z-\mu(\sigma_x+\sigma_y)],\quad\gamma_{zy}=\frac{2(1+\mu)}{E}\tau_{zy}\end{aligned}\right\}\tag{6-2}$$

### 3. 几何方程

$$\varepsilon_x=\frac{\partial u}{\partial x},\quad\varepsilon_y=\frac{\partial v}{\partial y},\quad\varepsilon_y=\frac{\partial w}{\partial z},\quad\gamma_{xy}=\frac{\partial v}{\partial x}+\frac{\partial u}{\partial y},\quad\gamma_{yz}=\frac{\partial w}{\partial y}+\frac{\partial v}{\partial z},\quad\gamma_{yz}=\frac{\partial u}{\partial z}+\frac{\partial w}{\partial x}\tag{6-3}$$

### 4. 边界条件

1)应力边界条件

$$\left.\begin{aligned}(l\sigma_x+m\tau_{xy}+n\tau_{xz})_{s_\sigma}=\bar{f}_x(s)\\ (l\tau_{yx}+m\sigma_y+n\tau_{yz})_{s_\sigma}=\bar{f}_y(s)\\ (l\tau_{zx}+m\tau_{zy}+n\sigma_z)_{s_\sigma}=\bar{f}_z(s)\end{aligned}\right\}\tag{6-4}$$

2)位移边界条件

$$(u)_s=\bar{u}(s),\ (v)_s=\bar{v}(s),\ (w)_s=\bar{w}(s)\ (\text{在 } s_u \text{ 上})\tag{6-5}$$

可见,对空间问题来说,共有十五个基本方程,未知函数中包含六个应力分量($\sigma_x$、$\sigma_y$、$\sigma_z$、$\tau_{xy}$、$\tau_{yz}$、$\tau_{zx}$)、六个形变分量($\varepsilon_x$、$\varepsilon_y$、$\varepsilon_z$、$\gamma_{xy}$、$\gamma_{yz}$、$\gamma_{zx}$)和三个位移分量($u$、$v$、$w$),理论上,可以通过消元法进行求解。

与平面问题相同，所求解的应力分量等在区域内必须满足基本方程，在边界上必须满足边界条件。亦可分为三类边值问题。

## §6-2 按位移求解空间问题

按位移求解空间问题，以位移分量作为基本量（或未知函数），从十五个基本方程中消去应力分量和形变分量，得出只包含三个位移分量的微分方程。将几何方程(6-3)代入物理方程(6-2)，得出用位移分量表示应力分量的弹性方程如下：

$$\left.\begin{aligned}\sigma_x&=\frac{E}{1+\mu}\left(\frac{\mu}{1-2\mu}\theta+\frac{\partial u}{\partial x}\right), & \tau_{yz}&=\frac{E}{2(1+\mu)}\left(\frac{\partial w}{\partial y}+\frac{\partial v}{\partial z}\right)\\ \sigma_y&=\frac{E}{1+\mu}\left(\frac{\mu}{1-2\mu}\theta+\frac{\partial v}{\partial y}\right), & \tau_{zx}&=\frac{E}{2(1+\mu)}\left(\frac{\partial u}{\partial z}+\frac{\partial w}{\partial x}\right)\\ \sigma_z&=\frac{E}{1+\mu}\left(\frac{\mu}{1-2\mu}\theta+\frac{\partial w}{\partial z}\right), & \tau_{xy}&=\frac{E}{2(1+\mu)}\left(\frac{\partial v}{\partial x}+\frac{\partial u}{\partial y}\right)\end{aligned}\right\}\tag{6-6}$$

其中，$\theta=\frac{\partial u}{\partial x}+\frac{\partial v}{\partial y}+\frac{\partial w}{\partial z}$。



### 1. 用位移分量表示的平衡方程

将方程(6-6)代入平衡微分方程(6-1)，并采用记号$\nabla^2=\frac{\partial^2}{\partial x^2}+\frac{\partial^2}{\partial y^2}+\frac{\partial^2}{\partial y^2}$，得到

$$\left.\begin{aligned}\frac{E}{2(1+\mu)}\left(\frac{\mu}{1-2\mu}\frac{\partial\theta}{\partial x}+\nabla^2u\right)+f_x=0\\ \frac{E}{2(1+\mu)}\left(\frac{\mu}{1-2\mu}\frac{\partial\theta}{\partial y}+\nabla^2v\right)+f_y=0\\ \frac{E}{2(1+\mu)}\left(\frac{\mu}{1-2\mu}\frac{\partial\theta}{\partial z}+\nabla^2w\right)+f_z=0\end{aligned}\right\}\tag{6-7}$$

这是用位移分量表示的平衡微分方程，称为 Lame 方程。它包含了平衡、几何、物理三个方面的内容，是按位移求解空间问题时的**基本方程**。由于它是联立的偏微分方程，原则上可以求解任何问题，但实际上很难做到，尽管可以解决一些特殊的问题。

### 2. 用位移分量表示的边界条件

如果将式(6-3)代入式(6-4)，就能把应力边界条件用位移分量来表示。

$$\left.\begin{aligned}\lambda\theta l+G\left(l\frac{\partial u}{\partial x}+m\frac{\partial u}{\partial y}+n\frac{\partial u}{\partial z}\right)_s+G\left(l\frac{\partial u}{\partial x}+m\frac{\partial v}{\partial x}+n\frac{\partial w}{\partial x}\right)_s=\bar{f}_x(s)\\ \lambda\theta m+G\left(l\frac{\partial v}{\partial x}+m\frac{\partial v}{\partial y}+n\frac{\partial v}{\partial z}\right)_s+G\left(l\frac{\partial u}{\partial y}+m\frac{\partial v}{\partial y}+n\frac{\partial w}{\partial y}\right)_s=\bar{f}_y(s)\\ \lambda\theta n+G\left(l\frac{\partial w}{\partial x}+m\frac{\partial w}{\partial y}+n\frac{\partial w}{\partial z}\right)_s+G\left(l\frac{\partial u}{\partial z}+m\frac{\partial v}{\partial z}+n\frac{\partial w}{\partial z}\right)_s=\bar{f}_z(s)\end{aligned}\right\}\tag{6-8}$$

其中，$(\sigma_x)_s, \cdots, (\tau_{yz})_s$ 是应力分量的边界值，面力分量 $\bar{f}_x(s)$、$\bar{f}_y(s)$、$\bar{f}_z(s)$ 在边界上是坐标的已知函数，$l$、$m$ 和 $n$ 是边界外法线方向，$\lambda = \dfrac{E\mu}{(1+\mu)(1-2\mu)}$，$G$、$\theta$ 的意义同前。

位移边界条件则仍然如式(6-5)所示。

## §6-3　按应力求解空间问题

按应力求解空间问题，以应力分量为基本未知量(未知函数)，从十五个基本方程中，消去位移分量和形变分量，得出只包含六个应力分量的方程。

### 1. 形变协调方程

前面已推出了形变协调方程或相容方程(3-14)。即

$$\left.\begin{aligned}
&\frac{\partial^2 \varepsilon_x}{\partial y^2} + \frac{\partial^2 \varepsilon_y}{\partial x^2} = \frac{\partial^2 \gamma_{xy}}{\partial x \partial y}, \qquad \frac{\partial}{\partial x}\left(-\frac{\partial \gamma_{yz}}{\partial x} + \frac{\partial \gamma_{zx}}{\partial y} + \frac{\partial \gamma_{xy}}{\partial z}\right) = 2\frac{\partial^2 \varepsilon_x}{\partial y \partial z}\\
&\frac{\partial^2 \varepsilon_y}{\partial z^2} + \frac{\partial^2 \varepsilon_z}{\partial y^2} = \frac{\partial^2 \gamma_{yz}}{\partial y \partial z}, \qquad \frac{\partial}{\partial y}\left(-\frac{\partial \gamma_{zx}}{\partial y} + \frac{\partial \gamma_{xy}}{\partial z} + \frac{\partial \gamma_{yz}}{\partial x}\right) = 2\frac{\partial^2 \varepsilon_y}{\partial z \partial x}\\
&\frac{\partial^2 \varepsilon_z}{\partial x^2} + \frac{\partial^2 \varepsilon_x}{\partial z^2} = \frac{\partial^2 \gamma_{xz}}{\partial x \partial z}, \qquad \frac{\partial}{\partial z}\left(-\frac{\partial \gamma_{xy}}{\partial z} + \frac{\partial \gamma_{yz}}{\partial x} + \frac{\partial \gamma_{zx}}{\partial y}\right) = 2\frac{\partial^2 \varepsilon_z}{\partial x \partial y}
\end{aligned}\right\} \tag{6-9}$$

### 2. 用应力分量表示的相容方程

将物理方程(6-2)代入相容方程(6-9)，整理后得出用应力分量表示的相容方程为：

$$\left.\begin{aligned}
&(1+\mu)\left(\frac{\partial^2 \sigma_y}{\partial z^2} + \frac{\partial^2 \sigma_z}{\partial y^2}\right) - \mu\left(\frac{\partial^2 \Theta}{\partial z^2} + \frac{\partial^2 \Theta}{\partial y^2}\right) = 2(1+\mu)2\frac{\partial^2 \tau_{yz}}{\partial y \partial z}\\
&(1+\mu)\left(\frac{\partial^2 \sigma_z}{\partial x^2} + \frac{\partial^2 \sigma_x}{\partial z^2}\right) - \mu\left(\frac{\partial^2 \Theta}{\partial x^2} + \frac{\partial^2 \Theta}{\partial z^2}\right) = 2(1+\mu)2\frac{\partial^2 \tau_{zx}}{\partial z \partial x}\\
&(1+\mu)\left(\frac{\partial^2 \sigma_x}{\partial y^2} + \frac{\partial^2 \sigma_y}{\partial x^2}\right) - \mu\left(\frac{\partial^2 \Theta}{\partial y^2} + \frac{\partial^2 \Theta}{\partial x^2}\right) = 2(1+\mu)2\frac{\partial^2 \tau_{xy}}{\partial x \partial y}
\end{aligned}\right\} \tag{6-10}$$

$$\left.\begin{aligned}
&(1+\mu)\frac{\partial}{\partial x}\left(-\frac{\partial \tau_{yz}}{\partial x} + \frac{\partial \tau_{zx}}{\partial y} + \frac{\partial \tau_{xy}}{\partial z}\right) = \frac{\partial^2}{\partial y \partial z}[(1+\mu)\sigma_x - \mu\Theta]\\
&(1+\mu)\frac{\partial}{\partial y}\left(-\frac{\partial \tau_{zx}}{\partial y} + \frac{\partial \tau_{xy}}{\partial z} + \frac{\partial \tau_{yz}}{\partial x}\right) = \frac{\partial^2}{\partial z \partial x}[(1+\mu)\sigma_y - \mu\Theta]\\
&(1+\mu)\frac{\partial}{\partial z}\left(-\frac{\partial \tau_{xy}}{\partial z} + \frac{\partial \tau_{yz}}{\partial x} + \frac{\partial \tau_{zx}}{\partial y}\right) = \frac{\partial^2}{\partial x \partial y}[(1+\mu)\sigma_z - \mu\Theta]
\end{aligned}\right\} \tag{6-11}$$

其中，$\Theta = \sigma_x + \sigma_y + \sigma_z$。利用平衡微分方程(6-1)，可以简化上列各式，使每一式中只包含体积应力和一个应力分量。当然，体力分量将在所有各式中出现。这样就得出米歇尔所导出的相容方程，称为米歇尔相容方程：

$$
\left.\begin{aligned}
&(1+\mu)\nabla^2\sigma_x+\frac{\partial^2\Theta}{\partial x^2}=-\frac{1+\mu}{1-\mu}\left[(2-\mu)\frac{\partial f_x}{\partial x}+\mu\frac{\partial f_y}{\partial y}+\mu\frac{\partial f_z}{\partial z}\right]\\
&(1+\mu)\nabla^2\sigma_y+\frac{\partial^2\Theta}{\partial y^2}=-\frac{1+\mu}{1-\mu}\left[(2-\mu)\frac{\partial f_y}{\partial y}+\mu\frac{\partial f_z}{\partial z}+\mu\frac{\partial f_x}{\partial x}\right]\\
&(1+\mu)\nabla^2\sigma_z+\frac{\partial^2\Theta}{\partial z^2}=-\frac{1+\mu}{1-\mu}\left[(2-\mu)\frac{\partial f_z}{\partial z}+\mu\frac{\partial f_x}{\partial x}+\mu\frac{\partial f_y}{\partial y}\right]\\
&(1+\mu)\nabla^2\tau_{yz}+\frac{\partial^2\Theta}{\partial y\partial z}=-(1+\mu)\left(\frac{\partial f_z}{\partial y}+\frac{\partial f_y}{\partial z}\right)\\
&(1+\mu)\nabla^2\tau_{zx}+\frac{\partial^2\Theta}{\partial z\partial x}=-(1+\mu)\left(\frac{\partial f_x}{\partial z}+\frac{\partial f_z}{\partial x}\right)\\
&(1+\mu)\nabla^2\tau_{xy}+\frac{\partial^2\Theta}{\partial x\partial y}=-(1+\mu)\left(\frac{\partial f_y}{\partial x}+\frac{\partial f_x}{\partial y}\right)
\end{aligned}\right\}\tag{6-12}
$$

### 3. 常体力情况下的相容方程

在体力为零或为常量的情况下，方程式(6-12)简化为贝尔特拉米所导出的相容方程，称为贝尔特拉米相容方程：

$$
\left.\begin{aligned}
&(1+\mu)\nabla^2\sigma_x+\frac{\partial^2\Theta}{\partial x^2}=0, \qquad (1+\mu)\nabla^2\tau_{xy}+\frac{\partial^2\Theta}{\partial x\partial y}=0\\
&(1+\mu)\nabla^2\sigma_y+\frac{\partial^2\Theta}{\partial y^2}=0, \qquad (1+\mu)\nabla^2\tau_{yz}+\frac{\partial^2\Theta}{\partial y\partial z}=0\\
&(1+\mu)\nabla^2\sigma_z+\frac{\partial^2\Theta}{\partial z^2}=0, \qquad (1+\mu)\nabla^2\tau_{zx}+\frac{\partial^2\Theta}{\partial z\partial x}=0
\end{aligned}\right\}\tag{6-13}
$$

按应力求解空间问题时，需要使六个应力分量在弹性体区域内满足平衡微分方程式(6-1)，满足相容方程式(6-12)或者式(6-13)，并在边界上满足应力边界条件式(6-4)。

由于位移边界条件难以用应力分量及其导数来表示，因此，位移边界问题和混合边界问题一般都不能按应力求解而得出精确的函数式解答。此外，按应力求解多连体问题时，仍然应考虑位移的单值条件。

## §6-4 轴对称问题的基本方程

与平面问题相同，在空间问题中，如果弹性体的几何形状、约束情况以及所受的外力作用，都是对称于某一轴(通过这个轴的任一平面都是对称面)，则所有的应力、形变和位移也就对称于这一轴。这种问题称为空间轴对称问题。

描述轴对称问题中的应力、形变及位移，一般采用圆柱坐标 $\rho$、$\varphi$、$z$。这首先是因为，如果对称轴为 $z$ 轴，如图 6-1 所示，则在弹性体中所有的应力分量、形变分量和位移都将只是 $\rho$ 和 $z$ 的函数，不随 $\varphi$ 而变。其次，具有方向性的各物理量应当对称于通过 $z$ 轴的任何平面，凡不符合对称性的物理量必然不存在，它们应当等于零。

### 1. 轴对称问题的平面微分方程

用相距 $d\rho$ 的两个圆柱面，互成 $d\varphi$ 角的两个铅直面及相距 $dz$ 的两个水平面，从弹性体割取一个微小六面体 $PABC$。沿 $\rho$ 方向的正应力，称为径向正应力，用 $\sigma_\rho$ 代表；沿 $\varphi$ 方向的正应力，称为环向正应力，用 $\sigma_\varphi$ 代表；沿 $z$ 方向的正应力，称为轴向正应力，仍然用 $\sigma_z$ 代表；作用在圆柱面上而沿 $z$ 方向的剪应力用 $\tau_{\rho z}$ 代表，作用在水平面上而沿 $\rho$ 方向的剪应力用 $\tau_{z\rho}$ 代表。根据剪应力互等定理，有 $\tau_{\rho z}=\tau_{z\rho}$。由于对称性，$\tau_{\rho\varphi}=\tau_{\varphi\rho}$ 及 $\tau_{\varphi z}=\tau_{z\varphi}$ 都不存在。这样，总共只有四个应力分量 $\sigma_\rho$、$\sigma_\varphi$、$\sigma_z$、$\tau_{\rho z}=\tau_{z\rho}$，一般都是 $\rho$ 和 $z$ 的函数。

如果六面体的内圆柱面上的正应力是 $\sigma_\rho$，则外圆柱面上的正应力应当是 $\sigma_\rho+\dfrac{\partial\sigma_\rho}{\partial\rho}\mathrm{d}\rho$。由于对称，$\sigma_\varphi$ 在水平面之内没有增量。如果六面体下面的正应力是 $\sigma_z$，则上面的正应力是 $\sigma_z+\dfrac{\partial\sigma_z}{\partial z}\mathrm{d}z$。对于内面及外面的剪应力、下面及上面的剪应力分别作同样处理，如图 6-1 所示。径向的体力用 $f_\rho$ 代表，轴向的体力，即 $z$ 方向的体力，用 $f_z$ 代表。

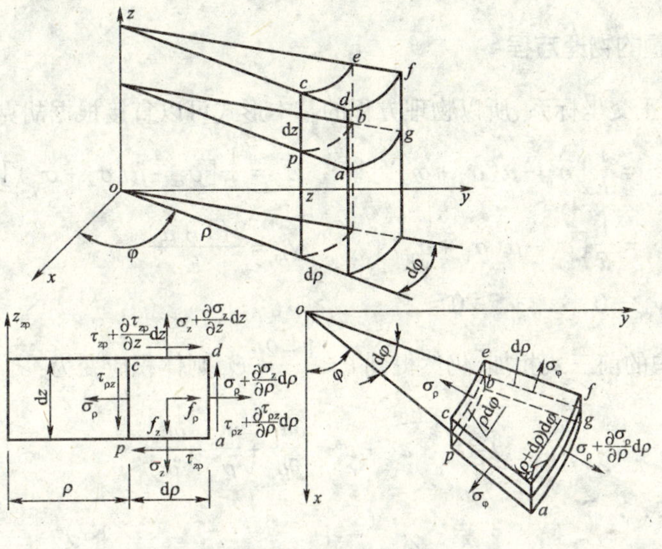

图 6-1　空间轴对称问题

将六面体所受的各力投影到六面体中心的径向轴和 $z$ 轴上，取 $\sin(\mathrm{d}\varphi/2)$ 及 $\cos(\mathrm{d}\varphi/2)$ 分别近似等于 $\mathrm{d}\varphi/2$ 及 1，得以下两平衡方程：

$$\sum F_\rho=0,\left(\sigma_\rho+\frac{\partial\sigma_\rho}{\partial\rho}\mathrm{d}\rho\right)(\rho+\mathrm{d}\rho)\mathrm{d}\varphi\mathrm{d}z-\sigma_\rho\rho\mathrm{d}\varphi\mathrm{d}z-2\sigma_\varphi\mathrm{d}\rho\mathrm{d}z\frac{\mathrm{d}\varphi}{2}+\left(\tau_{z\rho}+\frac{\partial\tau_{z\rho}}{\partial z}\mathrm{d}z\right)\rho\mathrm{d}\varphi\mathrm{d}\rho-$$
$$\tau_{z\rho}\rho\mathrm{d}\varphi\mathrm{d}\rho+f_\rho\mathrm{d}\varphi\mathrm{d}\rho\mathrm{d}z=0$$

$$\sum F_z=0,\left(\tau_{\rho z}+\frac{\partial\tau_{\rho z}}{\partial\rho}\mathrm{d}\rho\right)(\rho+\mathrm{d}\rho)\mathrm{d}\varphi\mathrm{d}z-\tau_{\rho z}\rho\mathrm{d}\varphi\mathrm{d}z+\left(\sigma_z+\frac{\partial\sigma_z}{\partial z}\mathrm{d}z\right)\rho\mathrm{d}\varphi\mathrm{d}\rho-\sigma_z\rho\mathrm{d}\varphi\mathrm{d}\rho+f_z\mathrm{d}\varphi\mathrm{d}\rho\mathrm{d}z=0$$

整理并略去微量后，得空间轴对称问题的平衡微分方程：

$$\frac{\partial\sigma_\rho}{\partial\rho}+\frac{\partial\tau_{z\rho}}{\partial z}+\frac{\sigma_\rho-\sigma_\varphi}{\rho}+f_\rho=0,\qquad\frac{\partial\sigma_z}{\partial z}+\frac{\partial\tau_{\rho z}}{\partial\rho}+\frac{\tau_{\rho z}}{\rho}+f_z=0\tag{6-14}$$

## 2. 轴对称问题的几何方程

沿 $\rho$ 方向的线应变，称为径向线应变，用 $\varepsilon_\rho$ 代表；沿 $\varphi$ 方向的线应变，称为环向线应变，用 $\varepsilon_\varphi$ 代表；沿 $z$ 方向的线应变，称为轴向线应变，仍然用 $\varepsilon_z$ 代表；$\rho$ 方向与 $z$ 方向直角的改变用 $\gamma_{z\rho}$ 代表。由于对称，$\gamma_{\rho\varphi}=\gamma_{z\varphi}=0$。沿 $\rho$ 方向的位移分量，称为径向位移，用 $u_\rho$ 代表；沿 $z$ 方向的位移分量，称为轴向位移，用 $u_z$ 代表。由于对称，$u_\varphi=0$。

进行与平面问题相同的分析,可得如下结果。

(1)由径向位移 $u_\rho$ 引起的形变是:

$$\varepsilon_\rho = \frac{\partial u_\rho}{\partial \rho}, \qquad \varepsilon_\varphi = \frac{u_\rho}{\rho}, \qquad \gamma_{z\rho} = \frac{\partial u_\rho}{\partial z}$$

(2)由轴向位移 $u_z$ 引起的形变是:

$$\varepsilon_z = \frac{\partial u_z}{\partial z}, \qquad \gamma_{z\rho} = \frac{\partial u_z}{\partial \rho}$$

(3)将以上两组形变相叠加,得空间轴对称问题的几何方程:

$$\varepsilon_\rho = \frac{\partial u_\rho}{\partial \rho}, \qquad \varepsilon_\varphi = \frac{u_\rho}{\rho}, \qquad \varepsilon_z = \frac{\partial u_z}{\partial z}, \qquad \gamma_{z\rho} = \frac{\partial u_\rho}{\partial z} + \frac{\partial u_z}{\partial \rho} \tag{6-15}$$

### 3. 轴对称问题的物理方程

(1)柱坐标是正交坐标系,所以物理方程的基本形式可以直接根据胡克定律得来。

$$\left.\begin{aligned}
&\varepsilon_\rho = \frac{1}{E}[\sigma_\rho - \mu(\sigma_z + \sigma_\varphi)], \qquad \varepsilon_\varphi = \frac{1}{E}[\sigma_\varphi - \mu(\sigma_z + \sigma_\rho)] \\
&\varepsilon_z = \frac{1}{E}[\sigma_z - \mu(\sigma_\rho + \sigma_\rho)], \qquad \gamma_{z\rho} = \frac{2(1+\mu)}{E}\tau_{z\rho} \\
&\gamma_{\varphi\rho} = 0, \qquad \gamma_{z\varphi} = 0
\end{aligned}\right\} \tag{6-16}$$

将式(6-16)中的前三式相加,仍然得到 $\theta = \dfrac{1-2\mu}{E}\Theta$,则体积应变为:

$$\theta = \varepsilon_\rho + \varepsilon_\varphi + \varepsilon_z = \frac{\partial u_\rho}{\partial \rho} + \frac{u_\rho}{\rho} + \frac{\partial u_z}{\partial z}$$

而体积应力为:

$$\Theta = \sigma_\rho + \sigma_\varphi + \sigma_z$$

(2)用形变分量表示应力分量的物理方程(推导过程略)。

$$\left.\begin{aligned}
&\sigma_\rho = \frac{E}{1+\mu}\left(\frac{\mu}{1-2\mu}\theta + \varepsilon_\rho\right), \qquad \sigma_\varphi = \frac{E}{1+\mu}\left(\frac{\mu}{1-2\mu}\theta + \varepsilon_\varphi\right) \\
&\sigma_z = \frac{E}{1+\mu}\left(\frac{\mu}{1-2\mu}\theta + \varepsilon_z\right), \qquad \tau_{z\rho} = \frac{E}{2(1+\mu)}\gamma_{z\rho}
\end{aligned}\right\} \tag{6-17}$$

### 4. 轴对称问题按位移求解的基本方程

对于轴对称问题,也可以进行与上相同的推导,得出与上相同的微分方程。为此,首先将几何方程(6-3)代入物理方程(6-17),得出**弹性方程**:

$$\left.\begin{aligned}
&\sigma_\rho = \frac{E}{1+\mu}\left(\frac{\mu}{1-2\mu}\theta + \frac{\partial u}{\partial \rho}\right), \qquad \gamma_{z\varphi} = 0 \\
&\sigma_\theta = \frac{E}{1+\mu}\left(\frac{\mu}{1-2\mu}\theta + \frac{u_\rho}{\rho}\right), \qquad \gamma_{\rho\varphi} = 0 \\
&\sigma_z = \frac{E}{1+\mu}\left(\frac{\mu}{1-2\mu}\theta + \frac{\partial u_z}{\partial z}\right), \qquad \tau_{z\rho} = \frac{E}{2(1+\mu)}\left(\frac{\partial u_\rho}{\partial z} + \frac{\partial u_z}{\partial \rho}\right)
\end{aligned}\right\} \tag{6-18}$$

其中,$\theta = \dfrac{\partial u_\rho}{\partial \rho} + \dfrac{u_\rho}{v} + \dfrac{\partial u_z}{\partial z}$。再将式(6-18)代入平衡微分方程(6-14),简化以后,得出

$$\frac{E}{2(1+\mu)}\left(\frac{\mu}{1-2\mu}\frac{\partial\theta}{\partial\rho}+\nabla^2 u_\rho-\frac{u_\rho}{\rho}\right)+f_\rho=0,\quad \frac{E}{2(1+\mu)}\left(\frac{\mu}{1-2\mu}\frac{\partial\theta}{\partial z}+\nabla^2 u_z\right)+f_z=0 \quad (6\text{-}19)$$

这就是按位移求解空间轴对称问题的**基本方程**。

此外，由于轴对称问题中的边界面多为坐标面，位移和应力边界条件都较简单，而应力边界条件同样可以通过将(6-15)代入边界条件后，可用位移分量来表示边界条件。

## §6-5 空间问题应用举例

### 1. 按位移求解举例

**[例6-1]** 设有半空间体，密度为$\rho$，在水平边界上受均布压力$q$，如图6-2所示，试求其位移分布和应力分布。

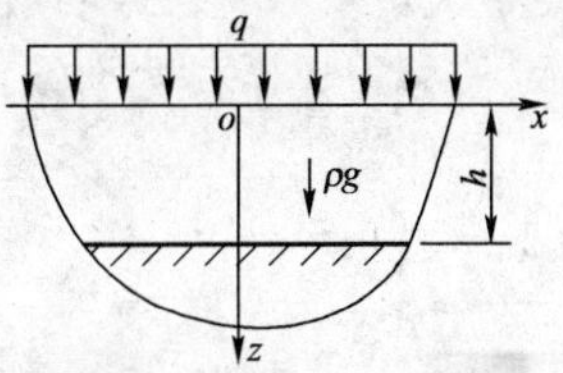


图6-2 [例6-1]图

**解：**以边界面为$xy$面，$z$面铅直向下，体力分量为$f_x=0$、$f_y=0$、$f_z=\rho g$。

(1)由于对称（任一铅直$z$面都是对称面），采用逆解法。

假设

$$u=0,\quad v=0,\quad w=w(z) \quad (6\text{-}20)$$

这样就得到

$$\theta=\frac{\partial u}{\partial x}+\frac{\partial v}{\partial y}+\frac{\partial w}{\partial z}=\frac{\partial w}{\partial z},\quad \frac{\partial\theta}{\partial x}=0,\quad \frac{\partial\theta}{\partial y}=0,\quad \frac{\partial\theta}{\partial z}=\frac{\partial^2 w}{\partial z^2}$$

可见平衡微分方程(6-7)中前二式自然满足，而第三式成为：

$$\frac{E}{2(1+\mu)}\left(\frac{\mu}{1-2\mu}\frac{\mathrm{d}^2 w}{\mathrm{d}z^2}+\frac{\mathrm{d}^2 w}{\partial z^2}\right)+\rho g=0$$

简化以后，得

$$\frac{\mathrm{d}^2 w}{\mathrm{d}z^2}=-\frac{(1+\mu)(1-2\mu)\rho g}{E(1-\mu)} \quad (6\text{-}21)$$

积分以后，得

$$\theta=\frac{\mathrm{d}w}{\mathrm{d}z}=-\frac{(1+\mu)(1-2\mu)\rho g}{E(1-\mu)}(z+A) \quad (6\text{-}22)$$

$$w=-\frac{(1+\mu)(1-2\mu)\rho g}{2E(1-\mu)}(z+A)^2+B \quad (6\text{-}23)$$

其中，$A$和$B$是待定积分常数。

(2)确定积分常数。

根据边界条件来决定常数$A$和$B$。将以上结果代入弹性方程(6-18)，得

$$\sigma_x=\sigma_y=-\frac{\mu}{1-\mu}\rho g(z+A),\quad \sigma_z=-\rho g(z+A),\quad \tau_{xz}=\tau_{yz}=\tau_{xy}=0 \quad (6\text{-}24)$$

在$z=0$的边界面上，$l=m=0$，$n=-1$。因为$\bar{f}_x=\bar{f}_y=0$，而$\bar{f}_z=q$，所以应力边界条件式(6-4)中的前二式自然满足，而第三式要求：

$$(\sigma_z)_{z=0}=-q$$

将式(6-24)中的$\sigma_z$表达式代入上式，得

$$\rho g A=q$$

即

$$A = q/\rho g$$

(3)应力分量。

将 $A = q/\rho g$ 代入式(6-24),即得应力分量的解答(与第4章第4节所解完全相同):

$$\sigma_x = \sigma_y = -\frac{\mu}{1-\mu}(\rho g z + q),\quad \sigma_z = -(\rho g z + q),\quad \tau_{xz} = \tau_{yz} = \tau_{xy} = 0 \tag{6-25}$$

(4)位移分量。

将 $A = q/\rho g$ 代入式(6-23),得出铅直位移。

$$w = -\frac{(1+\mu)(1-2\mu)\rho g}{2E(1-\mu)}\left(z + \frac{q}{\rho g}\right)^2 + B \tag{6-26}$$

为了决定常数 $B$,必须利用位移边界条件。设半空间体在距边界为 $h$ 处位移为零,如图6-2所示,位移边界条件为 $w(z)_{z=h} = 0$,将式(6-26)代入,得

$$B = \frac{(1+\mu)(1-2\mu)\rho g}{2E(1-\mu)}\left(h + \frac{q}{\rho g}\right)^2$$

再将 $B$ 代回式(6-26)式,简化后,得

$$w = \frac{(1+\mu)(1-2\mu)}{E(1-\mu)}\left[q(h-z) + \frac{\rho g}{2}(h^2 - z^2)\right] \tag{6-27}$$

现在,应力分量和位移分量都已经完全确定,并且所有一切条件都已经满足,可见式(6-20)所示假设完全正确,而所得的应力和位移就是正确的解答。

(5)讨论。

显然,最大的位移发生在边界上,由式(6-27)可得

$$w_{max} = (w)_{z=0} = \frac{(1+\mu)(1-2\mu)}{E(1-\mu)}\left(qh + \frac{h^2}{2}\rho g\right)$$

在式(6-25)中,$\sigma_x$ 和 $\sigma_y$ 是铅直截面上的水平正应力,$\sigma_z$ 是水平截面上的正应力,而它们的比值是:

$$\frac{\sigma_x}{\sigma_z} = \frac{\sigma_y}{\sigma_z} = \frac{\mu}{1-\mu} \tag{6-28}$$

这个比值在土力学中称为**侧压力系数**。

[**例6-2**] 设有半空间体,体力不计,在水平边界上受有法向集中力 $F$,如图6-3所示。试用位移求解法求其位移分布和应力分布。

**解**:这是一个弹性半空间的轴对称空间问题。如图6-3所示,坐标原点就放在 $F$ 的作用点。把对称轴 $z$ 放在 $F$ 力作用线上。

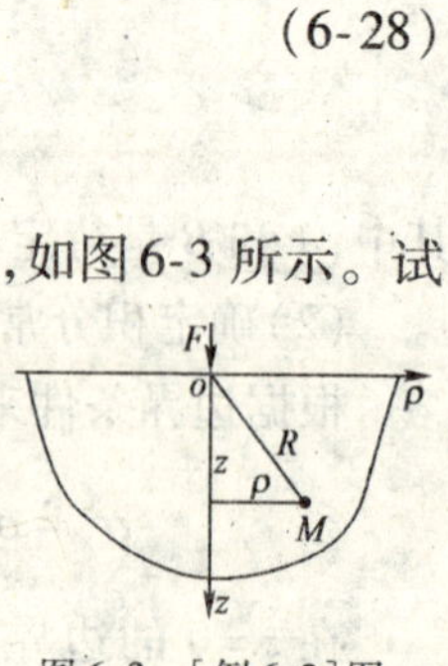

图6-3 [例6-2]图

由于不计体力,所以位移分量应当满足基本微分方程(6-19)的简化形式:

$$\frac{\mu}{1-2\mu}\frac{\partial\theta}{\partial\rho} + \nabla^2 u_\rho - \frac{u_\rho}{\rho} = 0,\qquad \frac{\mu}{1-2\mu}\frac{\partial\theta}{\partial z} + \nabla^2 u_z = 0 \tag{6-29}$$

(1)位移解答。

方程组(6-29)的两组特解分别设为：

第一组：
$$\left.\begin{aligned} u_{\rho 1} &= A_1 \frac{\rho z}{R^3} \\ u_{z1} &= A_1 \left[\frac{z^2}{R^3} + (3-4\mu)\frac{1}{R}\right] \end{aligned}\right\}$$

第二组：
$$\left.\begin{aligned} u_{\rho 2} &= A_2 \frac{\rho}{R^3(R+z)} \\ u_{z2} &= A_2 \frac{1}{R^3} \end{aligned}\right\}$$

式中，$A_1$、$A_2$ 是两个任意的常数，可利用边界条件来确定。

上述两组特解的线性组合可以作为二阶偏微分方程(6-29)的同解，即

$$\begin{aligned} u_\rho &= A_1 \frac{\rho z}{R^3} + A_2 \frac{\rho}{R^3(R+z)} \\ u_z &= A_1 \left[\frac{z^2}{R^3} + (3-4\mu)\frac{1}{R}\right] + A_2 \frac{1}{R^3} \end{aligned} \tag{6-30}$$

将式(6-30)代入(6-17)，并注意 $\theta = \varepsilon_\rho + \varepsilon_\varphi + \varepsilon_z = \frac{\partial u_\rho}{\partial \rho} + \frac{u_\rho}{\rho} + \frac{\partial u_z}{\partial z}$，得

$$\left.\begin{aligned} \sigma_\rho &= \frac{F}{1+\mu}\left\{A_1\left[(1-2\mu)\frac{z}{R^3} - \frac{3z\rho^2}{R^2}\right] + \frac{A_2}{R^2(R+z)}\left(z^2 - \rho^2 + \frac{z^3}{R}\right)\right\} \\ \sigma_\varphi &= \frac{F}{1+\mu}\left[A_1(1-2\mu)\frac{z}{R^3} + \frac{A_2}{R^2(R+z)}\right] \\ \sigma_z &= -\frac{Fz}{(1+\mu)R^3}\left\{A_1\left[\frac{3z^3}{R^2} + (1-2\mu)\right] + A_2\right\} \\ \tau_{z\rho} &= \tau_{\rho z} = -\frac{F\rho}{(1+\mu)R^3}\left\{A_1\left[\frac{3z^2}{R^2} + (1-2\mu)\right] + A_2\right\} \end{aligned}\right\} \tag{6-31}$$

(2)边界条件。

①在 $z=0$ 的边界面上，除了原点 $o$ 以外的应力边界条件要求如下：

$$(\sigma_z)_{z=0,\rho\neq 0} = 0, \qquad (\tau_{z\rho})_{z=0,\rho\neq 0} = 0$$

可见，前一条件自然满足，而由后一条件得

$$(1-2\mu)A_1 + A_2 = 0 \tag{6-32}$$

②在 $z=0$ 的表面的原点 $o$ 附近，可以看成是一个局部的小边界面，作用有面力分量，其合力为作用于 $o$ 点的集中力 $F$，而合力矩为0。应用圣维南原理，取出一个 $z=0$ 至 $z=z$ 的平板脱离体，然后考虑此平板脱离体的平衡条件 $\sum F_z = 0$(由于对称，其余的平衡条件均自然满足，不再列出平衡方程)，得

$$\int_0^\infty (\sigma_z)_{z=z} 2\pi\rho \mathrm{d}\rho + F = 0$$

将式(6-31)中的 $\sigma_z$ 代入上式，积分后，得

$$F - \frac{2\pi E}{1+\mu}\left[2(1-2\mu)A_1 + A_2\right] = 0 \tag{6-33}$$

联立式(6-32)和式(6-33)求解，可得

$$A_1=\frac{(1+\mu)F}{2\pi E}$$

$$A_2=-(1-2\mu)\frac{(1+\mu)F}{2\pi E}$$

(3)位移分量预应力分量的最终结果。

将 $A_1$、$A_2$ 代入式(6-30)和式(6-31)分别得如下结果。

①位移分量表达式为:

$$u_\rho=\frac{(1+\mu)F}{2\pi ER}\left[\frac{\rho z}{R^2}-\frac{(1-2\mu)\rho}{R+z}\right],\quad u_z=\frac{(1+\mu)F}{2\pi ER}\left[2(1-\mu)+\frac{z^2}{R^2}\right] \tag{6-34}$$

②应力分量表达式为:

$$\left.\begin{aligned}\sigma_\rho&=\frac{F}{2\pi R^2}\left[\frac{(1-2\mu)R}{R+z}-\frac{3\rho^2 z}{R^2}\right]\\ \sigma_\varphi&=\frac{(1-2\mu)F}{2\pi R}\left(\frac{z}{R^2}-\frac{1}{R+z}\right)\\ \sigma_z&=-\frac{3Fz^3}{2\pi R^5},\tau_{z\rho}=\tau_{\rho z}=-\frac{3F\rho z^2}{2\pi R^5}\end{aligned}\right\} \tag{6-35}$$

③将以上极坐标的解转换为直角坐标解答,可得

应力分量为:

$$\left.\begin{aligned}\sigma_x&=\frac{3F}{2\pi}\left[\frac{zx^2}{R^5}+\frac{1-2\mu}{3}\left[\frac{R^2-Rz-z^2}{R^3(R+z)}-\frac{x^2(2R+z)}{R^3(R+z)^2}\right]\right]\\ \sigma_y&=\frac{3F}{2\pi}\left[\frac{zy^2}{R^5}+\frac{1-2\mu}{3}\left[\frac{R^2-Rz-z^2}{R^3(R+z)}-\frac{y^2(2R+z)}{R^2(R+z)^2}\right]\right]\\ \sigma_z&=-\frac{3Fz^3}{2\pi R^5}\\ \tau_{xy}&=\tau_{yx}=\frac{3F}{2\pi}\left[\frac{xyz}{R^5}-\frac{1-2\mu}{3}\cdot\frac{xy(2R+z)}{R^3(R+z)^2}\right]\\ \tau_{xz}&=\tau_{zx}=-\frac{3Fxz^2}{2\pi R^5},\tau_{yz}=\tau_{zy}=-\frac{3Fyz^2}{2\pi R^5}\end{aligned}\right\} \tag{6-36}$$

位移分量为:

$$\left.\begin{aligned}u&=\frac{(1+\mu)F}{2\pi E}\left[\frac{xz}{R^3}-\frac{(1-2\mu)x}{R(R+z)}\right]\\ v&=\frac{(1+\mu)F}{2\pi E}\left[\frac{yz}{R^3}-\frac{(1-2\mu)y}{R(R+z)}\right]\\ w&=\frac{(1+\mu)F}{2\pi E}\left[\frac{z^2}{R^3}+\frac{1-2\mu}{R}\right]\end{aligned}\right\} \tag{6-37}$$

其中,$R=(\rho^2+z^2)^{1/2}$,如图 6-3 所示。以上解答即为布西内斯克解答,也是《土力学》土中应力

计算的基础。

(4)水平边界上任意一点的沉陷。

由式(6-34)中的第二式可见,水平边界上任意一点的沉陷为:

$$\eta=(u_z)_{z=0}=\frac{F(1-\mu^2)}{\pi E\rho} \tag{6-38}$$

它和距集中力作用点的距离 $\rho$ 成反比。

(5)讨论。

①本节中解出的问题,其应力分布具有如下特征:

a. 当 $R\to\infty$ 时,各位移和应力分量都趋于零,这说明半空间中的应力与位移都带有局部性质;当 $R\to 0$ 时,应力分量都趋于无限大,这是因为假设外力集中作用在一点的缘故。实质是荷载不可能挤在一个几何点上,而是分布在一小块面积上,因此,实际上应力不会是无限大的,而只是达到相当大而已。

b. 水平截面上的应力($\sigma_z$ 及 $\tau_{z\rho}$)与弹性常数无关,因而在任何材料的弹性体中都是同样的分布。其他截面上的应力,一般都随 $\mu$ 而变。

c. 水平截面上的全应力,都指向集中力的作用点,因为由式(6-33)中的后二式,有 $\sigma_z:\tau_{z\rho}=z:\rho$。

d. 有了半空间体在边界上受法向集中力时的解答,就可用叠加法求得由法向分布力引起的位移和应力。

**[例 6-3]** 设有单位力均匀分布在半空间体边界的矩形面积上,矩形面积的边长为 $a$ 和 $b$,如图 6-4 所示。试求出矩形的对称轴上距矩形中心为 $x$ 的点 $K$ 的沉陷 $\eta_{ki}$。

**解:** 利用上一例题的结果,将均布单位力分为微分力 $\mathrm{d}F=\frac{1}{ba}\mathrm{d}\xi\mathrm{d}y$,代入上题的沉陷公式(6-34),对 $\xi$ 和 $y$ 进行积分。注意 $\rho=\sqrt{\xi^2+y^2}$。

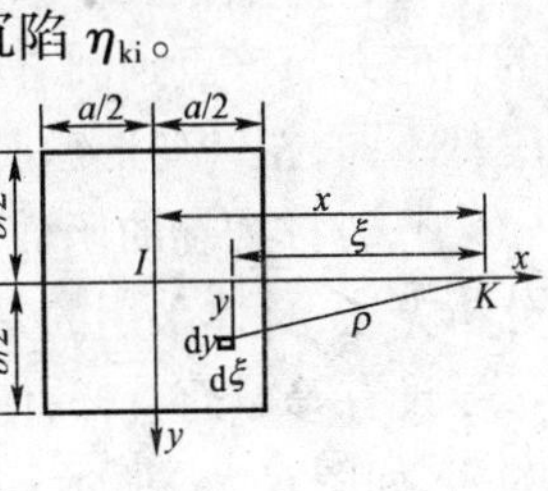


图 6-4 [例 6-3]图

(1)设 $K$ 点在矩形之外,则沉陷为:

$$\eta_{ki}=\frac{(1-\mu^2)}{\pi E}\int_{x-a/2}^{x+a/2}\int_{-b/2}^{b/2}\frac{1}{\sqrt{\xi^2+y^2}}\frac{1}{ba}\mathrm{d}\xi\mathrm{d}y$$

其结果可以写成:

$$\eta_{ki}=\frac{(1-\mu^2)}{\pi Ea}F_{ki} \tag{6-39}$$

其中:

$$F_{ki}=\left[\frac{2\frac{x}{a}+1}{\frac{b}{a}}\operatorname{arcsinh}\frac{\frac{b}{a}}{2\frac{x}{a}+1}+\operatorname{arcsinh}\frac{2\frac{x}{a}+1}{\frac{b}{a}}\right]-\left[\frac{2\frac{x}{a}-1}{\frac{b}{a}}\operatorname{arcsinh}\frac{\frac{b}{a}}{2\frac{x}{a}-1}+\operatorname{arcsinh}\frac{2\frac{x}{a}-1}{\frac{b}{a}}\right]$$

(2)设 $K$ 点恰在矩形的中心 $I$,则沉陷为:

$$\eta_{ki}=\frac{(1-\mu^2)}{\pi E}\int_{-a/2}^{a/2}\int_{-b/2}^{b/2}\frac{1}{\sqrt{\xi^2+y^2}}\frac{1}{ba}\mathrm{d}\xi\mathrm{d}y \tag{6-40}$$

积分的结果仍可写成式(6-39)的形式,而 $F_{ki}=2\left[\frac{a}{b}\operatorname{arcsinh}\frac{b}{a}+\operatorname{arcsinh}\frac{a}{b}\right]$,$F_{ki}$ 可查表 6-1。

半空间体沉陷公式中的 $F_{ki}$ 值

表 6-1

| $x/a$ | $x/a$ | $b/a=2/3$ | $b/a=1$ | $b/a=2$ | $b/a=3$ | $b/a=4$ | $b/a=5$ |
|---|---|---|---|---|---|---|---|
| 0 | ∝ | 4.265 | 3.525 | 2.406 | 1.867 | 1.543 | 1.322 |
| 1 | 1 | 1.069 | 1.038 | 0.929 | 0.829 | 0.746 | 0.678 |
| 2 | 0.500 | 0.508 | 0.505 | 0.490 | 0.469 | 0.446 | 0.246 |
| 3 | 0.333 | 0.336 | 0.335 | 0.330 | 0.323 | 0.314 | 0.305 |
| 4 | 0.250 | 0.251 | 0.251 | 0.249 | 0.246 | 0.242 | 0.237 |
| 5 | 0.200 | 0.200 | 0.200 | 0.199 | 0.197 | 0.196 | 0193 |
| 6 | 0.167 | 0.167 | 0.167 | 0.166 | 0.165 | 0.164 | 0.163 |
| 7 | 0.143 | 0.143 | 0.143 | 0.143 | 0.142 | 0.141 | 0.140 |
| 8 | 0.1245 | 0.125 | 0.125 | 0.125 | 0.124 | 0.124 | 0.123 |
| 9 | 0.111 | 0.111 | 0.111 | 0.111 | 0.111 | 0.111 | 0.110 |
| 10 | 0.100 | 0.100 | 0.100 | 0.100 | 0.100 | 0.100 | 0.099 |

注:①当 $x/a$ 值为整数时(包括为零时),对于比值 $b/a$ 的几个常用数值,可以从表 6-1 中查公式(6-39)中的 $F_{ki}$ 的数值。如果 $x/a$ 大于 10,不论 $b/a$ 的数值如何,都可以取 $F_{ki}=a/x$。

②在用连杆法计算基础梁的空间问题时,要用到沉陷公式(6-39)和表(6-1)。

## 2. 按应力求解举例

1)等截面直杆扭转问题求解的方法

材料力学中关于圆截面扭转的结论是:扭转变形后横截面保持为平面,该截面上任意一点的剪应力与该点到圆心的距离成正比,其作用方向与该点的径向垂直。而非圆截面的扭转情况却不同,扭转变形后其截面不再保持为平面,将发生沿轴线方向的位移 $w(x,y,z)\neq 0$,而 $w(x,y,z)$ 称为翘曲函数。弹性力学中按应力求解,可以找到等截面柱体在扭转作用下的精确分析方法,具体采用的是半逆解法,也称为 Saint- venant 半逆解法。

设有等截面直杆,体力可以不计,在两端平面内受有一对转向相反的力偶,每个力偶的矩为 $M$,如图 6-5a)所示,试求其位移分布和应力分布。

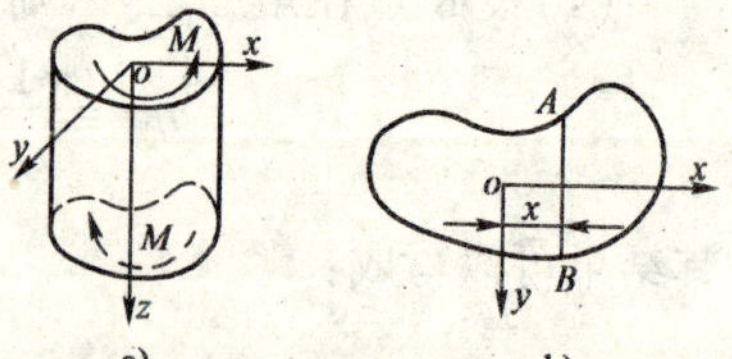


图 6-5　等截面柱体扭转

取杆的上端平面为 $xoy$ 面,$z$ 轴铅直向下。应用按应力求解空间问题的基本微分方程,并采用半逆解法求解。

(1)扭转的基本方程。

依照材料力学对于圆截面杆的解答,假设除了横截面上的剪应力以外,其他的应力分量都等于零,即

$$\sigma_x=\sigma_y=\sigma_z=\tau_{xy}=0 \tag{6-41}$$

代入平衡微分方程(6-1),并注意,在这里体力 $f_x=f_y=f_z=0$,即得

$$\frac{\partial\tau_{zx}}{\partial z}=0,\qquad \frac{\partial\tau_{zy}}{\partial z}=0,\qquad \frac{\partial\tau_{xz}}{\partial x}+\frac{\partial\tau_{yz}}{\partial y}=0 \tag{6-42}$$

由此可见,$\tau_{zx}$ 和 $\tau_{zy}$ 应当是 $x$ 和 $y$ 的函数,不随 $z$ 而变。因此,上式中第三个方程可以写成

$$\frac{\partial}{\partial x}(\tau_{zx})=\frac{\partial}{\partial x}(-\tau_{yz})$$

根据微分方程理论,一定存在一个函数 $\phi(x,y)$,使得 $\tau_{zx}=\dfrac{\partial\phi}{\partial y}$,$-\tau_{yz}=\dfrac{\partial\phi}{\partial x}$,由此得出用应

力函数 $\phi(x,y)$ 表示的应力分量的表达式：

$$\tau_{zx}=\tau_{xz}=\frac{\partial\phi}{\partial y},\qquad \tau_{yz}=\tau_{zy}=-\frac{\partial\phi}{\partial x} \tag{6-43}$$

将式(6-41)代入相容方程(6-13)，可见其中前三式及最后一式总能满足，而其余二式成为 $\nabla^2\tau_{yz}=0$，$\nabla^2\tau_{zx}=0$。将式(6-43)代入，得 $\frac{\partial}{\partial x}\nabla^2\phi=0$，$\frac{\partial}{\partial y}\nabla^2\phi=0$。这就是说，$\nabla^2\varphi$ 应当是常量，即

$$\nabla^2\phi=C \tag{6-44}$$

其中，$C$ 为待定常数。

(2)边界条件。

现在来考察边界条件。如图 6-6 所示，在杆的侧面，$n=0$，面力 $\bar{f}_x=\bar{f}_y=\bar{f}_z=0$，可见应力边界条件式(6-4)中的前二式总能满足，而第三式成为：

$$(l\tau_{zx}+m\tau_{zy})_{s_\sigma}=0$$

或将表达式(6-43)代入，得 $l\left(\frac{\partial\phi}{\partial y}\right)_s-m\left(\frac{\partial\phi}{\partial x}\right)_s=0$。因为在边界上，$l=\frac{\mathrm{d}y}{\mathrm{d}s}$，$m=-\frac{\mathrm{d}x}{\mathrm{d}s}$，如图 6-6 所示，由此式得出

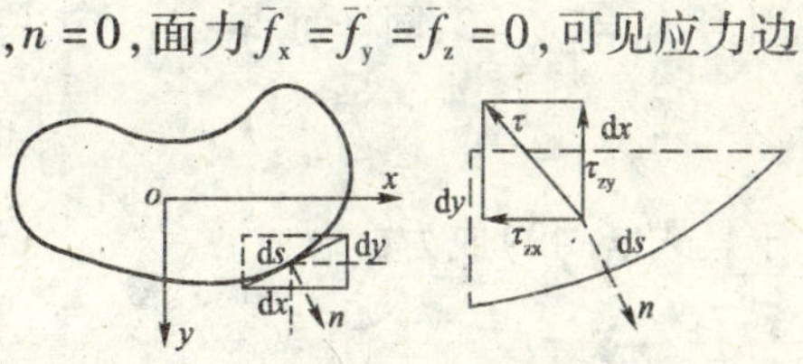


图 6-6　柱体侧面边界及应力

$$\left(\frac{\partial\phi}{\partial y}\right)_s\frac{\partial y}{\partial s}+\left(\frac{\partial\phi}{\partial x}\right)_s\frac{\partial x}{\partial s}=\frac{\partial\phi}{\partial s}=0$$

这就是说，在杆的侧面上(在横截面的边界线上)，应力函数 $\phi$ 所取的边界值 $\phi_s$ 应当是常量。

由式(6-43)可见，当应力函数 $\phi$ 增加或减少一个常数时，应力分量并不受影响。因此，在单连体截面(实心杆)的情况下，为了简便，应力函数 $\phi$ 的边界值可以取为零，即

$$(\phi)_s=0 \tag{6-45}$$

在多连体截面(空心杆)的情况下，虽然应力函数 $\phi$ 在每一边界上都是常数，但各个常数一般并不相同，因此，只能把其中一个边界上的 $\phi_s$ 取为零。

在扭转杆的任一端，例如 $z=0$ 的上端，$l=m=0$，而 $n=-1$，应力边界条件式(6-4)中的第三式总能满足，而前二式成为：

$$-(\tau_{zx})_{z=0}=\bar{f}_x,\qquad -(\tau_{zy})_{z=0}=\bar{f}_y \tag{6-46}$$

由于 $z=0$ 的边界面上的面力分量 $\bar{f}_x$、$\bar{f}_y$ 并不知道，只知其主矢量为 0，而主矩为扭矩 $M$，因此，式(6-46)的应力边界条件改用主矢量、主矩来代替，即

$$-\iint_A(\tau_{zx})_{z=0}\mathrm{d}x\mathrm{d}y=\iint_A\bar{f}_x\mathrm{d}x\mathrm{d}y=0 \tag{6-47}$$

$$-\iint_A(\tau_{zy})_{z=0}\mathrm{d}x\mathrm{d}y=\iint_A\bar{f}_y\mathrm{d}x\mathrm{d}y=0 \tag{6-48}$$

$$-\iint_A(y\tau_{zx}-x\tau_{zy})_{z=0}\mathrm{d}x\mathrm{d}y=\iint_A(y\bar{f}_x-x\bar{f}_y)\mathrm{d}x\mathrm{d}y=M \tag{6-49}$$

其中，$A$ 为上端面的面积。

显然，在等截面直杆中，式(6-47)、式(6-48)、式(6-49)在 $z$ 为任意值的横截面上都应当满足。

①根据式(6-43)，式(6-47)左边的积分式可以写成：

$$-\iint_A \tau_{zx}\mathrm{d}x\mathrm{d}y=-\iint_A \frac{\partial\phi}{\partial y}\mathrm{d}x\mathrm{d}y=-\int\mathrm{d}x\int\frac{\partial\phi}{\partial y}\mathrm{d}y=-\int_s(\phi_B-\phi_A)\mathrm{d}x$$

其中，$\phi_B$及$\phi_A$是截面边界上$B$点及$A$点的$\phi$值，应当等于零，如图6-5b）所示。可见式(6-47)也是满足的。同理，式(6-48)也是满足的。

②由式(6-43)，可知式(6-49)左边的积分式可以写成：

$$-\iint_A(y\tau_{zx}-x\tau_{zy})\mathrm{d}x\mathrm{d}y=-\iint_A\left(y\frac{\partial\phi}{\partial y}+x\frac{\partial\phi}{\partial x}\right)\mathrm{d}x\mathrm{d}y=-\int\mathrm{d}x\int y\frac{\partial\phi}{\partial y}\mathrm{d}y-\int\mathrm{d}y\int x\frac{\partial\phi}{\partial x}\mathrm{d}x$$

对上式进行分部积分，有

$$-\int\mathrm{d}x\int y\frac{\partial\phi}{\partial y}\mathrm{d}y=-\int\mathrm{d}x\left[(y_B\phi_B-y_A\phi_A)-\int\phi\mathrm{d}y\right]=\iint_A\phi\mathrm{d}x\mathrm{d}y$$

因为$\phi_B=\phi_A=0$，同样可得

$$-\int\mathrm{d}y\int x\frac{\partial\phi}{\partial x}\mathrm{d}x=\iint_A\phi\mathrm{d}x\mathrm{d}y$$

于是式(6-49)成为：

$$2\iint_A\phi\mathrm{d}x\mathrm{d}y=M \tag{6-50}$$

综上所述，为了求得应力，只需求出应力函数$\phi$，使它能满足方程(6-44)至方程(6-50)，然后由式(6-43)求应力分量即可。

(3)位移分量的求解。

将应力分量表达式(6-41)及式(6-43)代入物理方程(6-2)，得

$$\varepsilon_x=0,\varepsilon_y=0,\varepsilon_z=0,\gamma_{yz}=-\frac{1}{G}\frac{\partial\phi}{\partial x},\gamma_{zx}=\frac{1}{G}\frac{\partial\phi}{\partial y},\gamma_{xy}=0$$

再将这些表达式代入几何方程(6-3)，得

$$\left.\begin{aligned}&\frac{\partial u}{\partial x}=0,\qquad \frac{\partial v}{\partial y}=0,\qquad \frac{\partial w}{\partial z}=0\\&\frac{\partial w}{\partial y}+\frac{\partial v}{\partial z}=-\frac{1}{G}\frac{\partial\phi}{\partial x},\qquad \frac{\partial u}{\partial z}+\frac{\partial w}{\partial x}=\frac{1}{G}\frac{\partial\phi}{\partial y}\\&\frac{\partial u}{\partial y}+\frac{\partial v}{\partial x}=0\end{aligned}\right\} \tag{6-51}$$

通过积分运算，可由式(6-51)的第一式、第二式及第六式求得

$$u=u_0+\omega_y z-\omega_z y-Kyz,\qquad v=v_0+\omega_z x-\omega_x z-Kxz$$

其中的积分常数$u_0$、$v_0$、$\omega_x$、$\omega_y$、$\omega_z$和以前一样，也代表刚体位移，$K$是积分常数。如果不计刚体位移，只保留与变形有关的位移，则

$$u=-Kyz,\qquad v=Kxz \tag{6-52}$$

注：如用圆柱坐标表示，则有$u_\rho=0$、$u_\phi=K\rho z$。

可见，每个横截面在$xoy$面上的投影不改变形状，而只是转动一个角度$\alpha=Kz$。杆的单位长度内的扭角是$\frac{\mathrm{d}\alpha}{\mathrm{d}x}=K$。

将式(6-52)代入式(6-51)中第五式及第四式，得

$$\frac{\partial w}{\partial x}=\frac{1}{G}\frac{\partial\phi}{\partial y}+Ky,\qquad \frac{\partial w}{\partial y}=-\frac{1}{G}\frac{\partial\phi}{\partial x}-Kx \tag{6-53}$$

可以用来求得位移分量$w$。将上列二式分别对$y$及$x$求导，然后相减，移项以后，得

$$\nabla^2\phi = -2GK \tag{6-54}$$

可见,方程(6-44)中常数 $C$ 具有物理意义,它可以表示为:

$$C = -2GK \tag{6-55}$$

(4)求解等截面直杆问题的基本思路。

由以上求解过程可见,应用应力法求解等截面柱体扭转问题的关键在于寻找一个满足式(6-54)的扭转应力函数 $\phi(x,y)$,且在边界上满足式(6-50)。因此,根据柱体横截面的边界方程,设扭转应力函数为:

$$\phi(x,y) = Bf(x,y) \tag{6-56}$$

式中,$f(x,y)$ 为柱面的边界方程,$B$ 为待定常数。显然,在柱的侧面,$(\phi)_s = 0$ 恒成立。将式(6-56)代入式(6-54)后,求得依赖于 $K$ 的系数 $B$,再由边界条件(6-50)确定单位长度的扭转角 $K$,这样,应力函数 $\phi(x,y)$ 便是唯一确定的。

2)扭转问题的薄膜比拟

根据普朗特研究结果,薄膜在均匀压力下的垂度,与等截面直杆扭转问题中的应力函数,在数学上是相似的。用薄膜来比拟扭杆,有助于寻求扭转问题的解答,这称为**薄膜比拟**。

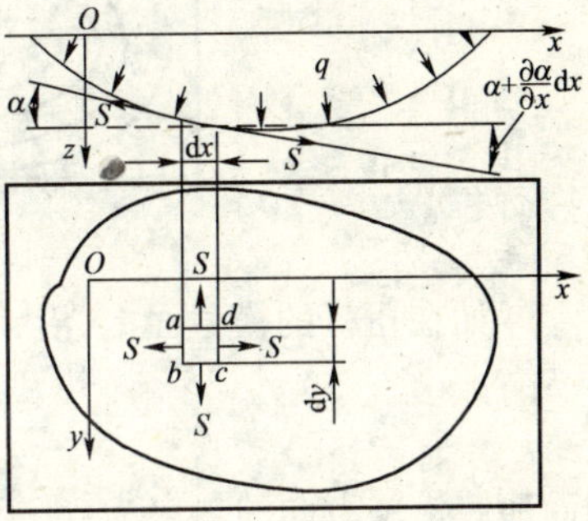


图 6-7　薄膜在微压力作用下的应力

设有一块均匀薄膜,张紧在一个水平边界上(如孔洞上,孔口形状与柱截面形状相同),如图 6-7 所示,这水平边界的形状与某一扭杆的横截面边界形状相同。当薄膜承受微小的气体压力时,薄膜的各点将发生微小的垂度(或挠度)。以边界所在的水平面为 $xy$ 面,命薄膜的垂度为 $z$。由于薄膜的柔顺性,可以假定它不承受弯矩、扭矩、剪力和压力,而只承受均匀的张力 $S$(好像液膜的表面张力)。

从薄膜取一个微小的单元 $abcd$,它在 $xy$ 面上的投影是一个矩形,其边长是 $\mathrm{d}x$ 及 $\mathrm{d}y$。在 $ab$ 边上的张力是 $S\mathrm{d}y$($S$ 是薄膜每单位宽度上的张力),它在 $z$ 轴上的投影是

$$-S\mathrm{d}y\sin\alpha \approx -S\mathrm{d}y\tan\alpha = -S\mathrm{d}y\frac{\partial z}{\partial x}$$

类似的,在 $cd$ 边上的张力 $S\mathrm{d}y$ 在 $z$ 轴上的投影是

$$-S\mathrm{d}y\tan\left(\alpha + \frac{\partial \alpha}{\partial x}\mathrm{d}x\right) = -S\mathrm{d}y\frac{\partial}{\partial x}\left(z + \frac{\partial z}{\partial x}\mathrm{d}x\right)$$

同理,在 $ad$ 边上的张力 $S\mathrm{d}x$ 在 $z$ 轴上的投影是

$$-S\mathrm{d}x\frac{\partial z}{\partial y}$$

在 $bc$ 边上的张力 $S\mathrm{d}x$ 在 $z$ 轴上的投影是

$$S\mathrm{d}x\frac{\partial}{\partial y}\left(z + \frac{\partial z}{\partial y}\mathrm{d}y\right)$$

单元 $abcd$ 所受在 $z$ 方向的张力是 $q\mathrm{d}x\mathrm{d}y$,于是由 $\sum F_z = 0$,得

$$-S\mathrm{d}y\frac{\partial z}{\partial x} + S\mathrm{d}y\frac{\partial}{\partial x}\left(z + \frac{\partial z}{\partial x}\mathrm{d}x\right) - S\mathrm{d}x\frac{\partial z}{\partial y} + S\mathrm{d}x\frac{\partial}{\partial y}\left(z + \frac{\partial z}{\partial y}\mathrm{d}y\right) + q\mathrm{d}x\mathrm{d}y = 0$$

简化整理后,得

$$S\left(\frac{\partial^2 z}{\partial x^2} + \frac{\partial^2 z}{\partial y^2}\right) + q = 0 \Rightarrow \nabla^2 z = -\frac{q}{S} \tag{6-57}$$

此外，薄膜在边界上的垂度显然等于零，即

$$z_s = 0 \tag{6-58}$$

显然，薄膜垂度 $z$ 的微分方程(6-57)与扭杆应力函数 $\phi$ 的微分方程(6-54)相似，且 $z$ 的边界条件(6-58)与扭杆应力函数中的边界条件 $\phi_s = 0$ 也是相似的。对应关系为：

(1)若令 $q/S = 2GK$，则 $z(x,y) = \phi(x,y)$。

(2)为了使薄膜的垂度相当于扭杆的应力函数，可以使薄膜与边界平面之间体积的 2 倍相当于扭矩。即

$$M = 2\iint_A \phi \mathrm{d}x\mathrm{d}y = 2V = 2\iint_A z\mathrm{d}x\mathrm{d}y$$

(3)薄膜上一点沿某方向的斜率就等于扭转截面上对应点在与之垂直的方向上的剪应力分量，薄膜一点处的最大斜率就等于扭转截面上对应点的合剪应力，如图 6-8 所示。

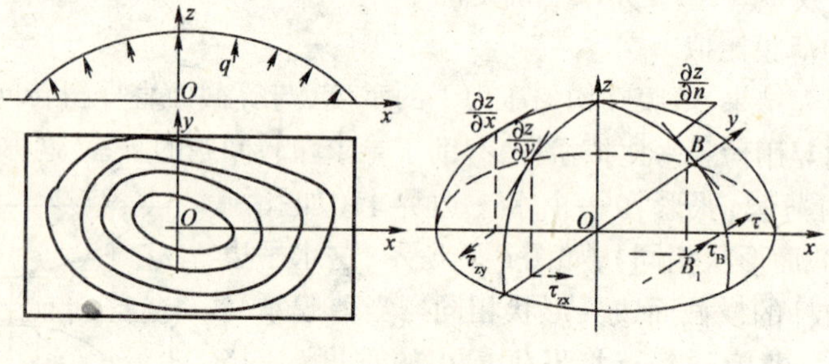


图 6-8　薄膜的等高线

如在扭杆的横截面上，沿 $x$ 方向的剪应力为：

$$\tau_{zx} = \frac{\partial \phi}{\partial y}$$

而薄膜沿 $y$ 方向的斜率为：

$$i_y = \frac{\partial z}{\partial y}$$

可见，扭杆横截面上沿 $x$ 方向的剪应力相当于薄膜沿 $y$ 方向的斜率。

但要注意，$x$ 轴和 $y$ 轴可以取在任意两个互相垂直的方向。所以，在扭杆截面上某一点的、沿任一方向的剪应力，就等于薄膜在对应点的、沿垂直该方向的另一方向的斜率。

为了决定扭杆横截面上的最大剪应力，只需求出对应薄膜的最大斜率。但需注意，虽然最大剪应力的所在点是和最大斜率的所在点相对应，但是，最大剪应力的方向是和最大斜率的方向互相垂直的。

(4)薄膜等高线上的任一点的切线方向代表了合剪应力的方向，即对于含任意 $B_1$ 的等高线上，有 $\frac{\partial z}{\partial s} = 0$，对于应力函数，其方程为：

$$\frac{\partial \phi}{\partial s} = \frac{\partial \phi}{\partial x}\frac{\partial x}{\partial s} + \frac{\partial \phi}{\partial y}\frac{\partial y}{\partial s} = \left(-\tau_{zy}\frac{\partial x}{\partial s} + \tau_{zy}\frac{\partial y}{\partial s}\right) = (\tau_{zy} l + \tau_{zy} m) = \tau_n = 0$$

上式表明，合剪应力在剪应力法线方向投影为零，则合剪应力的方向沿 $B$ 点的切线方向，且截面上对应的剪应力线越密，表明薄膜曲面的坡度越大，该处的剪应力也越大。

[例 6-4]　椭圆柱体的扭转问题求解。设有等截面直杆，它的横截面具有一个椭圆边界，椭圆的半轴是 $a$ 和 $b$，如图 6-9 所示。

图 6-9　[例 6-4]图

**解**:(1)应力函数 $\phi(x,y)$ 的选择。

因为椭圆方程可以写成$\frac{x^2}{a^2}+\frac{y^2}{b^2}-1=0$,而应力函数 $\phi$ 在横截面的边界上应当等于零,所以,假设应力函数为:

$$\phi(x,y)=B\left(\frac{x^2}{a^2}+\frac{y^2}{b^2}-1\right) \tag{6-59}$$

其中,$B$ 是常数。将 $\phi(x,y)$ 代入式(6-44)后,考察其,可以满足一切条件。将式(6-59)代入微分方程(6-54),得

$$2B\left(\frac{1}{a^2}+\frac{1}{b^2}\right)=-2GK$$

由此解得

$$B=-\frac{a^2b^2}{a^2+b^2}GK$$

所以有

$$\phi(x,y)=-\frac{a^2b^2}{a^2+b^2}\left(\frac{x^2}{a^2}+\frac{y^2}{b^2}-1\right)GK \tag{6-60}$$

(2)确定单位长度的扭角 $K$。

$$M=2\iint_A\phi\mathrm{d}x\mathrm{d}y=-\frac{a^2b^2}{a^2+b^2}GK\left(\frac{1}{a^2}\iint_A x^2\mathrm{d}x\mathrm{d}y+\frac{1}{b^2}\iint_A y^2\mathrm{d}x\mathrm{d}y-\iint_A\mathrm{d}x\mathrm{d}y\right) \tag{6-61}$$

其中,$A$ 为椭圆截面的面积。由材料力学已知:

$$\iint_A x^2\mathrm{d}x\mathrm{d}y=\frac{1}{4}\pi a^3b,\quad \iint_A y^2\mathrm{d}x\mathrm{d}y=\frac{1}{4}\pi ab^3,\quad \iint_A\mathrm{d}x\mathrm{d}y=A=\pi ab$$

将其代入式(6-61),即得

$$M=\frac{\pi a^3b^3}{a^2+b^2}GK \quad\Rightarrow\quad GK=\frac{a^2+b^2}{\pi a^3b^3}M \quad\Rightarrow\quad K=\frac{a^2+b^2}{G\pi a^3b^3}M \tag{6-62}$$

$GK$ 又称为**扭转刚度**。

(3)应力分量的确定。

将式(6-62)代回式(6-60),得应力函数

$$\phi=-\frac{M}{\pi ab}\left(\frac{x^2}{a^2}+\frac{y^2}{b^2}-1\right) \tag{6-63}$$

将应力函数的表达式(6-63)代入式(6-43),得应力分量

$$\tau_{zx}=\frac{\partial\phi}{\partial y}=-\frac{2M}{\pi ab^3}y,\qquad \tau_{zy}=-\frac{\partial\phi}{\partial x}=\frac{2M}{\pi a^3b}x \tag{6-64}$$

(4)应力分布讨论。

①横截面上任意一点的合剪应力是:

$$\tau=(\tau_{zx}^2+\tau_{zy}^2)^{1/2}=\frac{M}{\pi ab}\left(\frac{x^2}{a^4}+\frac{y^2}{b^4}\right)^{1/2}$$

②最大剪应力发生在椭圆的短半轴的两端点。如图 6-9 所示,即

$$\tau_{max}=\tau_A=\tau_B=\frac{M}{\pi ab^2}$$

③当 $a=b=R$ 为圆截面时,则退化到材料力学的公式(注意:$I_P=\pi R^4/2$),即

$$GK = M/I_P, \qquad \tau_{max} = MR/I_P$$

(5)薄膜比拟法求解。

假想有一薄膜张在如图 6-9 所示的椭圆边界上,并受有气体压力,若 $a \geqslant b$,则显然可见,薄膜的最大斜率将发生在 $A$ 点与 $B$ 点,而方向垂直于边界。根据薄膜比拟,扭杆横截面上最大的剪应力也将发生在 $A$ 点与 $B$ 点,而方向平行于边界。将 $A$ 点与 $B$ 点的坐标$(0, \pm b)$代入上述合剪应力公式,得出这个最大剪应力

$$\tau_{max} = \tau_A = \tau_B = \frac{M}{\pi ab^2}$$

当 $a = b$ 时(圆截面杆),应力的解答与材料力学中完全相同。

(6)形变和位移求解。

将式(6-62)的单位扭角 $K$ 代入式(6-52)得

$$u = -\frac{(a^2+b^2)M}{\pi a^3 b^3 G}yz, \qquad v = \frac{(a^2+b^2)M}{\pi a^3 b^3 G}xz \tag{6-65}$$

再将式(6-63)及式(6-65)代入式(6-53),得

$$\frac{\partial w}{\partial x} = -\frac{(a^2-b^2)M}{\pi a^3 b^3 G}y, \qquad \frac{\partial w}{\partial y} = -\frac{(a^2-b^2)M}{\pi a^3 b^3 G}x$$

注意 $w$ 只是 $x$ 和 $y$ 的函数,对上列二式进行积分,得

$$w = -\frac{(a^2-b^2)M}{\pi a^3 b^3 G}xy + f_1(y), \qquad w = -\frac{(a^2-b^2)M}{\pi a^3 b^3 G}xy + f_2(x)$$

由此可见,$f_1(y)$和$f_1(x)$应等于同一常量 $w_0$,而 $w_0$ 就是 $z$ 方向的刚体平移。不计这个刚体平移,由上式得

$$w = -\frac{(a^2-b^2)M}{\pi a^3 b^3 G}xy \tag{6-66}$$

上式也表明,扭杆的横截面并不保持为平面,而将翘成曲面。曲面的等高线在 $xy$ 面上的投影是双曲线,而这些双曲线的渐近线是 $x$ 轴和 $y$ 轴。只是 $a = b$ 时(圆截面杆),才有 $w = 0$,横截面才保持为平面。

**[例 6-5]** 如图 6-10 所示,扭杆的横截面为等边三角形 $OAB$,其高为 $a$,$AB$、$OA$、$OB$ 三个边的方程分别为 $x - a = 0$、$x - \sqrt{3}y = 0$、$x + \sqrt{3}y = 0$。求单位长度的扭角及剪应力。

**解:**(1)应力函数 $\phi(x,y)$的选择。

设应力函数

$$\phi(x,y) = B(x-a)(x^2-3y^2) \tag{6-67}$$

其中,$B$ 是一个常数。

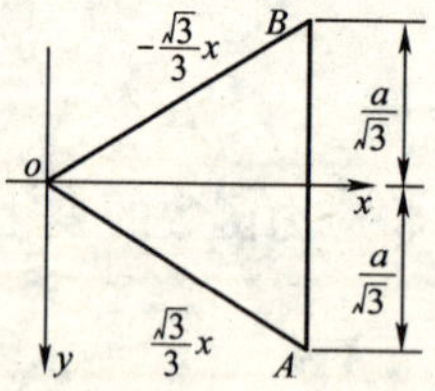

图 6-10 [例 6-5]图

因 $\phi$ 在边界上满足$(\phi)_s = 0$,将式(6-67)代入微分方程(6-54),有 $2Ba = -GK$,由此解得 $B = -\frac{1}{2a}GK$,再将其代入式(6-67),得

$$\phi(x,y) = -\frac{1}{2a}(x-a)(x^2-3y^2)GK \tag{6-68}$$

(2)确定单位长度的扭角 $K$ 及应力函数。

$$M = 2\iint_A \phi \mathrm{d}x\mathrm{d}y = -\frac{GK}{a}\iint_A (x^3 - ax^2 - 3xy^2 + 3ay^2)\mathrm{d}x\mathrm{d}y$$
$$= -\frac{GK}{a}\left(\iint_A x^3\mathrm{d}x\mathrm{d}y - 3\iint_A y^2 x\mathrm{d}x\mathrm{d}y - aI_y + 3aI_x\right)$$

其中，$I_y=\iint_A x^2\mathrm{d}x\mathrm{d}y=\frac{\sqrt{3}}{6}a^4$，　　$I_x=\iint_A x^2\mathrm{d}x\mathrm{d}y=\frac{\sqrt{3}}{54}a^4$，　　$\iint_A \mathrm{d}x\mathrm{d}y=A=\pi ab$，

$$\iint_A x^3\mathrm{d}x\mathrm{d}y=\int_0^a x^3\mathrm{d}x\int_{-\sqrt{3}/3}^{\sqrt{3}/3}\mathrm{d}y=\frac{2\sqrt{3}}{12}a^4,\quad \iint_A xy^2\mathrm{d}x\mathrm{d}y=\int_0^a x\mathrm{d}x\int_{-\sqrt{3}/3}^{\sqrt{3}/3}y^2\mathrm{d}y=\frac{2\sqrt{3}}{135}a^4。$$

将以上积分结果代入前式，解得

$$GK=\frac{15\sqrt{3}}{a^4}M \tag{6-69}$$

同时，可得应力函数为：

$$\phi(x,y)=-\frac{15\sqrt{3}}{2a^5}M(x^3-ax^2-3xy^2+3ay^2) \tag{6-70}$$

(3)剪应力分量。

$$\tau_{zx}=\frac{\partial\phi}{\partial y}=\frac{45\sqrt{3}}{a^5}M(x-a)y,\qquad \tau_{yz}=-\frac{\partial\phi}{\partial x}=-\frac{15\sqrt{3}}{2a^5}M(3x^2-2ax-6xy) \tag{6-71}$$

**[例 6-6]** 分析矩形截面杆的扭转，矩形的边长为 $a$ 及 $b$，如图 6-11 所示。

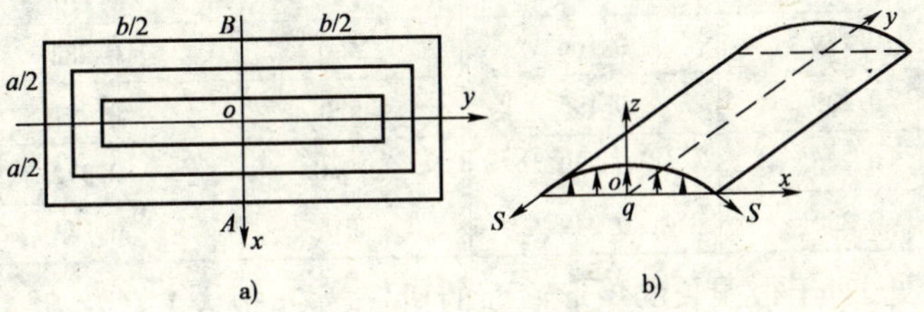


图 6-11 ［例 6-6］图

**解：**(1)应力函数 $\phi(x,y)$ 的选择。

假设扭杆横截面是狭长矩形截面，即 $b\geqslant a$。把薄膜张在矩形边框上，薄膜受到压力后则鼓胀成与长边 $b$ 平行的、近似柱面。可以推断，薄膜的各等高线也平行于长边，应力函数在绝大部分横截面上几乎与 $y$ 无关，因为对应的薄膜几乎不受短边约束的影响。于是可以近似地取 $\frac{\partial\phi}{\partial y}=0$，而式(6-53)成为 $\frac{\mathrm{d}^2\phi}{\mathrm{d}x^2}=-2GK$，对其进行积分，并注意边界条件 $(\phi)_{x=\pm a/2}=0$，即得

$$\phi=-GK\left(x^2-\frac{a^2}{4}\right) \tag{6-72}$$

(2)单位长度扭角。

为了求出常数 $GK$，将式(6-72)代入式(6-54)，即得

$$-2GK\int_{-\frac{a}{2}}^{\frac{a}{2}}\int_{-\frac{b}{2}}^{\frac{b}{2}}\left(x^2-\frac{a^2}{4}\right)\mathrm{d}x\mathrm{d}y=M$$

积分以后，得单位长度扭角

$$GK=\frac{3M}{a^3b}\quad\Rightarrow\quad K=\frac{3M}{a^3bG} \tag{6-73}$$

于是由式(6-72)得确定的应力函数

$$\phi=\frac{3M}{ab^3}\left(\frac{b^3}{4}-x^2\right) \tag{6-74}$$

(3)应力分量。

将式(6-74)代入式(6-43)，得应力分量

$$\tau_{zy} = -\frac{\partial \phi}{\partial x} = \frac{6M}{a^3 b}x, \qquad \tau_{zx} = \frac{\partial \phi}{\partial y} = 0 \tag{6-75}$$

可见，最大剪应力发生在矩形截面的长边上，如 $B$ 点$\left(x = -\frac{a}{2}\right)$，其大小为：

$$\tau_{max} = (\tau_{zy})_{x=-a/2} = \frac{3M}{a^2 b} \tag{6-76}$$

(4)结果讨论。

①对于任意矩形杆(横截面的边长比 $b/a$ 为任意数值)，通过进一步的分析，式(6-76)及式(6-73)需修正成为：

$$\tau_{max} = \frac{3M}{a^2 b\beta}, \qquad K = \frac{3M}{a^3 bG\beta_1} \tag{6-77}$$

其中的因子 $\beta$ 及 $\beta_1$ 只与比值 $b/a$ 有关，数值如表 6-2 所示。

**因子 $\beta$、$\beta_1$ 及 $b/a$ 的数值表**

表 6-2

| $b/a$ | $\beta$ | $\beta_1$ | $b/a$ | $\beta$ | $\beta_1$ |
|---|---|---|---|---|---|
| 1.0 | 0.208 | 0.141 | 3.0 | 0.267 | 0.263 |
| 1.2 | 0.219 | 0.166 | 4.0 | 0.282 | 0.281 |
| 1.5 | 0.230 | 0.196 | 5.0 | 0.291 | 0.291 |
| 2.0 | 0.246 | 0.229 | 10.0 | 0.312 | 0.312 |
| 2.5 | 0.258 | 0.249 | 很大 | 0.333 | 0.333 |

由表中数据可见，对于很狭长的矩形截面的扭杆($b/a$ 很大)，$\beta$ 及 $\beta_1$ 趋于 1/3，式(6-77)中的两式分别简化为式(6-76)及式(6-73)。

②很多薄壁杆的横截面是由等宽度的狭矩形组成的。这些狭矩形可能是直的或者是弯的，如图 6-12 所示。从薄膜可以想像，如果一个直的狭矩形和一个弯的狭矩形具有相同的长度 $b$ 和宽度 $a$，则当这两个狭矩形上的薄膜具有相同的张力 $S$ 并受相同的压力 $q$ 时(这时它们的 $q/S$ 相同)，两个薄膜的体积 $V$ 和斜率 $i$ 将没有多大的差别。由此可知，如果有两个狭矩形截面的扭杆，它们的扭角 $K$ 相同，切变模量 $G$ 也相同(因而它们的 $2GK$ 相同)，则两个扭杆的扭矩 $M$ 及剪应力 $T$ 也就没有多大的差别。因此，一个弯的狭矩形截面可以用一个同宽度、同长度的直的狭矩形截面来代替，而不致引起太大的误差。

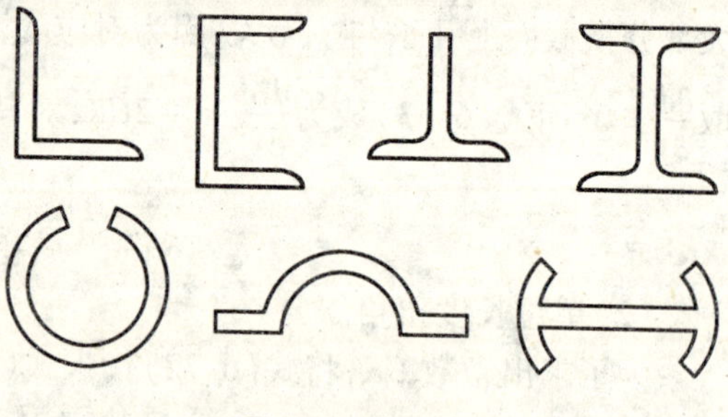

图 6-12　狭矩形

用 $b_i$ 及 $a_i$ 分别代表扭杆横截面的第 $i$ 个狭矩形的长度及宽度，$M_i$ 代表该矩形上承受的扭矩(是整个横截面上扭矩 $M$ 的一部分)，$\tau_i$ 代表该矩形长边中点附近的剪应力，$K$ 代表该扭杆的扭角(组成横截面各部分狭矩形，具有相同的扭角 $K$)。根据式(6-76)及式(6-73)，有

$$\tau_i = \frac{3M}{a_i^2 b}, \qquad K = \frac{3M}{a_i^3 bG} \tag{6-78}$$

由式(6-78)的第二式，得

$$M_i = \frac{GKa_i^3 b}{3} \tag{6-79}$$

所以扭杆的整个截面上的扭矩

$$M=\sum M_i=\frac{GK}{3}\sum a_i^3 b \tag{6-80}$$

由式(6-79)及式(6-80)消去$K$,得

$$M_i=\frac{a_i^3 b}{\sum a_i^3 b}M$$

代回式(6-78),得

$$\tau_i=\frac{3Ma_i}{\sum a_i^3 b},\qquad K=\frac{3M}{G\sum a_i^3 b} \tag{6-81}$$

这些公式是近似的,因为我们应用了狭矩形的近似公式,而且没有考虑圆角的影响和两个矩形连接处的局部影响。但是,在一般工程上其精度能满足要求。

## 思考题与习题

6-1　在直角坐标系中,试从平面问题的基本方程和边界条件推广得出空间问题的基本方程和边界条件,并说明理由。

6-2　试从平面轴对称问题的基本方程,推广得出空间轴对称问题的基本方程和边界条件,并说明理由。

6-3　导出空间柱坐标系中非轴对称问题的平衡微分方程。

6-4　设有任意形状的等截面杆,密度为$\rho$,上端悬挂,下端自由,如图6-13所示。试考察应力分量$\sigma_x=0$、$\sigma_y=0$、$\sigma_z=\rho gz$、$\tau_{xy}=0$、$\tau_{xz}=0$、$\tau_{yz}=0$是否能满足一切条件。

**提示:**应校核按应力求解空间问题的条件。

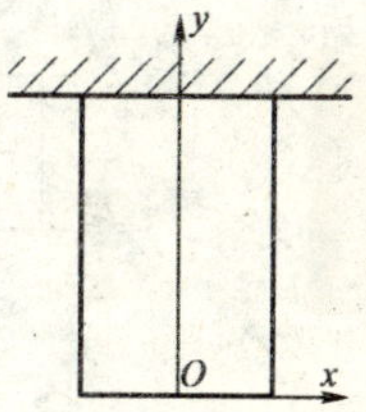

图6-13　习题6-4图

6-5　设有任意形状的空间弹性体,在全部边界上(包括在空洞边界上)受有均布压力$q$,试证应力分量$\sigma_x=\sigma_y=\sigma_z=-q$、$\tau_{xy}=\tau_{xz}=\tau_{yz}=0$能满足一切条件,因而就是正确的解答。

**提示:**应校核按应力求解空间问题的条件,其中需考虑一般的应力边界条件[式(6-4)]。对于多连体还应考虑位移单值条件。

6-6　试由[例6-1]中的侧压力系数$\frac{\sigma_x}{\sigma_z}=\frac{\sigma_y}{\sigma_z}=\frac{\mu}{1-\mu}$,分析当$\mu$接近于0或1/2时,此弹性体分别接近于什么样的物体?

6-7　当体力不计时,试证体应变为调和函数,位移分量和应力分量为重调和函数,即它们满足

$$\nabla^2\theta=0,\nabla^4(u、v、w)=0,\nabla^4(\sigma_x、\sigma_y、\sigma_z、\tau_{xy}、\tau_{xz}、\tau_{yz})=0$$

**提示:**应用式(6-7)和式(6-12)。

6-8　半空间体在边界平面上的一个

(1)圆面积上,受有均布压力$q$。设圆面积的半径为$r$,试求圆心下方距边界为$h$处的位移。

(2)矩形面积上,受有均布压力$q$。设矩形面积的边长为$a$,试求矩形中心及四角处的沉陷。

**答案:**(1)考虑微分集中力$dF=2\pi q\rho d\rho$作用下的位移并进行积分。其答案为:

$$\frac{(1+\mu)q}{E}\left[\frac{2(1-\mu)a^2+(1-2\mu)h^2}{\sqrt{a^2+h^2}}-(1-2\mu)h\right]。$$

(2) $\frac{2(1-\mu^2)q}{\pi E}\left(b\mathrm{arcsinh}\,\frac{a}{b}+a\mathrm{arcsinh}\,\frac{b}{a}\right),\frac{(1-\mu^2)q}{\pi E}\left(b\mathrm{arcsinh}\,\frac{a}{b}+a\mathrm{arcsinh}\,\frac{b}{a}\right)$。

6-9 如图 6-14 所示，杆件截面形状为狭长状，试解决如下的问题。

(1)如图 6-14a)所示，由两条抛物线围成的对称截面杆，在 $y$ 处 $a=a_0\left(1-\frac{y^2}{b^2}\right)$，取扭应力函数为 $\phi(x,y)=G\theta\left(\frac{a^2}{4}-x^2\right)$，试求单位长度的扭转角 $\theta$ 及剪应力分量。

(2)如图 6-14b)所示椭圆截面扭杆，可认为薄膜形成抛物柱面，试证明此时可以近似地取扭转应力函数 $\phi(x,y)=-G\theta b^2\left(\frac{x^2}{a^2}+\frac{y^2}{b^2}-1\right)$，据此求扭矩 $M$ 的表达式及最大剪应力。

**答案**:(1) $\theta=\frac{105}{32}\frac{M}{Ga_0^3b}$, $\tau_{zx}=\frac{\partial\phi}{\partial y}=\frac{G\theta a_0^2}{b^2}\left(\frac{y^2}{b^2}-1\right)$, $\tau_{zy}=-\frac{\partial\phi}{\partial x}=2G\theta x$;

(2) $(\tau_{zx})_{y=b}=\tau_{\max}=-\frac{M}{\pi ab^2}$。

6-10 对于某些狭长形状截面杆受扭时，可以近似地取矩形截面杆件的扭转应力函数作为应力函数，如图 6-15 所示狭长等腰三角形截面杆件，可取 $\phi(x,y)=G\theta(a^2-x^2)$ 作为应力函数，试求该杆的单位扭转角和剪应力分量。

**答案**:$\theta=\frac{3}{2}\frac{3M}{2Ga_0^3b}$, $\tau_{zx}=2G\theta\frac{a_0^2}{b^2}y$, $\tau_{zy}=-\frac{\partial\phi}{\partial x}=2G\theta x$。

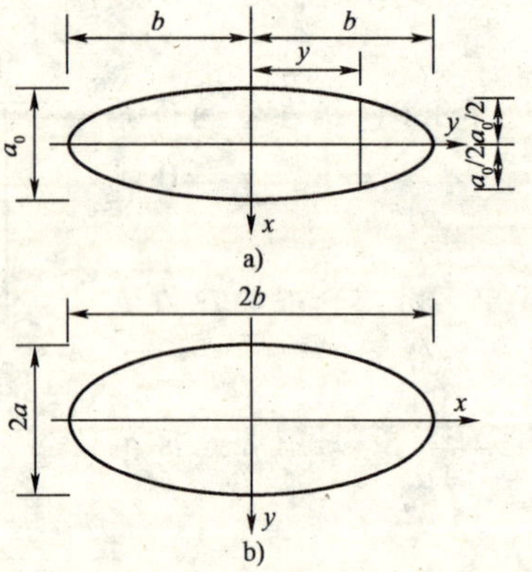


图 6-14 习题 6-9 图

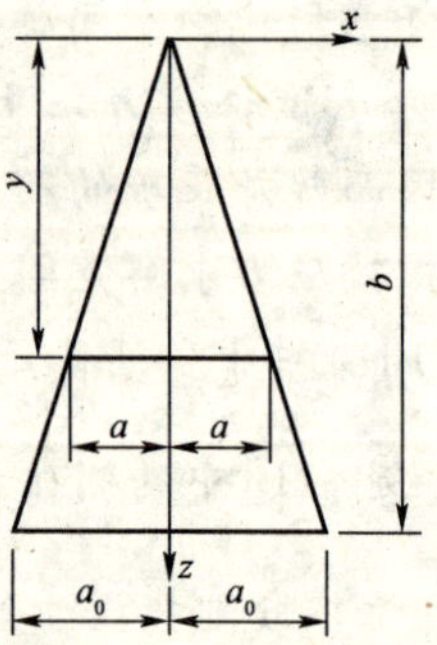


图 6-15 习题 6-10 图

6-11 设有一边长为 $a$ 的正方形截面杆，与一面积相同的圆截面杆受有相同的扭矩 $M$，试比较两者的最大剪应力和单位长度的扭角。

**答案**:正方形截面和等截面积的圆形截面的最大切应力之比为 1.3562，单位长度的扭角之比为 1.1288。

# 第 7 章　能量法及其变分原理



## §7-1　弹性体的形变势能和外力势能

弹性力学问题的求解实质是求解偏微分方程的边值问题，即在给定的边界上，求得微分方程的精确解在数学上往往是较困难的、或是不可能的。而基于能量原理的变分法及以其为基础的有限单元法，提供了足够精确的近似解，使得弹性力学方法在工程中获得广泛的应用。

### 1. 形变势能

1）形变势能密度

按照材料力学的理论，设弹性体只在某一个方向，例如 $x$ 方向受有均布的正应力 $\sigma_x$，相应的线应变为 $\varepsilon_x$，则其每单位体积中具有的形变势能（又称应变能或内力势能），即所谓**形变势能密度**为 $\sigma_x\varepsilon_x/2$。

设弹性体在受力作用的过程中始终保持平衡，因而没有动能的改变，而且弹性体的非机械能也没有变化，所以，应力所做的功完全转换为物体的形变势能，存储于体积内。另外，应力分量 $\sigma_x$ 及其相应的形变分量 $\varepsilon_x$，都是从 0 增长到最终值，且两者之间呈线性关系，如图 7-1 所示。由于应力不是恒力，它所做的功是 $\int_0^{\varepsilon_x}\sigma_x \mathrm{d}\varepsilon_x = \sigma_x\varepsilon_x/2$。同样，弹性体在某两个互相垂直方向，例如 $x$ 和 $y$ 方向，受有均匀的切应力 $\tau_{xy}$，相应的切应变 $\gamma_{xy}$，则其**形变势能密度**为 $\tau_{xy}\gamma_{xy}/2$。

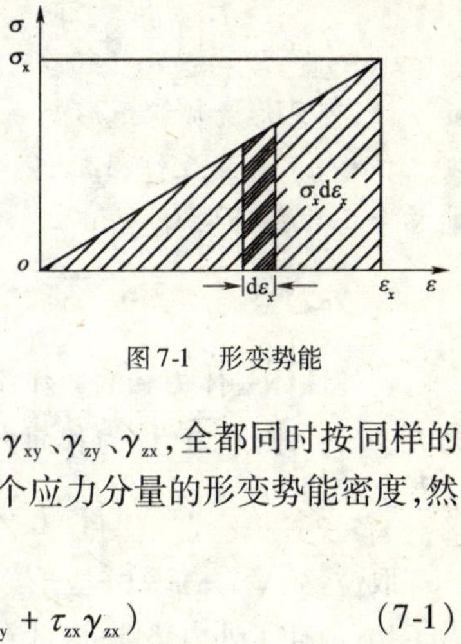

图 7-1　形变势能

根据能量守恒定律，形变势能的大小与弹性体受力的次序无关，完全确定于应力及形变的最终大小。因此，我们假定六个应力分量 $\sigma_x$、$\sigma_y$、$\sigma_z$、$\tau_{xy}$、$\tau_{zy}$、$\tau_{zx}$ 和六个形变分量 $\varepsilon_x$、$\varepsilon_y$、$\varepsilon_z$、$\gamma_{xy}$、$\gamma_{zy}$、$\gamma_{zx}$，全都同时按同样的比例增加到最后的大小，这样就可以很简单地算出相应于每一个应力分量的形变势能密度，然后把它们相叠加，得出弹性体的**总体形变势能密度**。

$$U_1 = \frac{1}{2}(\sigma_x\varepsilon_x + \sigma_y\varepsilon_y + \sigma_z\varepsilon_z + \tau_{xy}\gamma_{xy} + \tau_{zy}\gamma_{zy} + \tau_{zx}\gamma_{zx}) \tag{7-1}$$

在平面问题中，$\tau_{xy} = \tau_{zy} = 0$。在平面应力问题中还有 $\sigma_z = 0$；在平面应变问题中，还有 $\varepsilon_z = 0$。因此，在两种平面问题中，弹性体的形变势能密度的表达式都简化为：

$$U_1 = \frac{1}{2}(\sigma_x\varepsilon_x + \sigma_y\varepsilon_y + \tau_{xy}\gamma_{xy}) \tag{7-2}$$

2）形变势能

（1）在一般平面问题中，弹性体各部分的受力并非均匀，各个应力分量和形变分量都是坐标 $x$、$y$ 的函数，因而形变势能密度 $U_1$ 一般也是坐标 $x$、$y$ 的函数。为了得出整个弹性体的形变势能 $U$，必须将形变势能密度 $U_1$ 在整个弹性体内积分。这样得到弹性体的总内力功或总形变势能为：

$$U = \iiint_V U_1 \mathrm{d}x\mathrm{d}y\mathrm{d}z = \frac{1}{2}\iiint_V (\sigma_x\varepsilon_x + \sigma_y\varepsilon_y + \sigma_z\varepsilon_z + \tau_{xy}\gamma_{xy} + \tau_{zy}\gamma_{zy} + \tau_{zx}\gamma_{zx})\mathrm{d}x\mathrm{d}y\mathrm{d}z \quad (7\text{-}3)$$

(2)对于平面问题,可在 $z$ 方向取一个单位长度。这样就得到

$$U = \iint_A U_1 \mathrm{d}x\mathrm{d}y = \frac{1}{2}\iint_A (\sigma_x\varepsilon_x + \sigma_y\varepsilon_y + \tau_{xy}\gamma_{xy})\mathrm{d}x\mathrm{d}y \quad (7\text{-}4)$$

(3)形变势能可以用形变分量来表示,将物理方程式(3-20)代入式(7-1),得

$$U_1 = \frac{E}{2(1+\mu)}\left[\frac{\mu}{1-2\mu}(\varepsilon_x + \varepsilon_z + \varepsilon_y)^2 + (\varepsilon_x^2 + \varepsilon_x^2 + \varepsilon_z^2) + \frac{1}{2}(\gamma_{xy}^2 + \gamma_{xz}^2 + \gamma_{yz}^2)\right] \quad (7\text{-}5)$$

将式(7-5)分别对 $\varepsilon_x$、$\varepsilon_y$、$\varepsilon_z$、$\gamma_{xy}$、$\gamma_{zy}$、$\gamma_{zx}$求导,再参考物理方程(3-20),可见有

$$\frac{\partial U_1}{\partial \varepsilon_x} = \sigma_x,\quad \frac{\partial U_1}{\partial \varepsilon_y} = \sigma_y,\quad \frac{\partial U_1}{\partial \varepsilon_z} = \sigma_z,\quad \frac{\partial U_1}{\partial \gamma_{xy}} = \tau_{xy},\quad \frac{\partial U_1}{\partial \gamma_{zx}} = \gamma_{zx},\quad \frac{\partial U_1}{\partial \gamma_{yz}} = \tau_{yz} \quad (7\text{-}6)$$

这表明弹性体每单位体积中的形变势能对于任意形变分量的**改变率**等于相应的应力分量。

(4)形变势能还可以用位移分量的二次方来表示,即将几何方程代入式(7-5),即得

$$\begin{aligned} U_1 = \frac{E}{2(1+\mu)}\Bigg\{&\frac{\mu}{1-2\mu}\left(\frac{\partial u}{\partial x} + \frac{\partial v}{\partial y} + \frac{\partial w}{\partial z}\right)^2 + \left[\left(\frac{\partial u}{\partial x}\right)^2 + \left(\frac{\partial v}{\partial y}\right)^2 + \left(\frac{\partial w}{\partial z}\right)^2\right] \\ &+ \frac{1}{2}\left[\left(\frac{\partial u}{\partial y} + \frac{\partial v}{\partial x}\right)^2 + \left(\frac{\partial u}{\partial z} + \frac{\partial w}{\partial x}\right)^2 + \left(\frac{\partial w}{\partial y} + \frac{\partial v}{\partial z}\right)^2\right]\Bigg\} \end{aligned} \quad (7\text{-}7)$$

并由式(7-3)得弹性体的总形变势能为:

$$\begin{aligned} U = \frac{E}{2(1+\mu)}\iiint_V\Bigg\{&\frac{\mu}{1-2\mu}\left(\frac{\partial u}{\partial x} + \frac{\partial v}{\partial y} + \frac{\partial w}{\partial z}\right)^2 + \left[\left(\frac{\partial u}{\partial x}\right)^2 + \left(\frac{\partial v}{\partial y}\right)^2 + \left(\frac{\partial w}{\partial z}\right)^2\right] \\ &\frac{1}{2}\left[\left(\frac{\partial u}{\partial y} + \frac{\partial v}{\partial x}\right)^2 + \left(\frac{\partial u}{\partial z} + \frac{\partial w}{\partial x}\right)^2 + \left(\frac{\partial w}{\partial y} + \frac{\partial v}{\partial z}\right)^2\right]\Bigg\}\mathrm{d}x\mathrm{d}y\mathrm{d}z \end{aligned} \quad (7\text{-}8)$$

注:可见形变势能是形变分量和位移分量的二次泛函,故不适用叠加原理。设弹性体中先发生位移 $u_1$,再发生位移 $u_2$,则 $U(u_1+u_1) \neq U(u_1) + U(u_1)$。当形变和位移发生时,形变势能总是正的,即 $U \geqslant 0$。

### 2. 外力势能

若弹性体受体力和面力作用,在体积 $V$ 内的体力分量为 $f_x$、$f_y$、$f_z$,在 $s_\sigma$ 边界上的面力分量为 $\bar{f}_x$、$\bar{f}_y$、$\bar{f}_z$,则外力(体力和面力)在实际位移上所做的功称为**外力功**,为:

$$W = \iiint_V (f_x u + f_y v + f_z w)\mathrm{d}x\mathrm{d}y\mathrm{d}z + \iint_{s_\sigma} (\bar{f}_x u + \bar{f}_y v + \bar{f}_z w)\mathrm{d}s \quad (7\text{-}9)$$

取位移 $u = v = w = 0$(或形变分量均为零)的自然状态下外力的功和势能为零。由于外力做了功,消耗了外力势能,因此,在发生实际位移时,弹性体的外力势能 $V$ 是:

$$V = -W = -\left[\iiint_V (f_x u + f_y v + f_z w)\mathrm{d}x\mathrm{d}y\mathrm{d}z + \iint_{s_\sigma} (\bar{f}_x u + \bar{f}_y v + \bar{f}_z w)\mathrm{d}s\right] \quad (7\text{-}10)$$

## §7-2 极小势能原理及位移变分法

### 1. 位移变分方程

1)外力虚功

设弹性体在一定外力作用下处于平衡状态。令 $u$、$v$、$w$ 为弹性体中实际存在的位移分量,

它们满足用位移分量表示的平衡微分方程，并满足位移边界条件以及用位移分量表示的应力边界条件。假想这些位移分量发生了位移边界条件所容许的微小的改变，即所谓的**虚位移**或位移变分 $\delta u$、$\delta v$、$\delta w$，如图 7-2 所示，这时，弹性体从实际状态进入邻近的**虚位移状态**。弹性体上的外力在虚位移上所做的功称为**外力虚功**。即

$$\delta W = \iiint_V (f_x \delta u + f_y \delta v + f_z \delta w)\delta V + \iint_{s_\sigma} (\bar{f}_x \delta u + \bar{f}_y \delta v + \bar{f}_z \delta w)\delta s \tag{7-11}$$

其中的三重积分包括弹性体的全部面积 $V$，二重积分需包括全部受面力的边界 $s_\sigma$。注意，在虚位移发生前，体力和面力已经存在，由于虚位移是微小的，故在计算虚位移过程中，外力的大小和方向可以认为保持不变。因此，在上式中体力和面力是作为**恒力**计算的。

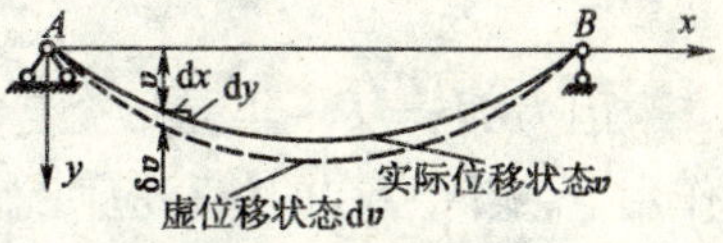

图 7-2　虚位移

2）内力虚功

在发生约束所允许的任意微小虚位移时，弹性体同时也产生了对应的形变（虚应变）$\delta\varepsilon_x$、$\delta\varepsilon_y$、$\delta\varepsilon_z$、$\delta\gamma_{xy}$、$\delta\gamma_{zy}$、$\delta\gamma_{zx}$，弹性体的内力在形变（虚应变）上所做的功称为**内力虚功**，也称为**虚应变能或形变势能的改变**。即

$$\delta U = \iiint_V (\sigma_x \delta\varepsilon_x + \sigma_y \delta\varepsilon_y + \sigma_z \delta\varepsilon_z + \tau_{xy}\delta\gamma_{xy} + \tau_{zy}\delta\gamma_{zy} + \tau_{zx}\delta\gamma_{zx})\,\mathrm{d}x\mathrm{d}y\mathrm{d}z \tag{7-12}$$

式中的应力分量在虚位移发生之前已经存在，是作为常量计算的，故算式中没有系数 1/2。

3）位移变分方程

假定弹性体在虚位移过程中并没有温度和速度的改变，即没有热能或动能的改变。按照能量守恒定理，形变势能的增加应等于外力势能的减少，或等于外力所做的功（外力虚功）。于是得

$$\delta U = \delta W$$

将式(7-11)代入，得

$$\delta U = \iiint_V (f_x \delta u + f_y \delta v + f_z \delta w)\delta V + \iint_{s_\sigma} (\bar{f}_x \delta u + \bar{f}_y \delta v + \bar{f}_z \delta w)\,\mathrm{d}s \tag{7-13}$$

这就是**位移变分方程**，它表示：在实际平衡状态发生虚位移或位移变分时，所引起的形变势能的变分等于外力功的变分（即外力虚功等于内力虚功）。

## 2. 极小势能原理及虚功原理

1）极小势能原理

从位移变分方程出发，可以导出弹性力学中的极小势能原理。将式(7-13)写成

$$\delta U - \left[\iiint_V (f_x \delta u + f_y \delta v + f_z \delta w)\,\mathrm{d}x\mathrm{d}y\mathrm{d}z + \iint_A (\bar{f}_x \delta u + \bar{f}_y \delta v + \bar{f}_z \delta w)\,\mathrm{d}s\right] = 0 \tag{7-14}$$

上式第二项中外力是恒力，可以将它的变分号 $\delta$ 提到积分号前面，因此，第二项就是外力势能[式(7-10)]的变分，即

$$\delta V = -\delta\left[\iiint_V (f_x u + f_y v + f_z w)\,\mathrm{d}x\mathrm{d}y\mathrm{d}z + \iint_A (\bar{f}_x u + \bar{f}_y v + \bar{f}_z w)\,\mathrm{d}s\right]$$

而第一项又是形变势能 $U$ 的变分。证明如下：

$$\delta[U] = \delta\iiint_V U_1\,\mathrm{d}x\mathrm{d}y\mathrm{d}z = \iiint_V \Big(\frac{\partial U_1}{\partial \varepsilon_x}\delta\varepsilon_x + \frac{\partial U_1}{\partial \varepsilon_y}\delta\varepsilon_y + \frac{\partial U_1}{\partial \varepsilon_z}\delta\varepsilon_z +$$

$$\frac{\partial U_1}{\partial \gamma_{xy}}\delta\gamma_{xy}+\frac{\partial U_1}{\partial \gamma_{xz}}\delta\gamma_{xz}+\frac{\partial U_1}{\partial \gamma_{yz}}\delta\gamma_{yz}\Big)\mathrm{d}x\mathrm{d}y\mathrm{d}z$$

或写为

$$\delta[U]=\iiint_V(\sigma_x\delta\varepsilon_x+\sigma_y\delta\varepsilon_y+\sigma_z\delta\varepsilon_z+\tau_{xy}\delta\gamma_{xy}+\tau_{zy}\delta\gamma_{zy}+\tau_{zx}\delta\gamma_{zx})\mathrm{d}x\mathrm{d}y\mathrm{d}z$$

因此(7-14)式可以写成为:

$$\delta\Pi=\delta[U+V]=0 \tag{7-15}$$

因为 $\Pi=U+V$ 是形变势能与外力势能的总和,即**弹性体的总势能**,可见,在给定的外力作用下,实际存在的位移应使总势能的变分为零,这就推出这样一个原理:**在给定的外力作用下,在满足位移边界条件的所有各组虚位移状态中,实际存在的一组虚位移应使总势能成为极值。如果考虑二阶变分总是大于或等于零,即 $\delta^2[U+V]\geqslant 0$,可以证明,对于稳定平衡状态,这个极值是极小值,该原理称为极小势能原理**,也称为几何许可的或运动学上许可的变分原理。

2)虚功原理

应用位移变分方程,还可以导出另一个重要方程,即弹性力学的虚功方程。为此,将 $\delta U$ 用式(7-12)表示,再代入位移变分方程(7-13),可得到

$$\iiint_V(\sigma_x\delta\varepsilon_x+\sigma_y\delta\varepsilon_y+\sigma_z\delta\varepsilon_z+\tau_{xy}\delta\gamma_{xy}+\tau_{zy}\delta\gamma_{zy}+\tau_{zx}\delta\gamma_{zx})\mathrm{d}x\mathrm{d}y\mathrm{d}z=$$

$$\delta\Big[\iiint_V(f_xu+f_yv+f_zw)\mathrm{d}x\mathrm{d}y\mathrm{d}z+\iint_A(\bar{f}_xu+\bar{f}_yv+\bar{f}_zw)\mathrm{d}s\Big] \tag{7-16}$$

这就是虚功方程。它表明**如果在虚位移发生之前,弹性体处于平衡的状态,那么,在虚位移的过程中,外力在虚位移上所做的外力虚功就等于内力在虚形变上所做的内力虚功。**

注:位移变分方程、极小势能原理的表达式以及虚功方程这三者本质是一样的。它们都是弹性体从实际平衡状态发生虚位移时,能量守恒定理的具体应用,只是表达方式有所不同。

最小势能原理说明,实际存在的位移场中,除了预先满足位移边界条件,还必然满足位移变分方程(或极小势能原理,或虚位移方程)。可以证明**极小势能原理或虚位移方程衡等价于平衡微分方程和应力边界条件,或者说,可以代替平衡微分方程和应力边界条件。**

## §7-3 位移变分法

极小势能原理和虚位移原理均属于位移变分原理,它给求解弹性力学问题提供了以位移作为基本未知量的一种近似解法。其基本思路是:**首先,设定一组满足位移边界条件的、含有待定系数的位移分量的表达式;然后,使其满足位移变分方程(用来代替平衡微分方程和应力边界条件),并从线性方程组中求出待定的系数,就能得出实际位移的表达式。**

首先,选取位移分量的表达式为:

$$u=u_o+\sum_m A_m u_m(x,y,z),\quad v=v_o+\sum_m B_m v_m(x,y,z),\quad w=w_o+\sum_m C_m w_m(x,y,z) \tag{7-17}$$

其中,$A_m$、$B_m$、$C_m$ 为互相独立的 $3m$ 个任意反映位移状态的变化系数。即位移变分是由系数 $A_m$、$B_m$、$C_m$ 的变分来实现的。$u_0$、$v_0$、$w_0$ 和 $u_m$、$v_m$、$w_m$ 均为设定的坐标函数,并在位移边界 $s_u$ 上满足:

(1) $u_0$、$v_0$、$w_0$ 分别等于给定的约束位移值 $\bar{u}$、$\bar{v}$、$\bar{w}$。

(2) $u_m$、$v_m$、$w_m$ 分别等于零。

这样，位移分量 $u$、$v$、$w$ 预先满足了位移边界条件。按式(7-17)得位移分量的变分：

$$\delta u=\sum_m A_m\delta u_m,\delta v=\sum_m B_m\delta v_m,\delta w=\sum_m C_m\delta w_m \tag{7-18}$$

而形变势能的变分是：

$$\delta U=\sum_m\left(\frac{\partial U}{\partial A_m}\delta A_m+\frac{\partial U}{\partial B_m}\delta B_m+\frac{\partial U}{\partial C_m}\delta C_m\right) \tag{7-19}$$

将式(7-19)及式(7-18)代入位移变分方程(7-13)，并将每个系数的变分归并整理后，得

$$\sum_m\left[\frac{\partial U}{\partial A_m}-\iiint_V f_x u_m\mathrm{d}x\mathrm{d}y\mathrm{d}z-\iint_{s_\sigma}\bar{f}_x u_m\mathrm{d}s\right]\delta A_m+\sum_m\left[\frac{\partial U}{\partial B_m}-\iiint_V f_y v_m\mathrm{d}x\mathrm{d}y\mathrm{d}z-\iint_{s_\sigma}\bar{f}_y v_m\mathrm{d}s\right]\delta B_m+$$

$$\sum_m\left[\frac{\partial U}{\partial C_m}-\iiint_V f_z w_m\mathrm{d}x\mathrm{d}y\mathrm{d}z-\iint_{s_\sigma}\bar{f}_z w_m\mathrm{d}s\right]\delta C_m=0$$

因为变分 $\delta A_m$、$\delta B_m$、$\delta C_m$ 是完全任意的，而且是互不依赖的，所以在上式中它们的系数必须等于零。于是求出 $\delta$ 的位移变分方程：

$$\left.\begin{aligned}\frac{\partial U}{\partial A_m}&=\iiint_V f_x u_m\mathrm{d}x\mathrm{d}y\mathrm{d}z+\iint_{s_\sigma}\bar{f}_x u_m\mathrm{d}s\\ \frac{\partial U}{\partial B_m}&=\iiint_V f_y v_m\mathrm{d}x\mathrm{d}y\mathrm{d}z+\iint_{s_\sigma}\bar{f}_y v_m\mathrm{d}s\\ \frac{\partial U}{\partial C_m}&=\iiint_V f_z w_m\mathrm{d}x\mathrm{d}y\mathrm{d}z+\iint_{s_\sigma}\bar{f}_z w_m\mathrm{d}s\end{aligned}\right\} \tag{7-20}$$

由形变势能的表达式(7-8)及位移分量表达式(7-17)可见，形变势能 $U$ 是系数 $A_m$、$B_m$、$C_m$ 的二次函数，因而方程(7-20)将是各系数的一次方程。方程数目为 $3n$ 个，与未知量数目相等，可以求得各个系数，从而由表达式(7-17)求得位移分量。这种方法称为**瑞利—里茨法**。

注：用位移变分法求得位移以后，不难通过几何方程求得形变，进而通过物理方程求得应力。但由于位移是近似的，求导更降低了精度，故求得的应力精度较差。为了提高精度，选择的位移函数必须取较多的项数。如果只是求位移，取较少的项便可以满足精度。

## §7-4　位移变分法应用举例

### 1. 二维问题

将瑞利—里茨法用于二维的平面问题(或薄板)时，式(7-17)仅保留前二式，即

$$u=u_0+\sum_m A_m u_m(x,y,z),\qquad v=v_0+\sum_m B_m v_m(x,y,z) \tag{7-21}$$

式(7-20)成为：

$$\frac{\partial U}{\partial A_m}-\iint_A f_x u_m\mathrm{d}x\mathrm{d}y-\int_{s_\sigma}u_m\bar{f}_x\mathrm{d}s=0,\qquad \frac{\partial U}{\partial B_m}-\iint_A f_y v_m\mathrm{d}x\mathrm{d}y-\int_{s_\sigma}v_m\bar{f}_y\mathrm{d}s=0 \tag{7-22}$$

1)平面应力问题形变势能

$$U=\frac{E}{2(1-\mu^2)}\iint_A\left[\left(\frac{\partial u}{\partial x}\right)^2+\left(\frac{\partial v}{\partial y}\right)^2+2\mu\frac{\partial u}{\partial x}\frac{\partial v}{\partial y}+\frac{1-\mu}{2}\left(\frac{\partial u}{\partial y}+\frac{\partial v}{\partial x}\right)^2\right]\mathrm{d}x\mathrm{d}y \tag{7-23}$$

2)平面应变问题形变势能

只需将式(7-23)中的 $E$ 换为 $E/(1-\mu^2)$、$\mu$ 换为 $\mu(1-\mu)$，即可得到平面应变问题的形变势能公式。

3)求解方法

在有了位移函数后，进而将整个平面（或薄板）的形变势能和外力所做的功都用参数 $A_m$、$B_m$ 表示出来，并得到总势能 $\Pi=\Pi(A_m,B_m)$，按极小势能原理，在稳定的平衡条件下，$\Pi=\Pi(A_m,B_m)$ 应为最小值，即

$$\partial\Pi(A_m)/\partial A_m=0 \quad , \quad \partial\Pi(B_m)/\partial B_m=0(m=1,2,\cdots,n) \tag{7-24}$$

由(7-24)得到了 $A_m$、$B_m$ 的线性代数方程组，解此方程组即可求得待定系数，也就确定了位移表达式。

**［例 7-1］** 设有宽度为 $a$、高度为 $b$ 的矩形薄板，如图 7-3 所示。在左边及下边受连杆支承，在右边及上边分别受有均布压力 $q_1$ 及 $q_2$，不计体力，试求薄板的位移。

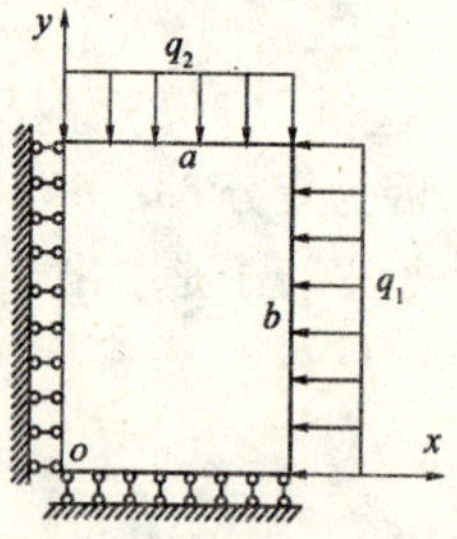

图 7-3 ［例 7-1］图

**解：**(1)取坐标轴如图 7-3 所示。按照式(7-17)的形式，把位移分量设定为：

$$\left.\begin{aligned} u&=x(A_1+A_2x+A_3y+\cdots)\\ v&=y(B_1+B_2x+B_3y+\cdots)\end{aligned}\right\} \tag{7-25}$$

不论式中各系数的值如何，都可以满足左边及下边的位移边界条件，即

$$(u)_{x=0}=0,(v)_{y=0}=0$$

在这里，因为各个边界上都没有不等于零的已知位移，所以在式(7-17)中取 $u_0=0$，$v_0=0$。

(2)若在式(7-25)中只取 $A_1$、$B_1$ 及两个待定系数，也就是取

$$u=A_1u_1=A_1x \quad , \quad v=B_1v_1=B_1y \tag{7-26}$$

于是有

$$\frac{\partial u}{\partial x}=A_1, \quad \frac{\partial u}{\partial y}=0, \quad \frac{\partial v}{\partial x}=0, \quad \frac{\partial v}{\partial y}=B_1$$

代入式(7-23)，得到

$$U=\frac{E}{2(1-\mu^2)}\int_0^a\int_0^b(A_1^2+B_1^2+2\mu A_1B_1)\mathrm{d}x\mathrm{d}y$$

进行积分以后，得到

$$U=\frac{Eab}{2(1-\mu^2)}A_1^2+B_1^2+2\mu A_1B_1 \tag{7-27}$$

(3)因为不计体力，有 $f_x=0$ 及 $f_y=0$。再注意到位移中所取项数 $m=1$，式(7-20)可简化为：

$$\frac{\partial U}{\partial A_1}=\int_{s_\sigma}\bar{f}_xu_1\mathrm{d}s, \quad \frac{\partial U}{\partial B_1}=\int_{s_\sigma}\bar{f}_yv_1\mathrm{d}s \tag{7-28}$$

计算(7-28)第一式右边的积分时，只需考虑 $s_\sigma$ 边界上 $\bar{f}_x$ 和 $u_1$ 都不等于零的部分边界。在板右边有 $f_x=-q_1$，$u_1=x=a$，$\mathrm{d}s=\mathrm{d}y$。从而有

$$\int_{s_\sigma}\bar{f}_xu_1\mathrm{d}s=\int_0^a(-q_1)a\mathrm{d}y=-q_1ab$$

在其余三个边界上，不是 $\bar{f}_x=0$，就是 $u_1=0$，因而积分值都等于零。

计算式(7-28)第二式右边的积分时，只需考虑 $s_\sigma$ 边界上 $\bar{f}_y$ 和 $v_1$ 都不等于零的部分边界。在薄板的上边有

$$f_y=-q_2 \qquad v_1=y=b \qquad \mathrm{d}s=\mathrm{d}x$$

从而有

$$\int_{s_\sigma} \bar{f}_y v_1 \mathrm{d}s = \int_0^a (-q_2) b\mathrm{d}x = -q_2 ab$$

在其余三个边界上，不是 $\bar{f}_y = 0$，就是 $v_1 = 0$，因而积分值都等于零。

于是由式(7-28)得

$$\frac{\partial U}{\partial A_1} = -q_1 ab, \qquad \frac{\partial U}{\partial B_1} = -q_2 ab \tag{7-29}$$

由式(7-27)及式(7-29)，得出决定 $A_1$、$B_1$ 的方程：

$$\frac{Eab}{2(1-\mu^2)}(A_1^2 + 2\mu B_1) = -q_1 ab, \qquad \frac{Eab}{2(1-\mu^2)}(B_1^2 + 2\mu A_1) = -q_2 ab$$

联立上两式求解 $A_1$、$B_1$，得到

$$A_1 = -\frac{q_1 - \mu \cdot q_2}{E}, \qquad B_1 = -\frac{q_2 - \mu \cdot q_1}{E} \tag{7-30}$$

从而由式(7-26)得到位移分量的解答：

$$u = -\frac{q_1 - \mu \cdot q_2}{E} x, \qquad v = -\frac{q_2 - \mu \cdot q_1}{E} y \tag{7-31}$$

如果在式(7-25)中除了 $A_1$、$B_1$ 以外再取一些其他的待定系数，例如 $A_2$、$B_2$ 等，则在进行与上相似的计算以后，可见这些系数都等于零，而 $A_1$、$B_1$ 仍然如式(7-30)所示。可见，位移分量的解答仍然如式(7-31)所示。

注：可以证明，按照几何方程及物理方程由位移分量式(7-31)求出的应力分量，可以满足平衡微分方程和应力边界条件。这就是说，式(7-31)所示的位移分量就是精确的解答。当然，这只是一个非常特殊的情况。在一般情况下，如果在设定的位移分量表达式中只取少数几个待定系数，是不可能求得精确解答的，即解答不可能精确满足平衡微分方程和应力边界条件。



**[例 7-2]** 设有宽度 $2a$，高度为 $b$ 的矩形薄板，如图 7-4 所示。它的左边、右边和下边均被固定，而上边(自由边)具有给定的位移，为：$u = 0, v = -\eta\left(1 - \frac{x^2}{a^2}\right)$，不计体力，试求薄板的位移。

**解**：取坐标如图 7-4 所示。按照式(7-17)的形式，但只需取项数 $m = 1$，把位移分量的表达式设为：

$$u = A_1\left(1 - \frac{x^2}{a^2}\right)\frac{x}{a}\frac{y}{b}\left(1 - \frac{y}{b}\right) \tag{7-32}$$

$$v = -\eta\left(1 - \frac{x^2}{a^2}\right)\frac{y}{b} + B_1\left(1 - \frac{x^2}{a^2}\right)\frac{y}{b}\left(1 - \frac{y}{b}\right) \tag{7-33}$$

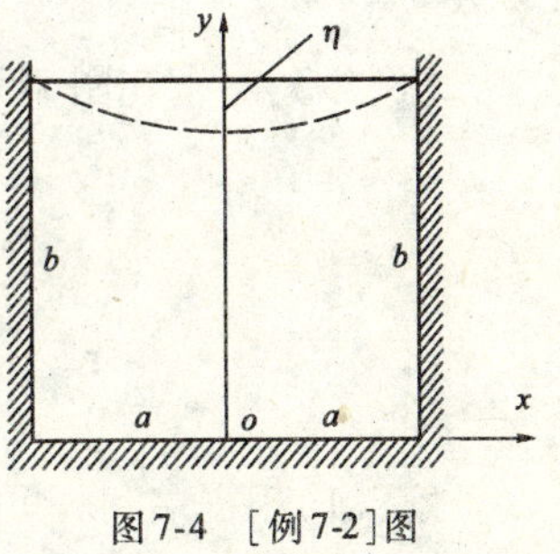

图 7-4 [例 7-2]图

可以满足全部位移边界条件，即

$$(u)_{x=\pm a} = 0, \qquad (u)_{y=0} = 0, \qquad (u)_{y=b} = 0$$

$$(v)_{x=\pm a} = 0, \qquad (v)_{y=0} = 0, \qquad (v)_{y=b} = -\eta\left(1 - \frac{x^2}{a^2}\right)$$

此外，由于 $u$ 是 $x$ 的奇函数，而 $v$ 是 $x$ 的偶函数，所以位移的对称性也是满足的。

因为不计体力，所以有 $f_x = 0$ 及 $f_y = 0$；因为没有应力边界条件，即 $s_\sigma = 0$，相应的线积分也不存在。于是式(7-20)简化为：

$$\frac{\partial U}{\partial A_1} = 0, \qquad \frac{\partial U}{\partial B_1} = 0 \tag{7-34}$$

应用式(7-8)，注意唯一的对称性，有

$$U = \frac{E}{2(1-\mu^2)}2\int_0^a\int_0^b\left[\left(\frac{\partial u}{\partial x}\right)^2 + \left(\frac{\partial v}{\partial y}\right)^2 + 2\mu\frac{\partial u}{\partial x}\frac{\partial v}{\partial y} + \frac{1-\mu}{2}\left(\frac{\partial u}{\partial x} + \frac{\partial v}{\partial y}\right)^2\right]\mathrm{d}x\mathrm{d}y \tag{7-35}$$

按照式(7-32)及式(7-33)求出位移分量的导数，代入式(7-35)，再进行积分，然后将 $U$ 的表达式代入式(7-34)，得到 $A_1$、$B_1$ 的两个线性方程，从而求得 $A_1$、$B_1$，最后由式(7-32)及式(7-33)解答为：

$$u = \frac{35(1+\mu)\eta}{42\frac{b}{a} + 20(1-\mu)\frac{a}{b}}\left(1-\frac{x^2}{a^2}\right)\frac{x}{a}\frac{y}{b}\left(1-\frac{y}{b}\right)$$

$$v = -\eta\left(1-\frac{x^2}{a^2}\right)\frac{y}{b} + \frac{50(1-\mu)\eta}{16\frac{a^2}{b^2} + 2(1-\mu)}\left(1-\frac{x^2}{a^2}\right)\frac{y}{b}\left(1-\frac{y}{b}\right)$$

### 2. 一维问题

将瑞利—里茨法用于一维问题(或杆件)时，式(7-17)仅保留第二式，即

$$v = v_0 + \sum_m B_m v_m(x,y,z)$$

式(7-20)第二式在体力为零的情况下成为：

$$\frac{\partial U}{\partial B_m} - \int \bar{f}_y v_m \mathrm{d}s = 0$$

梁形变势能为：

$$U = \frac{1}{2}EI\int\left(\frac{\partial^2 v}{\partial x^2}\right)^2\mathrm{d}x \tag{7-36}$$

在有了位移函数后，进而将整个梁的形变势能和外力所做的功都用参数 $B_m$ 表示出来，并得到总势能 $\Pi = \Pi(B_m)$，按极小势能原理，在稳定的平衡条件下，$\Pi = \Pi(B_m)$ 应为最小值，即

$$\partial\Pi(B_m)/\partial B_m = 0 \qquad (m = 1,2,\cdots,n) \tag{7-37}$$

由(7-37)得到了 $B_m$ 的线性代数方程组，解此方程组即可求得待定系数，也就确定了位移表达式。

**[例 7-3]** 求在图 7-5 所示均布荷载作用下等截面简支梁的挠度，不计体力。

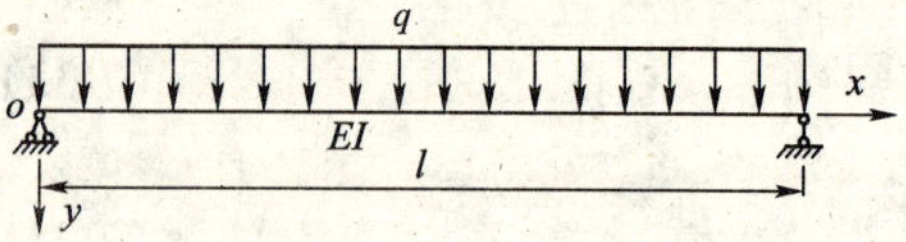


图 7-5 [例 7-3]图

**解**：(1)根据瑞利—里茨法的特点，取位移函数为满足边界条件的三角函数级数：

$$v = \sum_{m=1}^{\infty} B_m \sin\frac{m\pi x}{l} \tag{7-38}$$

即在 $x=0$ 和 $x=l$ 处，$v=0$。其中 $B_m$ 为一组待定系数。式(7-38)的变分为：

$$\delta v = \sum_{m=1}^{\infty}\sin\frac{m\pi x}{l}\delta B_m \tag{7-39}$$

(2)简支梁受均布荷载的形变势能及求解。

$$U = \int_0^l \frac{M^2}{2EI}\mathrm{d}x = \frac{1}{2}EI\int_0^l\left(\frac{\partial^2 v}{\partial x^2}\right)^2\mathrm{d}x = \frac{1}{2}EI\int_0^l\left[\sum_{n=1}^{\infty}B_m\frac{m^2\pi^2}{l^2}\left(-\sin\frac{m\pi x}{l}\right)\right]^2\mathrm{d}x$$

$$= \frac{EI\pi^4}{2l^4}\left[\int_0^l \sum_{m=1}^{\infty} B_m^2 m^4 \sin^2 \frac{m\pi x}{l}dx + 2\int_0^l \sum_{m=1}^{\infty} B_m m^2 \sin\frac{n\pi x}{l}\sum_{n\neq m} B_m n^2 \sin\frac{n\pi x}{l}\right]dx \tag{7-40}$$

对于上式积分时,注意到三角函数的正交性,即

$$\int_0^l \sin\frac{m\pi x}{l}\sin\frac{n\pi x}{l}dx = \begin{cases} 0(当 m \neq n 时) \\ \frac{l}{2}(当 m = n 时) \end{cases}$$

于是得

$$\left.\begin{aligned} U &= \frac{EI\pi^4}{2l^4}\left[\sum_{m=1}^{\infty} B_m^2 m^4 \frac{l}{2} + 0\right] = \frac{EI\pi^4}{4l^3}\sum_{m=1}^{\infty} m^4 B_m^2 \\ \frac{\partial U}{\partial B_m} &= \frac{EI\pi^4}{2l^3}\sum_{m=1}^{\infty} m^4 B_m \end{aligned}\right\} \tag{7-41}$$

式(7-35)的第二项为:

$$\int \bar{f}_y v_m ds = \int_0^l q\sin\frac{m\pi x}{l}dx = \frac{2ql}{\pi}\frac{1}{m}(当 m 为奇数时) \tag{7-42}$$

代入式(7-35),且当 $m$ 为奇数时:

$$\frac{EI\pi^4}{2l^3}m^4 B_m - \frac{2ql}{\pi}\frac{1}{m} = 0$$

得

$$B_m = \frac{4ql^4}{EI\pi^5}\frac{1}{m^5} \tag{7-43}$$

且当 $m$ 为偶数时

$$B_m = 0 \tag{7-44}$$

将式(7-43)代入唯一函数(7-38),得

$$v = \frac{4ql^4}{EI\pi^5}\sum_{m=1,3,5,\cdots}^{\infty}\frac{1}{m^5}\sin\frac{m\pi x}{l} \tag{7-45}$$

此级数收敛很快,只取前几项就能够给出足够精确的结果。

梁的中点(跨中挠度)为:

$$v_{max} = \frac{4ql^4}{EI\pi^5}\left(1 - \frac{1}{3^5} + \frac{1}{5^5} + \cdots\right)$$

当只取奇数的第一项时,有 $v_{max} = \frac{ql^4}{76.6EI}$,与初等理论的精确解相比,误差仅为0.26%。

**[例7-4]** 求均布荷载作用下等截面悬臂梁(图7-6)的挠度,不计体力。

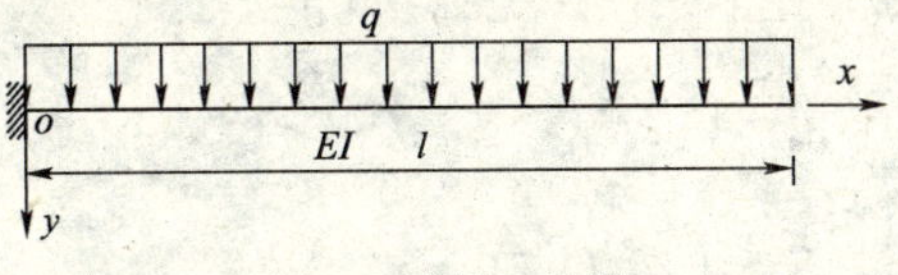


图7-6 [例7-4]图

**解**:(1)设梁的挠曲线为 $v = a_2x^2 + a_3x^3$,此位移函数满足梁固定端的边界条件

$$(v)_{x=0} = 0, \quad \left(\frac{dv}{dx}\right)_{x=0} = 0$$

(2)简支梁受均布荷载的形变势能及求解。

计算:

$$V = -\sum p_i v_i = -q dx_i \cdot v_i = -\int_0^l (a_2x^2 + a_3x^3)q dx = -q(a_2l^3/3 + a_3l^4/4)$$

$$U = \frac{1}{2}EI\int_0^l \left(\frac{\partial^2 v}{\partial x^2}\right)^2 dx = \frac{EI}{2}\int_0^l (2a_2 + 6a_3x)^2 dx$$

因为

$$\Pi = U + V = \frac{EI}{2}\int_0^l (2a_2 + 6a_3x)^2 dx - q(a_2l^3/3 + a_3l^4/4)$$

应用方程式(7-37),有

$$\left.\begin{aligned}\frac{EI}{2}\int_0^l 2(2a_2 + 6a_3x)2x dx - \frac{ql^3}{3} = 0\\ \frac{EI}{2}\int_0^l 2(2a_2 + 6a_3x)6x dx - \frac{ql^4}{4} = 0\end{aligned}\right\}$$

即

$$\left.\begin{aligned}a_2 + \frac{3l}{2}a_3 = \frac{ql^2}{12EI}\\ \frac{1}{2}a_2 + la_3 = \frac{ql^2}{48EI}\end{aligned}\right\}$$

解得

$$a_2 = \frac{10ql^2}{48EI}, \qquad a_3 = -\frac{ql}{12EI}$$

于是得

$$v = \frac{ql}{12EI}\left(\frac{5}{2}l - x\right)x^2$$

自由端挠度 $v_{max} = \frac{ql^4}{8EI}$,与初等理论的精确解相同。

## 思考题与习题

7-1 根据弹性力学中的形变势能公式,求出材料力学中在一定假设下的拉伸、弯曲、扭转的形变势能公式。

**答案**:$U(\text{拉伸}) = \frac{1}{2}\int_0^l \frac{N^2(x)}{EA}dx = \frac{1}{2}\int_0^l EA\left(\frac{du}{dx}\right)^2 dx$;$U(\text{弯曲}) = \frac{1}{2}\int_0^l \frac{M^2(x)}{EI}dx = \frac{1}{2}\int_0^l EI\left(\frac{dv}{dx}\right)^2 dx$;

$U(\text{扭转}) = \frac{1}{2}\int_0^l \frac{T^2(x)}{GI_p}dx = \frac{1}{2}\int_0^l GI_p\left(\frac{d\varphi}{dx}\right)^2 dx$。

7-2 若应用瑞利—里茨变分法求解如图 7-7a)、图 7-7b)、图 7-7c) 所示的问题时,应如何设定位移函数?

**提示**:应满足全部位移边界条件。

7-3 如图 7-7c) 所示薄板为正方形,边长 $a = b$,厚度为 1 个单位,$\mu = 0$。在 $x = a$ 边界上受有均布压力 $q$ 的作用,试用瑞利—里茨变分法求解位移。

**答案**:设 $u = A_1xy, v = B_1xy$,求得位移分量为:$u = -\frac{192}{55}\frac{q}{Ea}, v = \frac{72}{55}\frac{q}{Ea}$。

7-4　如图 7-8 所示铅直平面正方形薄板，边长为 $2a$，四边固定，只受重力作用。设 $\mu=0$。取位移分量的表达式为：

$$u=\left(1-\frac{x^2}{a^2}\right)\left(1-\frac{y^2}{a^2}\right)\frac{x}{a}\frac{y}{a}\left(A_1+A_2\frac{x^2}{a^2}+A_3\frac{y^2}{a^2}+\cdots\right)$$

$$v=\left(1-\frac{x^2}{a^2}\right)\left(1-\frac{y^2}{a^2}\right)\left(B_1+B_2\frac{x^2}{a^2}+B_3\frac{y^2}{a^2}+\cdots\right)$$

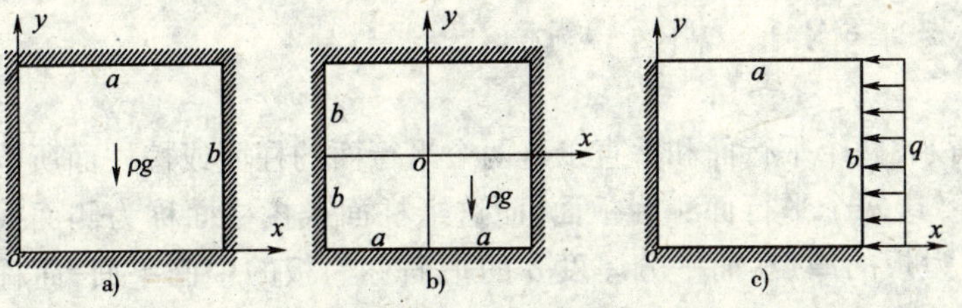


图 7-7　习题 7-2 图

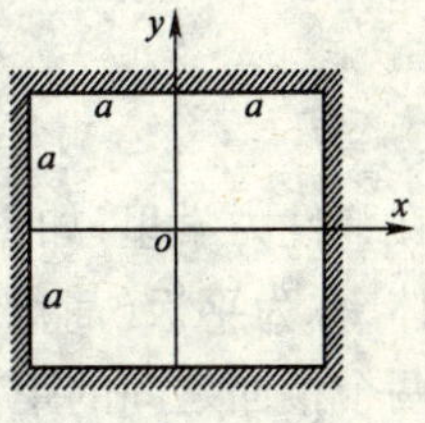


图 7-8　习题 7-4 图

用瑞利—里茨法求解。

**答案**：当只取 $A_y$ 项及 $B_1$ 项时，得 $\sigma_y=\frac{450}{533}\left(1-\frac{x^2}{a^2}\right)\rho gy$。

7-5　设图 7-9 所示悬臂梁右端受集中力 $P$ 作用，如取挠曲线为 $v=ax^2+bx^3$，试求 $a$、$b$ 的值。用瑞利—里茨法求解。

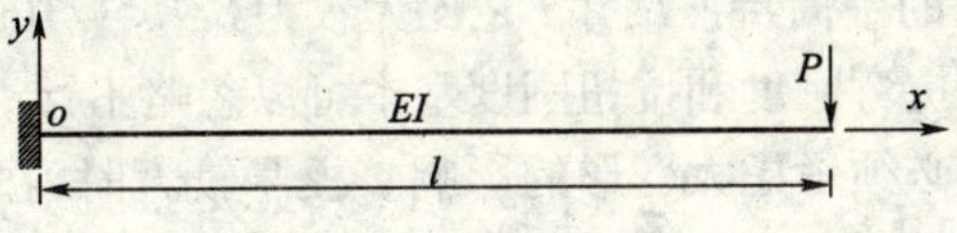


图 7-9　习题 7-5 图

**答案**：当只取 $A_y$ 项及 $B_1$ 项时，得 $a=\frac{Pl}{2EI},b=-\frac{P}{6EI}$。

7-6　试用瑞利—里茨法，求解图 7-10 所示梁的挠曲线。$EI=$ 常数，设 $v=a_1\sin\frac{\pi x}{l}$，且 $\lambda=\frac{1}{2}\int_0^l\left(\frac{dv}{dx}\right)^2dx$。

**答案**：$v=\frac{2Pl^3}{\pi^4EI}\left(\frac{1}{1-\frac{Pl^2}{\pi^2EI}}\right)\sin\frac{\pi x}{l}$。

7-7　试用瑞利—里茨法，求解图 7-11 所示悬臂梁受均布荷载作用时的梁最大挠度。$EI=$ 常数，设 $v=\frac{\delta}{2}\left(1-\cos\frac{2\pi x}{l}\right)$。

**答案**：$v_{max}=\delta=\frac{4ql^4}{\pi^4EI}$。

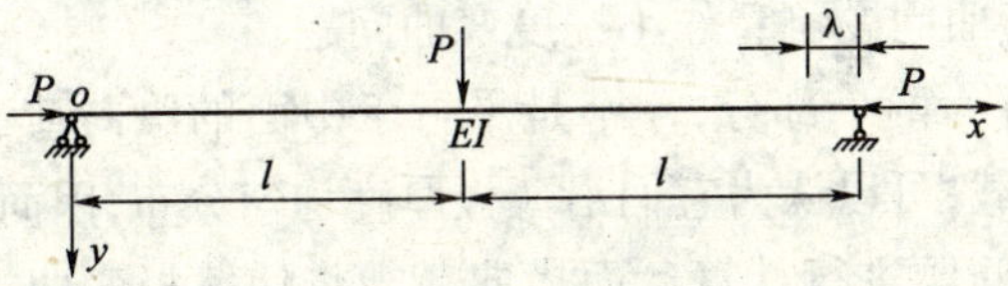


图 7-10　习题 7-6 图

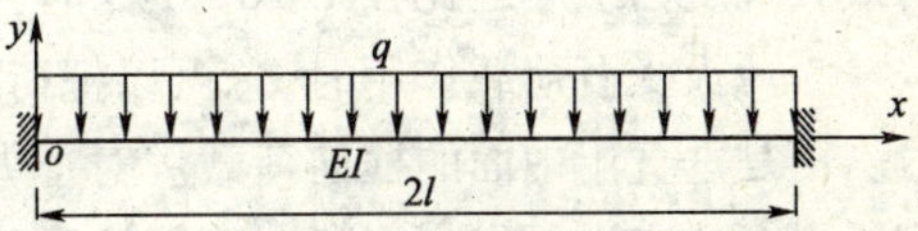


图 7-11　习题 7-7 图

# 第 8 章　薄板小挠度弯曲问题

## §8-1　概　　述

在弹性力学里，如图 8-1 所示，两个平行面和垂直于这两个平行面的柱面或棱柱面所围成的物体，称为**平板**(简称为**板**)。这两个平行面称为**板面**，而这个柱面或棱柱面称为**侧面**或**板边**。两个板面之间的距离 $\delta$ 称为板的**厚度**，而平分厚度 $\delta$ 的平面称为板的**中间平面**，简称为**中面**。

工程上在计算与板相关的问题时，通常根据板厚 $\delta$ 与板的中面特征尺寸 $l$(对矩形板为短边尺寸；对于方板或圆板，分别为板的边长和板的直径)的比值，把板分为薄板、厚板和薄膜这三类来分别处理。

(1)薄板。板厚 $\delta$ 与板的中面特征尺寸 $l$ 之比大致为 $1/100 \sim 1/80 \leqslant \delta/l \leqslant 1/8 \sim 1/5$。

(2)厚板。板厚 $\delta$ 与板的中面特征尺寸 $l$ 之比大致为 $\delta/l > 1/8 \sim 1/5$。

(3)薄膜。板厚 $\delta$ 与板的中面特征尺寸 $l$ 之比大致为 $\delta/l < 1/100 \sim 1/80$。

薄膜由于厚度很小，其抗弯刚度和抗扭刚度基本可以忽略不计。因此，在横向荷载作用下将产生较大的变形，计算中必须考虑大变形的影响。板厚较大时，在荷载作用下，其内部任意一点的应力状态和三维实体类似，难以采用较多的简化措施，所以厚板的分析也相当复杂。故对于薄膜和厚板的分析，通常都需要借助于数值计算方法。对于薄板，则可以引进一些计算简化的假定，从而建立起一套完整的分析理论，用于计算工程上的问题。

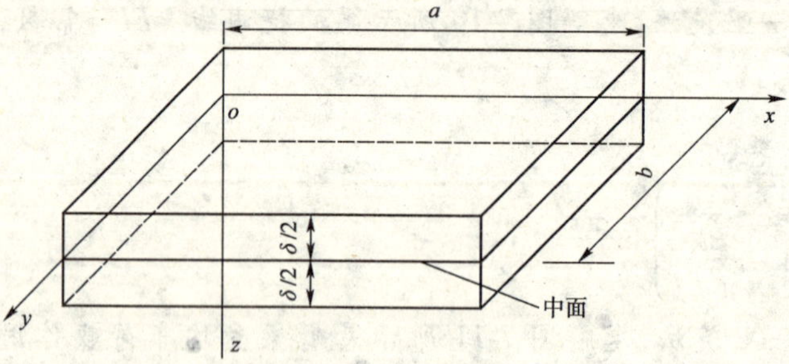


图 8-1　薄板

本章以薄板的小挠度弯曲理论为主，即薄板虽然很薄，但仍然具有相当的弯曲刚度，因而它的挠度远小于它的厚度，所以位移和形变是微小的，基本假定仍然符合。通常认为，若薄板的最大挠度与板厚之比在 $1/10 \sim 1/5$ 时，薄板弯曲问题可看作小挠度弯曲问题。

当薄板受有荷载作用时，总可以把荷载分解为两个部分，一个是平行于中面的**纵向荷载**，另一个是垂直于中面的**横向荷载**。对于纵向荷载，可以认为它们沿薄板厚度均匀分布，因而它们所引起的应力、形变和位移，可以按平面应力问题进行计算。而横向荷载将使薄板弯曲，它们所引起的应力、形变和位移，可以按**薄板弯曲**问题进行计算。此外，如果薄板受到纵向压力或同时受到纵向压力和横向荷载作用，板还可能出现稳定问题。

当薄板弯曲时，中面所弯成的曲面，称为薄板弹性曲面，而中面内各点在垂直于中面方向的位移，称为**挠度**。

薄板弯曲问题属于空间问题。为了建立薄板的小挠度弯曲理论，除了引用弹性力学的五个基本假定外，还补充提出了三个计算假定，用来简化空间问题的基本方程，这些假定已被大量的实验证实是合理的。

取板的中面为 $xy$ 面，如图 8-1 所示，下面关于计算假定（Kirchhoff-love 假定）做一简单说明。

(1) 垂直于中面方向的线应变 $\varepsilon_z$ 可以不计。即取 $\varepsilon_z=0$，则由几何方程得 $w=w(x,y)$，即横向位移 $w$ 只是 $x$、$y$ 的函数，不随 $z$ 而变。也就是说在中面的任一根法线上各点都具有相同的横向位移，也就等于挠度；或者说与中面平行的任意平面上一点的挠度，可以用中面上的对应点的挠度来表示。

(2) 应力分量 $\tau_{xz}$、$\tau_{yz}$ 和 $\sigma_z$ 远小于其余三个应力分量，因而是次要的，它们所引起的形变可以不计。

这是因为，薄板弯曲问题与梁的弯曲问题相似，由各应力分量的数量级大小可见，弯应力 $\sigma_x$、$\sigma_y$ 和扭应力 $\tau_{xy}$ 为主要应力，横向的剪应力 $\tau_{xz}$、$\tau_{yz}$ 为次要应力，而挤压应力 $\sigma_z$ 为更次要应力。因此，上述假定中，认为 $\tau_{xz}$、$\tau_{yz}$ 和 $\sigma_z$ 是次要的，它们引起的形变可以不计。所以有 $\gamma_{zx}=0$，$\gamma_{yz}=0$。由几何方程(6-3)的第五式及第六式可得出

$$\frac{\partial u}{\partial z}=-\frac{\partial w}{\partial x},\qquad \frac{\partial v}{\partial z}=-\frac{\partial w}{\partial y} \tag{8-1}$$

由于 $\varepsilon_z=0$，$\gamma_{zx}=0$，$\gamma_{yz}=0$，可见中面的法线在薄板弯曲时保持不伸缩，且成为弹性曲面的**法线**。

还应注意，在上述计算假定中，虽然采用了 $\varepsilon_z=0$，$\gamma_{zx}=0$，$\gamma_{yz}=0$，但在以后考虑平衡条件时，仍然必须计入三个次要的应力分量 $\tau_{xz}$、$\tau_{yz}$ 和 $\sigma_z$。因此，在薄板的小挠度弯曲理论中，放弃了关于 $\varepsilon_z$、$\gamma_{zx}$ 和 $\gamma_{yz}$ 的物理方程，即式(6-2)中的第三、第五和第六个方程。

因为不计 $\sigma_z$ 所引起的形变，所以薄板的物理方程成为：

$$\varepsilon_x=\frac{1}{E}(\sigma_x-\mu\sigma_y),\qquad \varepsilon_y=\frac{1}{E}(\sigma_y-\mu\sigma_x),\qquad \tau_{xy}=\frac{2(1+\mu)}{E}\tau_{xy} \tag{8-2}$$

也就是说，薄板小挠度弯曲问题中的物理方程和薄板平面应力问题的物理方程是相同的。

注：以后可见，这两种问题中的应力分量和形变分量沿板厚度方向的分布是不同的。

(3) 薄板中面内的各点都没有平行于中面的位移，即

$$(u)_{z=0}=0,\qquad (v)_{z=0}=0 \tag{8-3}$$

根据几何方程，由上式得出中面内的形变分量均为零，即

$$(\varepsilon_x)_{z=0}=0,\qquad (\varepsilon_y)_{z=0}=0,\qquad (\gamma_{xy})_{z=0}=0$$

这就是说，中面的任意一部分，虽然弯曲成弹性曲面的一部分，但它在 $xy$ 面上的投影形状却保持不变。

注：在材料力学里分析直梁的弯曲问题时，也采用了与上相似的计算假定，只是在这里薄板的中面代替了直梁的轴线，薄板的弹性曲面代替了直梁的弹性曲线，薄板的双向弯曲（实际是连弯带扭）代替了直梁的单向弯曲。

## §8-2 等厚度矩形薄板弯曲

等厚度矩形薄板的小挠度弯曲问题是按位移求解的,取挠度 $w=w(x,y)$ 作为基本未知函数。根据空间问题的基本方程和边界条件,以及上述的三个计算假定,将其他未知函数(即纵向位移 $u$、$v$,主要的形变分量 $\varepsilon_x$、$\varepsilon_y$、$\gamma_{xy}$,主要应力分量 $\sigma_x$、$\sigma_y$、$\tau_{xy}$,次要应力分量 $\tau_{xz}$、$\tau_{yz}$及更次要应力分量 $\sigma_z$)都用挠度 $w$ 来表示,并导出求解挠度的基本方程。

### 1. 几何变形关系

(1)将纵向位移 $u$、$v$ 用挠度 $w$ 表示,将式(8-1)对 $z$ 积分,得位移为:

$$u=-z\frac{\partial w}{\partial x}+f_1(x,y),\quad v=-z\frac{\partial w}{\partial y}+f_2(x,y),\quad w=w(x,y)$$

应用计算假定式(8-3),可得

$$f_1(x,y)=0,\qquad f_2(x,y)=0$$

于是,位移可表示为:

$$u=-z\frac{\partial w}{\partial x},\qquad v=-z\frac{\partial w}{\partial y},\qquad w=w(x,y)$$

(2)将主要应变分量 $\varepsilon_x$、$\varepsilon_y$、$\gamma_{xy}$用 $w$ 表示。把上式的 $u$、$v$ 代入几何方程(6-3)中第一式、第二式和第四式中,得到

$$\varepsilon_x=-z\frac{\partial^2 w}{\partial x^2},\qquad \varepsilon_y=-z\frac{\partial^2 w}{\partial y^2},\qquad \tau_{xy}=-2z\frac{\partial^2 w}{\partial x\partial y}\tag{8-4}$$

### 2. 本构关系

1)应力与应变的关系

(1)将主要应力分量 $\sigma_x$、$\sigma_y$、$\tau_{xy}$用 $w$ 表示。即由薄板的物理方程式(8-2)求得

$$\sigma_x=\frac{E}{1-\mu^2}(\varepsilon_x+\mu\varepsilon_y),\quad \sigma_y=\frac{E}{1-\mu^2}(\varepsilon_y+\mu\varepsilon_y),\quad \tau_{xy}=\frac{E}{2(1+\mu)}\gamma_{xy}\tag{8-5}$$

再把式(8-4)的应变分量代入式(8-5),得出

$$\left.\begin{aligned}\sigma_x&=-\frac{E_z}{1-\mu^2}\left(\frac{\partial^2 w}{\partial x^2}+\mu\frac{\partial^2 w}{\partial y^2}\right)\\ \sigma_y&=-\frac{E_z}{1-\mu^2}\left(\frac{\partial^2 w}{\partial y^2}+\mu\frac{\partial^2 w}{\partial x^2}\right)\\ \tau_{xy}&=-\frac{E_z}{1+\mu}\frac{\partial^2 w}{\partial x\partial y}\end{aligned}\right\}\tag{8-6}$$

由于 $w$ 不随 $z$ 而变,但是这三个主要应力分量都和 $z$ 成正比,且呈线性分布,与材料力学中梁的弯曲应力问题正应力分布规律相似。

(2)将次要应力分量 $\tau_{xz}$、$\tau_{yz}$用 $w$ 表示。由于应力分量 $\tau_{xz}$、$\tau_{yz}$引起的变形略去不计,相应的物理方程也已放弃。为了求出 $\tau_{xz}$、$\tau_{yz}$,可以用平衡微分方程式(6-1)的前两式,并由于不存在纵向荷载,体力分量 $f_x=0$、$f_y=0$,由此得

$$\frac{\partial\tau_{zx}}{\partial z}=-\frac{\partial\sigma_x}{\partial x}-\frac{\partial\tau_{yx}}{\partial y},\qquad \frac{\partial\tau_{zy}}{\partial z}=-\frac{\partial\sigma_y}{\partial y}-\frac{\partial\tau_{xy}}{\partial x}$$

把 $\sigma_x$、$\sigma_y$、$\tau_{xy}$ 的表达式(8-6)代入,得

$$\frac{\partial \tau_{zx}}{\partial z} = -\frac{E_z}{1-\mu^2}\left(\frac{\partial^3 w}{\partial x^3} + \frac{\partial^3 w}{\partial x \partial y^2}\right) = \frac{E_z}{1-\mu^2}\frac{\partial}{\partial x}\nabla^2 w$$

$$\frac{\partial \tau_{zy}}{\partial z} = -\frac{E_z}{1-\mu^2}\left(\frac{\partial^3 w}{\partial y^3} + \frac{\partial^3 w}{\partial x \partial y^2}\right) = \frac{E_z}{1-\mu^2}\frac{\partial}{\partial y}\nabla^2 w$$

其中引用记号 $\nabla^2 = \frac{\partial^2}{\partial x^2} + \frac{\partial^2}{\partial x^2}$。将上两式对 $z$ 积分,得

$$\tau_{zx} = \frac{Ez^2}{2(1-\mu^2)}\frac{\partial}{\partial x}\nabla^2 w + F_1(x,y), \quad \tau_{zy} = \frac{Ez^2}{2(1-\mu^2)}\frac{\partial}{\partial y}\nabla^2 w + F_2(x,y)$$

其中的待定函数 $F_1(x,y)$、$F_2(x,y)$,可根据薄板的上、下板面的边界条件求出,即

$$(\tau_{zx})_{z=\pm\frac{\delta}{2}} = 0, \qquad (\tau_{zy})_{z\pm\frac{\delta}{2}} = 0$$

应用这两个边界条件求出 $F_1(x,y)$、$F_2(x,y)$ 以后,即得 $\tau_{xz}$、$\tau_{yz}$ 的表达式。

$$\tau_{xz} = \frac{E}{2(1-\mu)}\left(z^2 - \frac{\delta^2}{4}\right)\frac{\partial}{\partial x}\nabla^2 w, \qquad \tau_{yz} = \frac{E}{2(1-\mu)}\left(z^2 - \frac{\delta^2}{4}\right)\frac{\partial}{\partial y}\nabla^2 w \tag{8-7}$$

这两个剪应力沿横向为抛物线分部,与材料力学中梁的剪应力相似。

(3)将更次要的应力分量 $\sigma_z$ 用 $w$ 表示,应用平衡微分方程(6-1)中的第三式,并取体力分量 $f_z=0$,得

$$\frac{\partial \sigma_z}{\partial z} = -\frac{\partial \tau_{xz}}{\partial x} - \frac{\partial \tau_{yz}}{\partial y} \tag{8-8}$$

如果体力分量 $f_z$ 并不等于零,我们可以把薄板的每单位面积内的体力和面力都归入到上板面的面力中去,一并用 $q$ 表示,即

$$q = (\bar{f}_z)_{z=\frac{\delta}{2}} + (\bar{f}_z)_{z=\frac{\delta}{2}} + \int_{-\delta/2}^{\delta/2} f_z \mathrm{d}z \tag{8-9}$$

这只会对最次要的应力分量 $\sigma_z$ 引起误差,对其他应力分量没有影响。这与材料力学中对梁的处理相同。

将 $\tau_{xz} = \tau_{zx}$、$\tau_{yz} = \tau_{zy}$ 这两个应力分量的表达式(8-7)代入式(8-8),得

$$\frac{\partial \sigma_z}{\partial z} = \frac{E}{2(1-\mu^2)}\left(\frac{\delta^2}{4} - z^2\right)\nabla^4 w$$

对 $z$ 进行积分,得到

$$\sigma_z = \frac{E}{2(1-\mu^2)}\left(\frac{\delta^2}{4}z - \frac{z^3}{3}\right)\nabla^4 w + F_3(x,y) \tag{8-10}$$

其中待定系数 $F_3(x,y)$ 可以由薄板下板面的边界条件来确定,即

$$(\sigma_z)_{z=\frac{\delta}{2}} = 0$$

将式(8-10)代入,求出 $F_3(x,y)$,再代回到式(8-10),即得 $\sigma_z$ 表达式:

$$\sigma_z = \frac{E}{2(1-\mu^2)}\left[\left(\frac{\delta^2}{4}z - \frac{z^3}{3}\right) - \frac{1}{3}\left(z^3 - \frac{\delta^3}{8}\right)\right]\nabla^4 w$$

$$= -\frac{E\delta^3}{6(1-\mu^2)}\left[\left(\frac{1}{2} - \frac{z}{\delta}\right)^2\left(1 + \frac{z}{\delta}\right)\right]\nabla^4 w \tag{8-11}$$

2)薄板的弹性曲面微分方程

由薄板上板面的边界条件

$$(\sigma_z)_{z=-\frac{\delta}{2}} = -q \tag{8-12}$$

上式中,$q$ 是薄板每单位面积内的横向荷载,包括横向面力及横向体力,如式(8-9)所示。将 $\sigma_z$ 的表达式(8-11)代入式(8-12),有

$$\frac{\partial^4 w}{\partial x^4} + 2\frac{\partial^4 w}{\partial x^2 \partial y^2} + \frac{\partial^4 w}{\partial y^4} = -q/D \tag{8-13}$$

或

$$\nabla^4 w = -q/D \tag{8-14}$$

其中,$\nabla^4 = \frac{\partial^4}{\partial x^4} + 2\frac{\partial^4}{\partial x^2 \partial y^2} + \frac{\partial^4}{\partial y^4}$,$D = \frac{E\delta^3}{12(1-\mu^2)}$称为薄板的弯曲刚度,它的量纲是 $L^2MT^{-2}$。方程(8-13)和方程(8-14)称为薄板的弹性曲面微分方程,或薄板挠曲基本微分方程。

注:在上面的推导过程中,已经考虑并完全满足了空间问题的平衡微分方程、几何方程和物理方程,以及薄板的上、下板面的主要应力边界条件,得出了求解挠度 $w$ 的基本微分方程。此外,还应考虑薄板侧面(即板边)上的边界条件。由基本微分方程式(8-14)并结合这些板边的边界条件,可以求出挠度 $w$,然后就可以按式(8-6)至式(8-11)求得应力分量。

3)内力与变形的关系

薄板横截面上的内力,称为**薄板内力**,即薄板横截面的每单位宽度上由应力合成的主矢量和主矩。由于在板的侧面上,通常很难使应力分量精确地满足应力边界条件,但板的侧面是板的次要边界,可应用圣维南原理,用内力的边界条件来代替应力的边界条件。

为了求出薄板横截面上的内力,从薄板内取出一个平行六面体,它的三边的长度分别为:板的宽度为 d$x$,板的长度为 d$y$,板的厚度为 $\delta$,如图 8-2 所示。

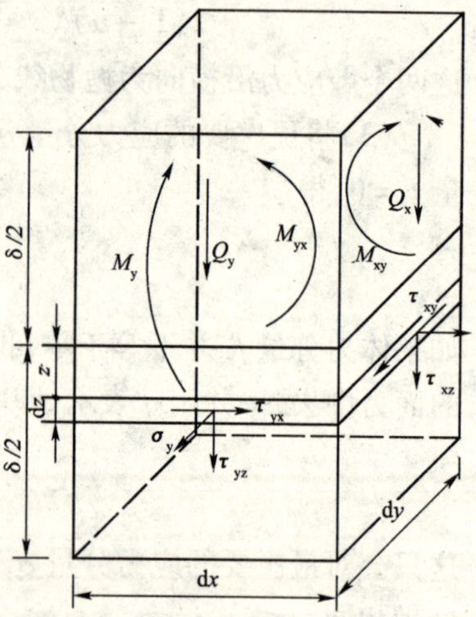

图 8-2 矩形薄板单元体内力

(1)在 $x$ 为常量的横截面上,作用着 $\sigma_x$、$\tau_{xy}$ 和 $\tau_{xz}$。因为 $\sigma_x$ 及 $\tau_{xy}$ 都和 $z$ 成正比,且在中面上为零,所以它们在薄板全厚度上的**主矢量**都等于零,只可能分别合成为**弯矩和扭矩**。

①在该横截面的每单位宽度上,应力分量 $\sigma_x$ 对中面合成为弯矩 $M_x = \int_{-\delta/2}^{\delta/2} z\sigma_x \mathrm{d}z$,将式(8-6)中的第一式代入,对 $z$ 进行积分,得

$$M_x = -\frac{E}{1-\mu^2}\left(\frac{\partial^2 w}{\partial x^2} + \mu\frac{\partial^2 w}{\partial y^2}\right)\int_{-\delta/2}^{\delta/2} z^2 \mathrm{d}z = -D\left(\frac{\partial^2 w}{\partial x^2} + \mu\frac{\partial^2 w}{\partial y^2}\right) \tag{8-15}$$

②相应的应力分量 $\tau_{xy}$ 将合成为横截面内的扭矩,为 $M_{xy} = \int_{-\delta/2}^{\delta/2} z\tau_{xy} \mathrm{d}z$,将式(8-6)中的第三式代入,对 $z$ 进行积分,得

$$M_{xy} = -\frac{E}{1+\mu}\frac{\partial^2 w}{\partial x \partial y}\int_{-\delta/2}^{\delta/2} z^2 \mathrm{d}z = -D(1-\mu)\frac{\partial^2 w}{\partial x \partial y} \tag{8-16}$$

③应力分量 $\tau_{xz}$ 合成为横向剪力,在每单位宽度上为 $Q_x = \int_{-\delta/2}^{\delta/2} \tau_{xz} \mathrm{d}z$,将式(8-7)中的第一式代入,对 $z$ 进行积分,得

$$Q_x = \frac{E}{2(1-\mu^2)}\frac{\partial}{\partial x}\nabla^2 w\int_{-\delta/2}^{\delta/2}\left(z^2 - \frac{\delta^2}{4}\right)\mathrm{d}z = -D\frac{\partial}{\partial x}\nabla^2 w \tag{8-17}$$

(2)同理,在 $y$ 为常量的横截面上,每单位宽度内的 $\sigma_x$、$\tau_{yx}$ 分别合成的弯矩、扭矩及剪力为:

$$M_y = -D\left(\frac{\partial^2 w}{\partial y^2} + \mu\frac{\partial^2 w}{\partial x^2}\right),\quad M_{yx} = -D(1-\mu)\frac{\partial^2 w}{\partial x\partial y},\quad Q_y = -D\frac{\partial}{\partial y}\nabla^2 w \tag{8-18}$$

(3)薄板横截面上的内力可以统一表示为:

$$\left.\begin{aligned}&M_x = -D\left(\frac{\partial^2 w}{\partial x^2} + \mu\frac{\partial^2 w}{\partial y^2}\right),\qquad M_y = -D\left(\frac{\partial^2 w}{\partial y^2} + \mu\frac{\partial^2 w}{\partial x^2}\right)\\&M_{xy} = M_{yx} = -D(1-\mu)\frac{\partial^2 w}{\partial x\partial y}\\&Q_x = -D\frac{\partial}{\partial x}\nabla^2 w,\qquad Q_y = -D\frac{\partial}{\partial y}\nabla^2 w\end{aligned}\right\} \tag{8-19}$$

### 3. 内力与应力分量的关系

薄板内力的正负方向规定,是从应力的正负方向得出的:正的应力合成的主矢量为正,正的应力乘以正的矩臂合成的主矩为正;反之为负。薄板内力的正方向,如图 8-3 所示。

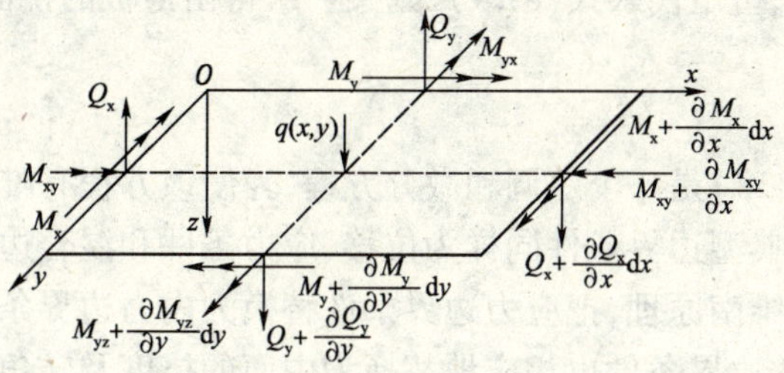


图 8-3　薄板内力

利用式(8-15)至式(8-18),从式(8-6)及式(8-7)中消去 $w$,并利用式(8-14)从式(8-11)中消去 $w$,可得出各应力分量与弯矩、扭矩、横向剪力或荷载之间的关系如下:

$$\left.\begin{aligned}&\sigma_x = \frac{12M_x}{\delta^3}z,\quad \sigma_y = \frac{12M_y}{\delta^3}z,\quad \sigma_z = -2q\left(\frac{1}{2}-\frac{z}{\delta}\right)^2\left(1+\frac{z}{\delta}\right)\\&\tau_{xy} = \tau_{yx} = \frac{12M_{xy}}{\delta^3}z\\&\tau_{xz} = \frac{6Q_x}{\delta^3}\left(\frac{\delta^2}{4}-z^2\right),\quad \tau_{yz} = \frac{6Q_y}{\delta^3}\left(\frac{\delta^2}{4}-z^2\right)\end{aligned}\right\} \tag{8-20}$$

沿着薄板的厚度,应力分量 $\sigma_x$、$\sigma_y$ 和 $\tau_{xy}$ 的最大值发生在板面,$\tau_{zx}$ 和 $\tau_{yz}$ 的最大值发生在中面,而 $\sigma_z$ 的最大值发生在板的上面,各个最大值为:

$$(\sigma_x)_{z=\pm\delta/2} = \pm\frac{6M_x}{\delta^2},\quad (\sigma_y)_{z=\pm\delta/2} = \pm\frac{6M_y}{\delta^2},\quad (\tau_{xy})_{z=\pm\delta/2} = \pm\frac{6M_{xy}}{\delta^2} \tag{8-21}$$

$$(\sigma_z)_{z=-\delta/2} = -q,\quad (\tau_{xz})_{z=0} = \frac{3Q_x}{2\delta},\quad (\tau_{yz})_{z=0} = \frac{3Q_y}{2\delta} \tag{8-22}$$

注:以上所提到的内力,都是作用在薄板每单位宽度上的内力,所以弯矩和扭矩的量纲都是 $LMT^{-2}$,横向剪力的量纲是 $MT^{-2}$。

正应力 $\sigma_x$ 及 $\sigma_y$ 分别与弯矩 $M_x$ 及 $M_y$ 成正比,因而称为弯应力;剪应力 $\tau_{xy}$ 与扭矩 $M_{xy}$ 成正比,因而称为扭应力;剪应力 $\tau_{xz}$ 及 $\tau_{yz}$ 分别与横向剪力 $Q_x$ 及 $Q_y$ 成正比,因而称为横向剪应力;正应力 $\sigma_z$ 与荷载 $q$ 成正比,称为挤压应力。

注:在薄板弯曲问题中,弯应力和扭应力在数值上最大,是主要的应力;横向剪应力在数值上较小,是次要的应力;挤压应力在数值上更小,是更次要的应力。因此,在计算薄板的内力时,主要是计算弯矩和扭矩,横向剪力一般都无需计算。

### 4. 平衡关系

在中面上取出宽度为 d$x$ 而长度为 d$y$ 的矩形单元体,并将薄板内力表示在各边上,如图8-3所示。读者试证:由绕 $y$ 轴和 $x$ 轴的力矩平衡条件 $\sum M_y = 0$, $\sum M_x = 0$ 和力沿 $z$ 轴的平衡条件 $\sum F_z = 0$,可以得到

$$\frac{\partial M_x}{\partial x} + \frac{\partial M_{yx}}{\partial y} - Q_x = 0, \quad \frac{\partial M_y}{\partial y} + \frac{\partial M_{xy}}{\partial x} - Q_y = 0, \quad \frac{\partial Q_x}{\partial x} + \frac{\partial Q_y}{\partial y} + q = 0 \tag{8-23}$$

将式(8-23)的前两式适当变换,代入第三式,得出

$$\frac{\partial^2 M_x}{\partial x^2} + 2\frac{\partial^2 M_{yx}}{\partial x \partial y} + \frac{\partial^2 M_y}{\partial y^2} - q = 0 \tag{8-24}$$

再将式(8-19)中的弯矩、扭矩代入式(8-24),则又一次得出薄板的挠曲微分方程。

### 5. 边界条件

薄板微分方程式(8-13)是一个双调和微分方程,为使该方程有唯一确定的解,在边界上应给出相应的边界条件。典型边界条件同样为位移、应力条件和混合边界条件。

在板边可以应用圣维南原理,把应力边界条件替换为内力边界条件,即横向剪力及弯矩的条件。同时,板边的位移边界条件也相应地替换为中面的挠度及转角的条件。

1)固定边界

在薄板固定边上,挠度 $w$ 等于零,弹性曲面的斜率(即转角)等于零。假设对矩形薄板,在 $x=a$ 处为固定边[图8-4a)中为 $x=0$],则边界条件可以对应写成:

$$(w)_{x=a} = 0, \quad \left(\frac{\partial w}{\partial x}\right)_{x=a} = 0 \tag{8-25}$$

如设在 $y=b$ 处为固定边,则边界条件可以对应写成:

$$(w)_{y=b} = 0, \quad \left(\frac{\partial w}{\partial x}\right)_{y=b} = 0 \tag{8-26}$$

2)简支边界

在薄板简支边上,挠度 $w$ 和弯矩等于零。

(1)假设对矩形薄板,在 $x=a$ 处为简支边,则边界条件可以对应写成:

$$(w)_{x=a} = 0, \quad (M_x)_{x=a} = 0 \tag{8-27}$$

利用式(8-19)中的第二式,条件式(8-27)可以全部用 $w$ 表示为:

$$(w)_{x=a} = 0, \quad \left(\frac{\partial^2 w}{\partial x^2} + \mu\frac{\partial^2 w}{\partial y^2}\right)_{x=a} = 0 \tag{8-28}$$

由于 $(w)_{x=a} = w(a,y) = 0$,必然在整个边界有 $\frac{\partial w}{\partial y} = \frac{\partial^2 w}{\partial y^2} = 0$,所以(8-28)可以简写为:

$$(w)_{x=a} = 0, \quad \left(\frac{\partial^2 w}{\partial x^2}\right)_{x=a} = 0 \tag{8-29}$$

(2)假设对矩形薄板,在 $y=b$ 处为简支边[图8-4a)中为 $y=0$],则边界条件可以对应

写成：

$$(w)_{y=b}=0, \qquad \left(\frac{\partial^2 w}{\partial y^2}\right)_{y=b}=0 \tag{8-30}$$

(3)如果在简支边上有分布的力矩荷载 $M$(一般是 $x$ 的函数)，则边界条件式(8-27)中第二式的右边将不等于零，而等于这个力矩荷载 $M$。这样，式(8-28)中的第二式及式(8-29)和式(8-30)中的第二式不再适用，但仍可以通过式(8-19)把上述边界条件用 $w$ 来表示。

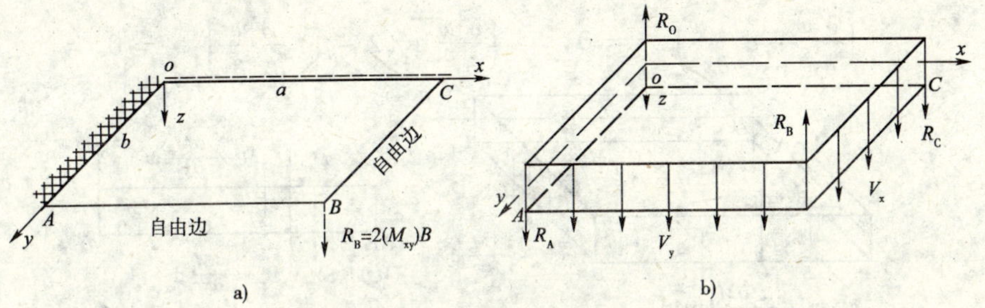


图 8-4　约束及角点力

a)边界约束及悬空角点；b)短形薄板的角点集中力

3)自由边(扭矩等效剪力)

在给定广义力的边界上，为了适合力的边界条件，把矩形板边界上的剪力和扭矩简化为等效剪力 $V$，并规定其正负号与 $Q$ 相同。

(1)扭矩等效剪力。

沿着自由边，如 $AB$ 边($y=b$)，薄板的弯矩 $M_y$ 和扭矩 $M_{yx}$ 以及横向剪力 $Q_y$ 都应等于零，因而有三个边界条件：

$$(M_y)_{y=b}=0, \qquad (M_{yx})_{y=b}=0, \qquad (Q_y)_{y=b}=0 \tag{8-31}$$

可见在自由边上给出三个边界条件。Kirchhoff 指出，对于薄板弯曲问题，自由边给出的三个边界条件太多，使薄板弯曲微分方程成为不可解。他还指出以上后两个边界条件必须用一个边界条件来代替。事实上，薄板任一边界上的扭矩都可以变换为等效的横向剪力，即扭矩的等效剪力，和原来的横向剪力合并，故式(8-27)中后两个边界条件可以归并为一个条件。

①假定 $AB$($y=b$)边为任意边界(不一定是自由边)，在其一段微小长度 $EF=\mathrm{d}x$ 上面，有扭矩 $M_{yx}\mathrm{d}x$ 作用着，如图 8-5a)所示。将这个扭矩 $M_{yx}\mathrm{d}x$ 变换为等效的两个力 $M_{yx}$，一个在 $E$ 点向下，另一个在 $F$ 点向上。根据圣维南原理，这样的等效变换，只会显著影响这一边界近处的应力，而其余各处的应力不会受到显著的影响。同样，在相邻的微小长度 $FG=\mathrm{d}x$ 上面，扭矩 $\left(M_{yx}+\frac{\partial M_{yx}}{\partial x}\mathrm{d}x\right)\mathrm{d}x$ 也可以变换为两个力 $M_{yx}+\frac{\partial M_{yx}}{\partial x}\mathrm{d}x$，一个在 $F$ 点向下，另一个在 $G$ 点向上。这样，在 $F$ 点的两个力合成为向下的集中力 $\frac{\partial M_{yx}}{\partial x}\mathrm{d}x$。将此集中力化为 $\mathrm{d}x$ 长度上的横向分布剪力，即 $\frac{\partial M_{yx}}{\partial x}$。从而边界 $AB$ 上的分布扭矩就变换为等效的分布剪力 $\frac{\partial M_{yx}}{\partial x}$。因此，在边界 $AB$ 上总的分布剪力(等于分布反力)是：

$$V_y=Q_y+\frac{\partial M_{yx}}{\partial x}$$

此外，由图 8-5b)可见，在 $A$ 点和 $B$ 点，还有未被抵消的集中剪力(等于集中反力)：

$$R_{AB}=(M_{yx})_A, \qquad R_{BA}=(M_{yx})_B \tag{8-32}$$

现在,如果 $AB$ 是自由边,按上所述,它的边界条件式(8-31)就可以变换成为:

$$(M_y)_{y=b}=0,\qquad (V_y)_{y=b}=\left(Q_y+\frac{\partial M_{yx}}{\partial x}\right)_{y=b}=0 \tag{8-33}$$

其中,前一个条件仍然表示弯矩,等于零;而后一个条件则表示总的分布剪力等于零,即分布反力等于零(但是 $Q_y$ 和 $M_{yx}$ 一般并不分别等于零)。通过式(8-19),自由边 $AB$ 的边界条件式(8-33)可以改用挠度 $w$ 表示成为:

$$\left(\frac{\partial^2 w}{\partial y^2}+\mu\frac{\partial^2 w}{\partial x^2}\right)_{y=b}=0,\qquad \left[\frac{\partial^3 w}{\partial y^3}+(2-\mu)\frac{\partial^3 w}{\partial x^2\partial y}\right]_{y=b}=0 \tag{8-34}$$

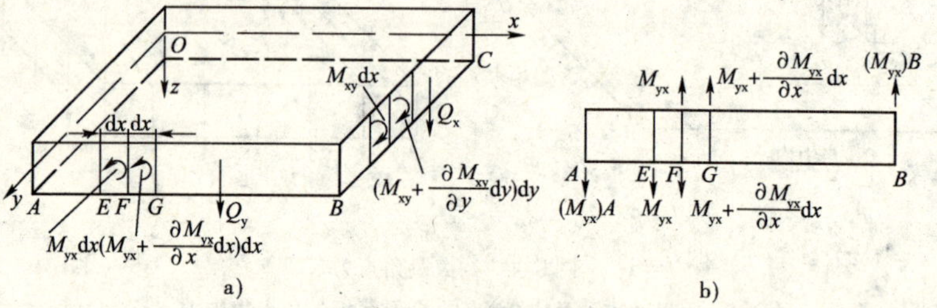


图 8-5　等效剪力



②沿着边界 $BC(x=a)$,扭矩 $M_{xy}$ 可以变换为等效分布剪力 $\frac{\partial M_{xy}}{\partial y}$,其总的分布剪力为:

$$V_x=Q_x+\frac{\partial M_{yx}}{\partial y} \tag{8-35}$$

此外,在点 $C$ 点和点 $B$,还分别有集中剪力(即集中反力):

$$R_{CB}=(M_{xy})_C,\qquad R_{BC}=(M_{xy})_B \tag{8-36}$$

因此,如果 $BC$ 是自由边,则边界条件也可以变换成为:

$$(M_x)_{x=a}=0,\qquad (V_x)_{x=a}=\left(Q_x+\frac{\partial M_{yx}}{\partial y}\right)_{x=a}=0 \tag{8-37}$$

或再通过表达式(8-19)改用挠度 $w$ 表示成为:

$$\left.\begin{aligned}&\left(\frac{\partial^2 w}{\partial x^2}+\mu\frac{\partial^2 w}{\partial y^2}\right)_{x=a}=0\\&\left[\frac{\partial^2 w}{\partial x^3}+(2-\mu)\frac{\partial^3 w}{\partial x\partial y^2}\right]_{x=a}=0\end{aligned}\right\} \tag{8-38}$$

③如果自由边界上有分布的力矩荷载 $M$ 及分布的横向荷载 $Q$,则式(8-33)和式(8-37)中两式的右边就不等于零,而分别等于 $M$ 及 $Q$,边界条件式(8-34)和式(8-38)将不适应,要作相应的修改。

④另外,如果在 $OC$ 和 $OA$ 边界上,同样可以有

$$V_x=-\left(Q_x+\frac{\partial M_{yx}}{\partial y}\right),\qquad V_y=-\left(Q_y+\frac{\partial M_{yx}}{\partial x}\right)$$

(2)角点条件。

在给定的广义力的边界上,除了满足以上边界条件外,在边界的角点处,还应满足**角点条件**。

对给定广义力的边界,将原来连续分布的剪力和扭力用广义剪力替代后,角点处余下未能抵消的集中力。在两个边界的交点,例如图 8-4a)中的点 $B$,由式(8-32)和式(8-36)中的第二

式可见，总的集中反力是：

$$R_B = R_{BA} + R_{BC} = (M_{yx})_B + (M_{xy})_B = 2(M_{xy})_B$$

或通过式(8-19)中的第三式改写为：

$$R_B = -2D(1-\mu)\left(\frac{\partial^2 w}{\partial x \partial y}\right)_B \tag{8-39}$$

①如果角点是自由边 $AB$ 和自由边 $BC$ 的交点，而在点 $B$ 并没有任何支柱对薄板施以此项集中反力，则在点 $B$ 还需补充角点条件 $F_{RB}=0$，即

$$\left(\frac{\partial^2 w}{\partial x \partial y}\right)_B = \left(\frac{\partial^2 w}{\partial x \partial y}\right)_{x=a,y=b} = 0 \tag{8-40}$$

②如果在点 $B$ 有支承，并使角点挠度为零，则角点条件应改为：

$$(w)_B = (w)_{x=a,y=b} = 0 \tag{8-41}$$

此时，角点 $B$ 的集中反力（即支承反力）未知，在求得挠度 $w$ 后，可由式(8-39)求得。

同理，如图 8-4b)所示，其他角点处亦可推出类似角点条件，即

$$R_O = 2(M_{xy})_O, \qquad R_C = -2(M_{xy})_C, \qquad R_A = -2(M_{xy})_A$$

请读者自己求证。

## §8-3　薄板弯曲问题的经典解法

### 1. 四边简支矩形薄板的 Navier 解法

前面已经指出，求解薄板的小挠度弯曲问题，首先要在板边的边界条件下，由弹性曲面微分方程式(8-14)求出挠度，然后求出其他相关的解答。下面例题中的 Navier 解法，仅适用于四边简支的弹性矩形板。

**[例 8-1]**　对四边简支的矩形薄板，如图 8-6 所示。设在板的表面上作用有任意的分布荷载 $q(x,y)$，求板的挠度和板的内力。

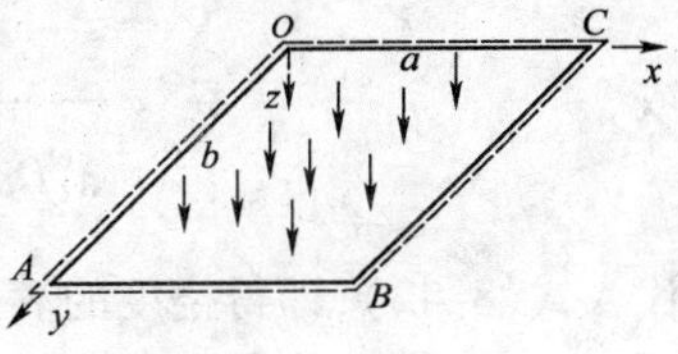


图 8-6　[例 8-1]图

**解：**(1)边界条件。

$$(w)_{x=0}=0,\quad \left(\frac{\partial^2 w}{\partial x^2}\right)_{x=0}=0,\quad (w)_{x=a}=0,\quad \left(\frac{\partial^2 w}{\partial x^2}\right)_{x=a}=0$$

$$(w)_{y=0}=0,\quad \left(\frac{\partial^2 w}{\partial y^2}\right)_{y=0}=0,\quad (w)_{y=b}=0,\quad \left(\frac{\partial^2 w}{\partial y^2}\right)_{y=b}=0$$

(2)挠度表达式。

Navier 取为如下的重三角级数，求得重三角级数解边界条件，即

$$w = \sum_{m=1}^{\infty}\sum_{n=1}^{\infty} A_{mn} \sin\frac{m\pi x}{a} \sin\frac{n\pi y}{b} \tag{8-42}$$

其中，$m$ 和 $n$ 是正整数。代入边界条件，可见全部边界条件都能满足。

(3)求出系数 $A_{mn}$。

将式(8-42)代入微分方程(8-14)，得

$$\pi^4 D \sum_{m=1}^{\infty}\sum_{n=1}^{\infty}\left(\frac{m^2}{a^2}+\frac{n^2}{b^2}\right) A_{mn} \sin\frac{m\pi x}{a} \sin\frac{n\pi y}{\mathrm{b}} = q \tag{8-43}$$

现在,我们把上式右边的 $q=q(x,y)$ 展为重三角级数:

$$q=\sum_{m=1}^{\infty}\sum_{n=1}^{\infty}C_{mn}\sin\frac{m\pi x}{a}\sin\frac{n\pi y}{b} \tag{8-44}$$

由傅里叶级数的展开公式得出

$$C_{mn}=\frac{4}{ab}\int_0^a\int_0^b q\sin\frac{m\pi x}{a}\sin\frac{n\pi y}{b}\mathrm{d}x\mathrm{d}y$$

将其代回式(8-44),并与式(8-43)两边 $\sin\frac{m\pi x}{a}\sin\frac{n\pi y}{b}$ 的系数进行对比,即得系数

$$A_{mn}=\frac{4\int_0^a\int_0^b q\sin\frac{m\pi x}{a}\sin\frac{n\pi y}{b}\mathrm{d}x\mathrm{d}y}{\pi^4abD\left(\frac{m^2}{a^2}+\frac{n^2}{b^2}\right)^2} \tag{8-45}$$

(4)求挠度和内力。

对式(8-45)中分子进行积分,求出 $A_{mn}$,再将其代回式(8-42),即可得 $w$ 的表达式。应用式(8-19)便可求得相应的内力。

(5)当薄板受均布荷载时,$q$ 成为常量 $q_0$,式(8-45)中分子的积分式成为:

$$q_0\int_0^a\sin\frac{m\pi x}{a}\mathrm{d}x\int_0^b\sin\frac{n\pi y}{b}\mathrm{d}y=\frac{q_0ab}{\pi^2mn}(1-\cos m\pi)(1-\cos n\pi)$$

于是由式(8-45)得到

$$A_{mn}=\frac{4q_0(1-\cos m\pi)(1-\cos n\pi)}{\pi^6Dmn\left(\frac{m^2}{a^2}+\frac{n^2}{b^2}\right)^2}$$

或

$$A_{mn}=\frac{16q_0}{\pi^6Dmn\left(\frac{m^2}{a^2}+\frac{n^2}{b^2}\right)^2}\quad(m=1,3,5\cdots;n=1,3,5\cdots;)$$

代入式(8-42),即得挠度的表达式:

$$w=\frac{16q_0}{\pi^6D}\sum_{m=1,3,5,\cdots}^{\infty}\sum_{n=1,3,5,\cdots}^{\infty}\frac{\sin\frac{m\pi x}{a}\sin\frac{n\pi y}{b}}{mn\left(\frac{m^2}{a^2}+\frac{n^2}{b^2}\right)^2} \tag{8-46}$$

由此可以用式(8-19)求得内力。

(6)当薄板在任意一点$(\xi,\eta)$受集中荷载 $F$ 时,可以用微分面积 $\mathrm{d}x\mathrm{d}y$ 上的均布荷载 $F/(\mathrm{d}x\mathrm{d}y)$ 来代替分布荷载 $q$。于是,式(8-45)中除了 $q$ 在点$(\xi,\eta)$处的微分面积等于 $F/(\mathrm{d}x\mathrm{d}y)$ 以外,在其余各处都等于零。因此,式(8-45)成为:

$$A_{mn}=\frac{4}{\pi^4abD\left(\frac{m^2}{a^2}+\frac{n^2}{b^2}\right)^2}\frac{F}{\mathrm{d}x\mathrm{d}y}\sin\frac{m\pi\xi}{a}\sin\frac{n\pi\eta}{b}\mathrm{d}x\mathrm{d}y$$

$$=\frac{4F}{\pi^4abD\left(\frac{m^2}{a^2}+\frac{n^2}{b^2}\right)^2}\sin\frac{m\pi\xi}{a}\sin\frac{n\pi\eta}{b}$$

代入(8-42)即得挠度公式:

$$w=\frac{4F}{\pi^4 abD}\sum_{m=1}^{\infty}\sum_{n=1}^{\infty}\frac{\sin\frac{m\pi\xi}{a}\sin\frac{n\pi\eta}{b}}{mn\left(\frac{m^2}{a^2}+\frac{n^2}{b^2}\right)^2}\sin\frac{m\pi x}{a}\sin\frac{n\pi y}{b} \tag{8-47}$$

由此可以用式(8-19)求得内力。

## 2. 矩形薄板的 Levy 解法

对于有两个对边简支的矩形板，Levy 建议采用单三角级数解法，该法较 Navier 解法不仅适用范围广，而且内力计算的收敛性也比 Navier 解法好。

**[例 8-2]** 设图 8-7 所示矩形板具有两个简支边，即 $x=0$ 及 $x=a$，其余两边 $y=\pm b/2$ 是任意边，在板的表面上承受任意横向荷载 $q(x,y)$，求板的挠度表达式。

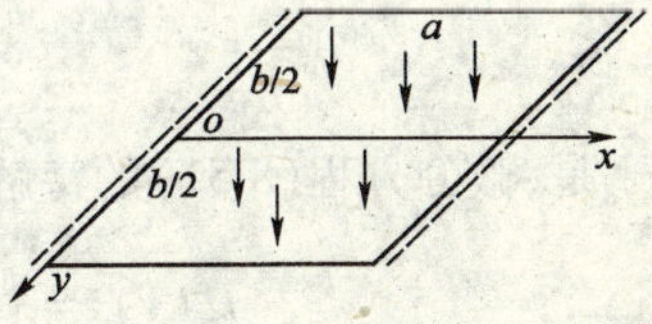

图 8-7 [例 8-2]图

解：(1)边界条件。

$$(w)_{x=0}=0,\quad \left(\frac{\partial^2 w}{\partial x^2}\right)_{x=0}=0,\quad (w)_{x=a}=0,\quad \left(\frac{\partial^2 w}{\partial x^2}\right)_{x=a}=0$$

(2)挠度的表达式。

Levy 把挠度的表达式取为如下的单三角级数：

$$w=\sum_{m=1}^{\infty}Y_m\sin\frac{m\pi x}{a} \tag{8-48}$$

其中，$Y_m$ 是 $y$ 的任意待定函数，而 $m$ 为正整数。

(3) $Y_m$ 的选择及挠度求解。

因为式(8-48)能满足边界条件，故只需选择函数 $Y_m$ 使其能满足弹性曲面的微分方程

$$\nabla^4 w=q/D \tag{8-49}$$

并在 $y=\pm b/2$ 的两边上满足边界条件。

将式(8-48)代入式(8-49)，得

$$\sum_{m=1}^{\infty}\left[\frac{\partial^4 Y_m}{\partial y^4}-2\left(\frac{m\pi}{a}\right)^2\frac{\partial^2 Y_m}{\partial y^2}+\left(\frac{m\pi}{a}\right)^4 Y_m\right]\sin\frac{m\pi x}{a}=\frac{q}{D} \tag{8-50}$$

再把式(8-50)的 $q/D$ 展为 $\sin\frac{m\pi x}{a}$ 的级数。由傅里叶级数展开公式得

$$\frac{q}{D}=\frac{2}{a}\sum_{m=1}^{\infty}\left[\int_0^a\frac{q}{D}\sin\frac{m\pi x}{a}\mathrm{d}x\right]\sin\frac{m\pi x}{a}$$

与式(8-50)对比，可见有

$$\frac{\partial^4 Y_m}{\partial y^4}-2\left(\frac{m\pi}{a}\right)^2\frac{\partial^2 Y_m}{\partial y^2}+\left(\frac{m\pi}{a}\right)^4 Y_m=\frac{2}{aD}\int_0^a q\sin\frac{m\pi x}{a}\mathrm{d}x \tag{8-51}$$

这一常微分方程的解答是：

$$Y_m=A_m\cosh\frac{m\pi y}{a}+B_m\frac{m\pi y}{a}\sinh\frac{m\pi y}{a}+C_m\sinh\frac{m\pi y}{a}+D_m\frac{m\pi y}{a}\cosh\frac{m\pi y}{a}+f_m(y)$$

其中，$f_m(y)$ 是非齐次方程(8-51)的任意一个特解，可按照式(8-51)右边积分以后的结果来选择；而前四项是相应的齐次方程的通解，系数 $A_m$、$B_m$、$C_m$、$D_m$ 是待定的常数，决定于 $y=\pm b/2$ 两边的边界条件。将上式代入式(8-48)，即得挠度 $w$ 的表达式为：

$$w = \sum_{m=1}^{\infty}\left[A_m\cosh\frac{m\pi y}{a} + B_m\frac{m\pi y}{a}\sinh\frac{m\pi y}{a} + C_m\sinh\frac{m\pi y}{a} + D_m\frac{m\pi y}{a}\cosh\frac{m\pi y}{a} + f_m(y)\right]\sin\frac{m\pi y}{a} \tag{8-52}$$

**[例 8-3]** 设图 8-7 所示矩形薄板是四边简支的,在板的表面上承受有均布荷载 $q = q_0$,求板的挠度和内力。

**解:**(1)挠度求解。

首先,由上题的微分方程(8-51)可知其右边成为:

$$\frac{2q_0}{aD}\int_0^a \sin\frac{m\pi x}{a}\mathrm{d}x = \frac{2q_0}{\pi Dm}(1 - \cos mx)$$

于是,微分方程(8-51)的特解可以取为:

$$f_m(y) = \left(\frac{a}{m\pi}\right)^4\frac{2q_0}{\pi Dm}(1 - \cos mx) = \frac{2q_0a^4}{\pi^5Dm^5}(1 - \cos mx)$$

将其代入式(8-52),并注意,由于对称,薄板的挠度 $w$ 应当是 $y$ 的偶函数,有 $C_m = 0, D_m = 0$,得

$$w = \sum_{m=1}^{\infty}\left[A_m\cosh\frac{m\pi y}{a} + B_m\frac{m\pi y}{a}\sinh\frac{m\pi y}{a} + \frac{2q_0a^4}{\pi^5Dm^5}(1 - \cos mx)\right]\sin\frac{m\pi x}{a} \tag{8-53}$$

(2)求解挠度方程中的系数。

由于 $y = \pm b/2$ 的两边也是简支边,边界条件为:

$$(w)_{y=\pm b/2} = 0, \qquad \left(\frac{\partial^2 w}{\partial y^2}\right)_{y=\pm b/2} = 0$$

将式(8-53)代入,得出决定 $A_m$ 及 $B_m$ 的联立方程:

$$\left.\begin{aligned}&A_m\cosh\alpha_m + B_m\alpha_m\sinh\alpha_m + \frac{2q_0a^4}{\pi^5Dm^5} = 0\\&(A_m + 2B_m)\cosh\alpha_m + B_m\alpha_m\sinh\alpha_m = 0(m = 1,3,5,\cdots)\end{aligned}\right\}$$

以及

$$\left.\begin{aligned}&A_m\cosh\alpha_m + B_m\alpha_m\sinh\alpha_m = 0\\&(A_m + 2B_m)\cosh\alpha_m + B_m\alpha_m\sinh\alpha_m = 0 \quad (m = 2,4,6,\cdots)\end{aligned}\right\}$$

其中,$\alpha_m = \dfrac{m\pi b}{2a}$。由此求得系数

$$A_m = -\frac{2(2 + \alpha_m\tanh\alpha_m)q_0a^4}{\pi^5Dm^5\cosh\alpha_m}, \quad B_m = \frac{2q_0a^4}{\pi^5Dm^5\cosh\alpha_m} \quad (m = 1,3,5,\cdots)$$

以及

$$A_m = 0, \quad B_m = 0 \quad (m = 2,4,6,\cdots)$$

(3)挠度及内力求解。

将求出的系数代入式(8-53),得挠度 $w$ 的最后表达式:

$$w = \frac{4q_0a^4}{\pi^5D}\sum_{m=1,3,5\cdots}^{\infty}\frac{1}{m^5}\left(1 - \frac{2 + \alpha_m\tanh\alpha_m}{2\cosh\alpha_m}\cosh\frac{2\alpha_m y}{b} + \frac{\tanh\alpha_m}{2\cosh\alpha_m}\frac{2y}{b}\sinh\frac{2\alpha_m y}{b}\right)\sin\frac{m\pi x}{a} \tag{8-54}$$

从而求得内力的表达式。

注:应用上述的 Levy 解法,可以得出四边简支的矩形薄板在受各种横向荷载时的解答,还可以得出这种薄板在某一边界上受分布力矩荷载或发生挠度(沉陷)时的解答,以及在角点发生沉陷时的解答。

# §8-4 圆形薄板的弯曲

对于圆形薄板的弯曲问题,和求解圆形边界的平面问题一样,用极坐标比较方便。为此,薄板所要满足的基本方程和基本关系式都需要采用极坐标表示。

## 1. 基本关系和基本方程

1)内力与变形之间的关系

我们已经知道,在极坐标里,应力—应变的关系与直角坐标里相同。这里只讨论内力—挠度的关系。首先,我们把挠度 $w$ 和横向荷载 $q$ 都看作是极坐标 $\rho$ 和 $\varphi$ 的函数,即 $w=\mathrm{w}(\rho,\varphi)$,$q=\mathrm{q}(\rho,\varphi)$。进行与 §5-4 中相同的运算,可以得出下列的导数变换式:

$$\frac{\partial w}{\partial x}=\cos\varphi\frac{\partial w}{\partial\rho}-\frac{\sin\varphi}{\rho}\frac{\partial w}{\partial\varphi},\qquad \frac{\partial w}{\partial y}=\sin\varphi\frac{\partial w}{\partial\rho}+\frac{\cos\varphi}{\rho}\frac{\partial w}{\partial\varphi} \tag{8-55}$$

$$\left.\begin{aligned}
\frac{\partial^2 w}{\partial x^2}&=\frac{\partial^2 w}{\partial\rho^2}\cos^2\varphi+\left(\frac{1}{\rho}\frac{\partial w}{\partial\rho}+\frac{1}{\rho^2}\frac{\partial^2 w}{\partial\varphi^2}\right)\sin^2\varphi-2\left[\left(\frac{\partial}{\partial\rho}\right)\left(\frac{1}{\rho}\frac{\partial w}{\partial\varphi}\right)\right]\sin\varphi\cos\varphi\\
\frac{\partial^2 w}{\partial y^2}&=\frac{\partial^2 w}{\partial\rho^2}\sin^2\varphi+\left(\frac{1}{\rho}\frac{\partial w}{\partial\rho}+\frac{1}{\rho^2}\frac{\partial^2 w}{\partial\varphi^2}\right)\cos^2\varphi+2\left[\left(\frac{\partial}{\partial\rho}\right)\left(\frac{1}{\rho}\frac{\partial w}{\partial\varphi}\right)\right]\sin\varphi\cos\varphi\\
\frac{\partial^2 w}{\partial x\partial y}&=\left[\frac{\partial^2 w}{\partial\rho^2}-\left(\frac{1}{\rho}\frac{\partial w}{\partial\rho}+\frac{1}{\rho^2}\frac{\partial^2 w}{\partial\varphi^2}\right)\right]\sin\varphi\cos\varphi+\frac{\partial}{\partial\rho}\left(\frac{1}{\rho}\frac{\partial w}{\partial\varphi}\right)(\cos^2\varphi-\sin^2\varphi)
\end{aligned}\right\} \tag{8-56}$$

(1)基本方程——薄板弹性曲面的微分方程。

利用上面的导数变换式,可得到极坐标平面里的薄板弯曲微分方程。根据 $\nabla^2 w$ 运算式,即 $\nabla^2 w=\frac{\partial^2 w}{\partial x^2}+\frac{\partial^2 w}{\partial y^2}=\frac{\partial^2 w}{\partial\rho^2}+\frac{1}{\rho}\frac{\partial w}{\partial\rho}+\frac{1}{\rho^2}\frac{\partial^2 w}{\partial\varphi^2}$,可导出薄板弹性曲面的微分方程为:

$$\left(\frac{\partial^2}{\partial\rho^2}+\frac{1}{\rho}\frac{\partial}{\partial\rho}+\frac{1}{\rho^2}\frac{\partial^2}{\partial\varphi^2}\right)\left(\frac{\partial^2 w}{\partial\rho^2}+\frac{1}{\rho}\frac{\partial w}{\partial\rho}+\frac{1}{\rho^2}\frac{\partial^2 w}{\partial\varphi^2}\right)=q_0/D \tag{8-57}$$

(2)内力与变形之间的关系。

为了导出用挠度 $w$ 表示内力的表达式,从薄板内取出一个微分块,如图 8-8 所示。在 $\rho$ 为常量的横截面上,应力分量 $\sigma_\rho$、$\tau_{\rho\varphi}$ 和 $\tau_{\rho z}$ 分别合成为弯矩 $M_\rho$、扭矩 $M_{\rho\varphi}$,和横向剪力 $Q_\rho$;在 $\varphi$ 为常量的横截面上,应力分量 $\sigma_\varphi$、$\tau_{\varphi\rho}$ 和 $\tau_{\varphi z}$ 分别合成为弯矩 $M_\varphi$、扭矩 $M_{\varphi\rho}$ 和横向剪力 $F_{s\varphi}$。若上述各个内力均为正号,则对应的正方向用力矢和矩矢表示,如图 8-8 所示。

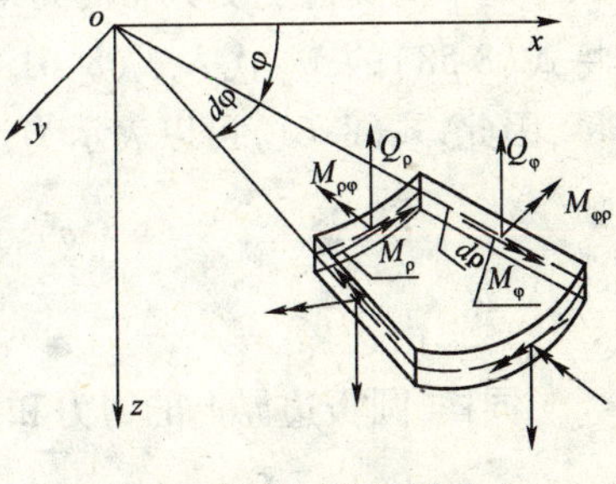


图 8-8 圆形薄板单元体内力

现在,把 $x$ 轴和 $y$ 轴分别转到这个微分块的 $\rho$ 方向和 $\varphi$ 方向,使该微分块的 $\varphi$ 坐标成为零,则该微分块处的 $M_\rho$、$M_\varphi$、$M_{\rho\varphi}$、$M_{\varphi\rho}$、$Q_\rho$、$Q_\varphi$ 分别成为 $M_x$、$M_y$、$M_{xy}$、$M_{yx}$、$Q_x$、$Q_y$。则利用导数的变换式(8-56)和式(8-55),令 $\varphi=0$,即由式(8-19)得到极坐标中薄板内力公式:

$$
\left.\begin{aligned}
M_{\rho} &= (M_{x})_{\varphi=0} = -D\left[\frac{\partial^2 w}{\partial \rho^2} + \mu\left(\frac{1}{\rho}\frac{\partial w}{\partial \rho} + \frac{1}{\rho^2}\frac{\partial^2 w}{\partial \varphi^2}\right)\right] \\
M_{\varphi} &= (M_{y})_{\varphi=0} = -D\left[\left(\frac{1}{\rho}\frac{\partial^2 w}{\partial \rho} + \frac{1}{\rho^2}\frac{\partial^2 w}{\partial \varphi^2}\right) + \mu\frac{\partial^2 w}{\partial \rho^2}\right] \\
M_{\rho\varphi} &= M_{\varphi\rho} = (M_{yx})_{\varphi=0} = -D(1-\mu)\left[\frac{\partial}{\partial \rho}\left(\frac{1}{\rho}\frac{\partial w}{\partial \varphi}\right)\right] \\
Q_{\rho} &= (Q_{x})_{\varphi=0} = -D\frac{\partial}{\partial x}(\nabla^2 w)_{\varphi=0} = -D\frac{\partial}{\partial \rho}\nabla^2 w \\
Q_{\varphi} &= (Q_{y})_{\varphi=0} = -D\frac{\partial}{\partial y}(\nabla^2 w)_{\varphi=0} = -D\frac{1}{\rho}\frac{\partial}{\partial \varphi}\nabla^2 w
\end{aligned}\right\} \tag{8-58}
$$

其中，$\nabla^2 w = \left(\frac{\partial^2}{\partial \rho^2} + \frac{1}{\rho}\frac{\partial}{\partial \rho} + \frac{1}{\rho^2}\frac{\partial^2}{\partial \varphi^2}\right)$是拉普拉斯算子。

2)应力分量与内力分量之间的关系

在极坐标里，应力分量与内力分量之间，具有与直角坐标系里类似的表达式，即

$$
\left.\begin{aligned}
&\sigma_{\rho} = \frac{12M_{\rho}}{\delta^3}z, \qquad \sigma_{\varphi} = \frac{12M_{\varphi}}{\delta^3}z, \qquad \tau_{\rho\varphi} = \tau_{\varphi\rho} = \frac{12M_{\rho\varphi}}{\delta^3}z \\
&\tau_{\rho z} = \frac{6Q_{\rho}}{\delta^3}\left(\frac{\delta^2}{4} - z^2\right), \qquad \tau_{\varphi z} = \frac{6Q_{\varphi}}{\delta^3}\left(\frac{\delta^2}{4} - z^2\right)
\end{aligned}\right\} \tag{8-59}
$$

## 2. 边界条件

对于圆板的边界条件（坐标原点取在圆板的中心），设$\rho = a$处为板的边界，常见的几种边界及边界条件可以写成如下形式。

1)固定边界

设$\rho = a$处为固定边，则在边界上的挠度$w$等于零，薄板弹性曲面的斜率（即转角）也等于零。边界条件可以写成：

$$
(w)_{\rho=a} = 0, \qquad \left(\frac{\partial w}{\partial \rho}\right)_{\rho=a} = 0 \tag{8-60}
$$

2)简支边界

设$\rho = a$处为简支边，则该边界上的挠度$w$等于零，弯矩也等于零，边界条件可以写成：

$$
(w)_{\rho=a} = 0, \qquad (M_{\rho})_{\rho=a} = 0 \tag{8-61}
$$

如果这个简支边上受分布的力矩荷载$M$，则式(8-61)中第二式的右边就不等于零而等于$M$。将式(8-58)的$M_{\rho}$代入式(8-61)，由于$(w)_{\rho=a}=0$，必然导致$\rho = a$的边界上$w$对$\varphi$的导数均为零，因此，式(8-61)可以表示为：

$$
(w)_{\rho=a} = 0, \qquad \left(\frac{\partial^2 w}{\partial \rho^2} + \mu\frac{1}{\rho}\frac{\partial w}{\partial \rho}\right)_{\rho=a} = 0 \tag{8-62}
$$

3)自由边界

同样，圆板边界上的剪力和扭矩也可以简化为等效的剪力，即

$$
V_{\rho} = Q_{\rho} + \frac{1}{\rho}\frac{\partial M_{\rho\varphi}}{\partial \varphi}, \qquad V_{\theta} = Q_{\theta} + \frac{\partial M_{\rho\varphi}}{\partial \rho} \tag{8-63}
$$

或

$$
V_{\rho} = -\left(Q_{\rho} + \frac{1}{\rho}\frac{\partial M_{\rho\varphi}}{\partial \varphi}\right), \qquad V_{\theta} = -\left(Q_{\theta} + \frac{\partial M_{\rho\varphi}}{\partial \rho}\right) \tag{8-64}
$$

由于在圆板中,$\rho$ 为常量的截面是一个连续而没有角点的截面,所以不存在集中剪力 $R$。这样,设 $\rho = a$ 处为自由边,则该边界上的边界条件成为:

$$(M_\rho)_{\rho=a} = 0, \quad (V_\rho)_{\rho=a} = \left(Q_\rho + \frac{1}{\rho}\frac{\partial M_{\rho\varphi}}{\partial \varphi}\right)_{\rho=a} = 0 \tag{8-65}$$

其中,前一个条件仍然表示弯矩等于零,而后一个条件则表示总的分布剪力等于零。

如果这个自由边上受有分布的力矩荷载 $M$ 及横向荷载 $Q$,则上述两式的右边将不等于零而分别等于 $M$ 及 $Q$。如将式(8-58)中的内力用 $w$ 表示的式子代入式(8-65),则自由边的边界条件便可以直接用挠度 $w$ 来表示。

### 3. 圆形薄板轴对称弯曲问题

1)基本问题

若圆形截面薄板受横向荷载 $q$,边界条件是绕 $z$ 轴对称的,则该薄板的挠度和内力也将是绕 $z$ 轴对称的,这类问题就是圆板的轴对称弯曲问题。

2)具体求解

这时,横向荷载 $q = q(\rho)$,挠度 $w = w(\rho)$。因此,弹性曲面的微分方程(8-57)简化为常微分方程:

$$D\left(\frac{\partial^2}{\partial \rho^2} + \frac{1}{\rho}\frac{\partial}{\partial \rho}\right)\left(\frac{\partial^2 w}{\partial \rho^2} + \frac{1}{\rho}\frac{\partial w}{\partial \rho}\right) = q \tag{8-66}$$

在§4-5 中已经说明,轴对称情形下的算子为:

$$\nabla^2 = \frac{\mathrm{d}^2}{\mathrm{d}\rho^2} + \frac{1}{\rho}\frac{\mathrm{d}}{\mathrm{d}\rho} = \frac{1}{\rho}\frac{\mathrm{d}}{\mathrm{d}\rho}\left(\rho\frac{\mathrm{d}}{\mathrm{d}\rho}\right)$$

因此,式(8-66)可以写为:

$$\frac{1}{\rho}\frac{\mathrm{d}}{\mathrm{d}\rho}\left\{\rho\frac{\mathrm{d}}{\mathrm{d}\rho}\left[\frac{1}{\rho}\frac{\mathrm{d}}{\mathrm{d}\rho}\left(\rho\frac{\mathrm{d}}{\mathrm{d}\rho}\right)\right]\right\} = q/D$$

对该式积分四次,便得到轴对称弯曲问题的挠度解答:

$$w = C_1\ln\rho + C_2\rho^2\ln\rho + C_3\rho^2 + C_4 + w_1 \tag{8-67}$$

其中特解 $w_1$ 为:

$$w_1 = \frac{1}{D}\int\frac{1}{\rho}\int\rho\int\frac{1}{\rho}\int q\rho\mathrm{d}\rho^4 \tag{8-68}$$

$C_1$ 至 $C_4$ 为待定的系数,决定于边界条件。式(8-67)表示的挠度 $w$ 便是薄板轴对称弯曲问题的普遍适用的解答。

(1)受均布荷载 $q = q_0$ 的薄板,可解得 $w_1 = \dfrac{q_0}{64D}\rho^4$,于是挠度解答式(8-67)为:

$$w = C_1\ln\rho + C_2\rho^2\ln\rho + C_3\rho^2 + C_4 + \frac{q_0}{64D}\rho^4 \tag{8-69}$$

(2)如果薄板是带孔的,内外边界分别为 $\rho = a$ 和 $\rho = b$,则可以由内外边界的各两个边界条件来确定系数 $C_1$ 至 $C_4$。

(3)如果薄板是无孔的,仅有外边界 $\rho = a$ 的边界条件。这时,还需考虑薄板中心点($\rho = 0$)的挠度及内力的有限值条件,即在 $\rho = 0$ 处,挠度和内力不可能为无限大,但式(8-69)中的第一、第二项将成为无限大。因此,常数 $C_1$ 和 $C_2$ 都应当等于零。于是得

$$w = C_3\rho^2 + C_4 + \frac{q_0}{64D}\rho^4, \qquad \frac{\mathrm{d}w}{\mathrm{d}\rho} = 2C_3\rho + \frac{q_0}{16D}\rho^3 \tag{8-70}$$

并由式(8-61)得出弯矩和扭矩：

$$\left.\begin{aligned} M_\rho &= -(1+\mu)DC_3 - \frac{3+\mu}{16}q_0\rho^2 \\ M_\varphi &= -(1+\mu)DC_3 - \frac{1+3\mu}{16}q_0\rho^2 \\ M_{\rho\varphi} &= M_{\varphi\rho} = 0 \end{aligned}\right\} \tag{8-71}$$

剪力 $Q_\rho$ 可直接由平衡条件得到，而不必利用式(8-58)求解；剪力 $Q_\varphi$则由于对称而为零。系数 $C_3$ 和 $C_4$。决定于边界条件。

**[例 8-4]** 受均布荷载 $q$ 作用的弹性圆形薄板，设半径为 $a$，求板的挠度和内力。

**解：**(1)挠度及内力求解。

由挠度通解表达式可知，本题的挠度通解为：$w = C_1\ln\rho + C_2\rho^2\ln\rho + C_3\rho^2 + C_4 + \frac{q}{64D}\rho^4$。对于完整的中心无削弱的圆形薄板，常数 $C_1$ 和 $C_2$ 应为零，否则在板的中心 $\rho=0$ 处挠度将为无穷大，这与问题的实际不符。于是上式简化为：

$$w = C_3\rho^2 + C_4 + \frac{q}{64D}\rho^4$$

由边界条件

$$(w)_{\rho=a} = 0, \qquad \left(\frac{\partial w}{\partial \rho}\right)_{\rho=a} = 0$$

可得

$$a^2C_3 + C_4 + \frac{q}{64D}a^4 = 0, \qquad 2aC_3 + \frac{q}{16D}a^3 = 0$$

由此求得

$$C_3 = -\frac{q}{32D}a^2, \qquad C_4 = \frac{q}{64D}a^4$$

将 $C_3$、$C_4$ 代入式(8-70)及式(8-71)，即得

$$\left.\begin{aligned} w &= \frac{q}{64D}a^4\left(1-\frac{\rho^2}{a^2}\right)^2 \\ M_\rho &= \frac{qa^2}{16}\left[(1+\mu)-(3+\mu)\frac{\rho^2}{a^2}\right] \\ M_\varphi &= \frac{qa^2}{16}\left[(1+\mu)-(1-3\mu)\frac{\rho^2}{a^2}\right] \end{aligned}\right\}$$

此外，取出半径为 $\rho$ 的中间部分的薄板，由平衡条件 $\sum F_z=0$，得

$$2\pi\rho Q_\rho + q\pi\rho^2 = 0$$

从而得

$$Q_\rho = -\frac{q}{2}$$

(2)讨论。

工程上关于圆心的最大挠度和最大弯曲应力，不难求出如下结果。

①最大弯矩发生在板边处,其值为:

$$(M_\rho)_{\rho=a} = -\frac{qa^2}{8}$$

②最大挠度发生在薄板的中心,其值为:

$$(w)_{\rho=a} = \frac{q}{64D}a^4$$

③在薄板的边界上,剪力为:

$$(Q_\rho)_{\rho=a} = -\frac{qa}{2}$$

④在薄板的中心处,有:

$$M_\varphi = M_\rho = \frac{(1+\mu)}{16}qa^2$$

⑤最大弯曲应力发生在板边上下表面上,其值为:

$$(\sigma_\rho)_{\max} = \left|-\frac{6M_\rho}{\delta^2}\right| = \frac{3qa^2}{4\delta^2}$$

解毕。

**[例 8-5]** 一半径为 $a$ 的弹性圆形薄板,边界简支。无横向荷载作用,但在其边界上受均布弯矩 $M_0$ 作用,求板的挠度和弯矩。

**解:**由于无横向荷载作用,可知本题的挠度通解为 $w = C_1\ln\rho + C_2\rho 2\ln\rho + C_3\rho^2 + C_4$。同上题一样,常数 $C_1$ 和 $C_2$ 应为零。于是上式简化为:

$$w = C_3\rho^2 + C_4 \tag{8-72}$$

本题边界条件

$$(w)_{\rho=a} = 0, \qquad \left(\frac{\partial^2 w}{\partial\rho^2} + \mu\frac{1}{\rho}\frac{\partial w}{\partial\rho}\right)_{\rho=a} = 0 \tag{8-73}$$

将式(8-72)代入以上边界条件,求得

$$C_3 = -\frac{M_0}{2(1+\mu)D}, \qquad C_4 = \frac{M_0 a^2}{2(1+\mu)D}$$

将其代入式(8-72),得挠度为:

$$w = -\frac{M_0}{2(1+\mu)D}\rho^2 + \frac{M_0 a^2}{2(1+\mu)D} = \frac{M_0 a^2}{2(1+\mu)D}\left(1-\frac{\rho^2}{a^2}\right)$$

弯矩为:

$$M_\rho = M_\varphi = M$$

解毕。

**[例 8-6]** 一内半径为 $a$,外半径为 $b$ 的弹性圆形薄板,外边界简支,内边界自由,内边界受有均布弯矩 $M_0$ 作用,求板的挠度表达式。

**解:**与上题类似,本题挠度通解为:

$$w = C_1\ln\rho + C_2\rho^2\ln\rho + C_3\rho^2 + C_4 \tag{8-74}$$

本题边界条件:

$$
\left.\begin{aligned}
&(w)_{\rho=a}=0\\
&(M_\rho)_{\rho=a}=-D\left(\frac{\partial^2 w}{\partial\rho^2}+\mu\frac{1}{\rho}\frac{\partial w}{\partial\rho}\right)_{\rho=a}=0\\
&(M_\rho)_{\rho=b}=-D\left(\frac{\partial^2 w}{\partial\rho^2}+\mu\frac{1}{\rho}\frac{\partial w}{\partial\rho}\right)_{\rho=b}=M_0\\
&(Q_\rho)_{\rho=b}=-D\left(\frac{\partial}{\partial\rho^2}\nabla^2 w\right)_{\rho=b}=0
\end{aligned}\right\}\tag{8-75}
$$

将式(8-74)代入式(8-75)的边界条件,得

$$
\left.\begin{aligned}
&C_2=0\\
&2C_3(1+\mu)+\frac{C_1}{b^2}(1+\mu)=M_0\\
&2C_3(1+\mu)-\frac{C_1}{b^2}(1-\mu)=0\\
&C_4+C_3a^2+C_1\ln\rho=0
\end{aligned}\right\}
$$

求解以上联立方程,可解出 $C_1$、$C_2$、$C_3$、$C_4$,再将其代入式(8-74),即得

$$
w=-\frac{M_0a^2b^2}{D(1-\mu^2)(a^2-b^2)}\left[\frac{1-\mu}{2}\left(1-\frac{\rho^2}{a^2}\right)+(1+\mu)\ln\frac{\rho}{a}\right]
$$

解毕。



## 思考题与习题

8-1　设有半椭圆形薄板,如图 8-9 所示,边界 $AOB$ 为简支边,$ACB$ 为固定边,受荷载 $q=q_1\dfrac{x}{a}$ 作用。试证明 $w=mx\left(\dfrac{x^2}{a^2}+\dfrac{y^2}{b^2}-1\right)$ 能满足一切条件,其中 $m$ 是待定系数,并求挠度和弯矩以及它们的最大值。

**答案:** $w_{\max}=\dfrac{2\sqrt{5}q_1a^4}{375\left(5+2\dfrac{a^2}{b^2}+\dfrac{a^4}{b^4}\right)D}$,$(M_x)_{x=a,y=0}=-\dfrac{q_1a^2}{3\left(5+2\dfrac{a^2}{b^2}+\dfrac{a^4}{b^4}\right)}$。

8-2　四边简支的矩形板,如图 8-10 所示,边长为 $a$ 和 $b$,受荷载 $q=q_0\sin\dfrac{\pi x}{a}\sin\dfrac{\pi y}{b}$。试证明 $w=m\sin\dfrac{\pi x}{a}\sin\dfrac{\pi y}{b}$ 能满足一切条件,并求出挠度、弯矩和反力。

**答案:** $w_{\max}=\dfrac{q_0a^4}{\pi^4\left(1+\dfrac{a^2}{b^2}\right)^2D}$,$(M_x)_{\max}=\dfrac{q_0a^2\left(1+\mu\dfrac{a^2}{b^2}\right)}{\pi^2\left(1+\dfrac{a^2}{b^2}\right)}$;$(Q_x^t)_{\max}=\dfrac{q_0a\left[1+(2-\mu)\dfrac{a^2}{b^2}\right]}{\pi^4\left(1+\dfrac{a^2}{b^2}\right)^2}$,

$R=\dfrac{2(1-\mu)q_0a^2}{\pi\left(1+\dfrac{a^2}{b^2}\right)^2\dfrac{b}{a}}$。

注:角点反力公式是 $R_i=2(M_{xy})_i$,故角点反力的正负方向应根据扭矩的正负方向规定来确定。在图 8-10 中,$R_O$、$R_B$ 以向上为正,$R_A$、$R_C$ 以向下为正。本题的角点反力解答是:$R_O=$

$R_B=-R$(向下)，$R_A=R_C=R$(向下)。

8-3 图8-11所示矩形薄板 $OABC$ 的 $OA$ 边和 $OC$ 边是简支边，$AB$ 边和 $CB$ 边是自由边，在 $B$ 点受横向的集中力 $F$，试证 $w=mxy$ 能满足一切条件，其中 $m$ 是待定系数，并求挠度、内力和反力。

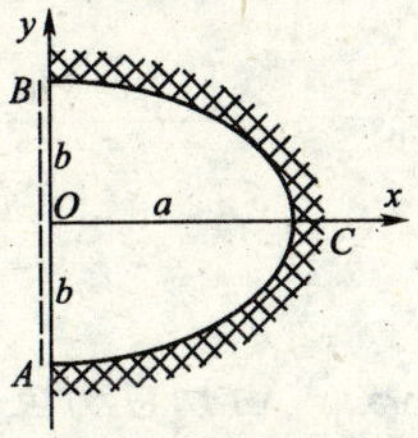


图8-9 习题8-1图

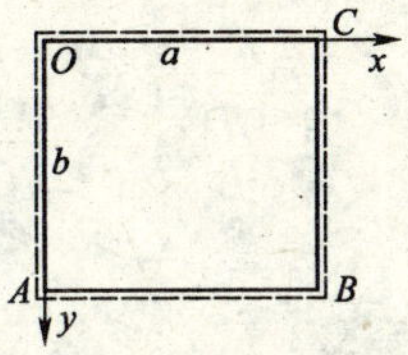


图8-10 习题8-2图

**答案**：$w_{max}=\dfrac{Fab}{2(1-\mu)D}$，$M_x=M_y=0$，$M_{xy}=-\dfrac{F}{2}$，$Q_x=Q_y=Q_x^t=Q_y^t=0$，$R_A=R_C=-F$(与荷载方向相反，向上)，$R_0=-F$(与荷载方向同，向下)。

8-4 矩形薄板 $OABC$ 的 $OA$ 边和 $BC$ 边是简支边，$OC$ 边和 $AB$ 边是自由边，如图8-12所示。不受横向荷载($q=0$)作用，但在两个简支边上受均布力矩 $M$ 作用，在两个自由边上受均布力矩 $\mu M$ 作用。试证 $w=f(x)$ 能满足一切条件，并求出挠度、弯矩和反力。

**答案**：$w_{max}=\dfrac{Ma^2}{8D}$，$M_x=M$，$M_y=\mu M$，$M_{xy}=0$，$Q_x^t=Q_y^t=0$，$R=0$。

8-5 四边简支的矩形板，如图8-13所示。在 $0\leqslant x\leqslant\dfrac{a}{2}$ 和 $0\leqslant y\leqslant\dfrac{b}{2}$ 的范围内受均布荷载 $q_0$ 作用，试用重三角级数求解挠度。

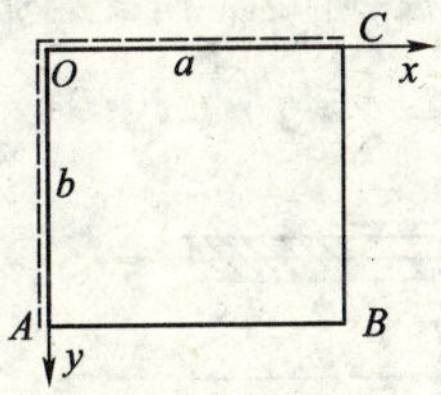


图8-11 习题8-3图

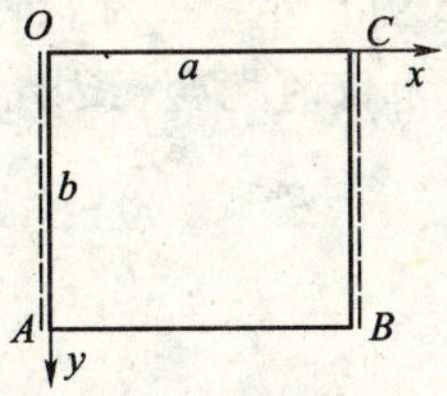


图8-12 习题8-4图

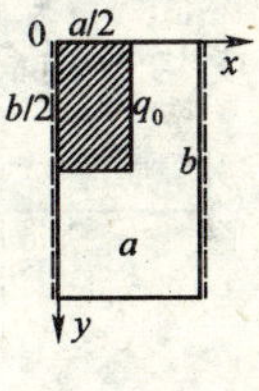


图8-13 习题8-5图

**答案**：其中的积分项：$\int_0^a\int_0^a q\sin\dfrac{n\pi x}{a}\sin\dfrac{n\pi y}{b}\mathrm{d}x\mathrm{d}y=q_0\int_0^{a/2}\sin\dfrac{m\pi x}{a}\mathrm{d}x\int_0^{b/2}\sin\dfrac{n\pi y}{b}\mathrm{d}y$

$$=\frac{q_0ab}{\pi^2mn}\times\begin{cases}1, & (m=1,3,5,\cdots;n=1,3,5,\cdots)\\ [1-(-1)^{m/s}][1-(-1)^{n/2}] & (m=2,4,6,\cdots;n=2,4,6,\cdots)\end{cases}$$

代入 $A_{mn}$，最后得挠度表达式：

$$w=\sum_{m=1,3,5,\cdots}^{\infty}\sum_{n=1,3,5,\cdots}^{\infty}\frac{4q_0}{\pi^6Dmn\left(\dfrac{m^2}{a^2}+\dfrac{n^2}{b^2}\right)}\sin\frac{m\pi x}{a}\sin\frac{m\pi y}{b}+$$

$$\sum_{\frac{m}{2}=1,3,5,\cdots}^{\infty}\sum_{\frac{n}{2}=1,3,5,\cdots}^{\infty}\frac{16q_0}{\pi^6Dmn\left(\dfrac{m^2}{a^2}+\dfrac{n^2}{b^2}\right)}\sin\frac{m\pi x}{a}\sin\frac{m\pi y}{b}$$

8-6 圆形薄板，半径为 $a$，边界简支，受均布荷载 $q_0$ 作用，试求挠度及弯矩，并求出它们的最大值。

**答案**：$w_{max}=\dfrac{(5+\mu)q_0a^4}{64(1+\mu)D}$，$M_{max}=\dfrac{(3+\mu)q_0a^2}{16}$。

8-7　固定边圆形薄板，半径为 $a$，受轴对称荷载 $q=q_1\dfrac{\rho}{a}$，试求挠度、弯矩和反力以及它们的最大值。

**答案**：$w_{max}=\dfrac{q_1a^4}{150D}$，$(M_\rho)_{\rho=a}=-\dfrac{q_1a^2}{15}$，$(M_\rho)_{\rho=0}=(M_\varphi)_{\rho=0}=-\dfrac{(1+\mu)q_1a^2}{45}$，$(F_{s\rho}^t)_{\rho=a}=-\dfrac{q_1a}{3}$。

8-8　在 $z$ 面上，切应力之间有关系式：$\tau_{zx}=\tau_{z\rho}\cos\varphi-\tau_{z\varphi}\sin\varphi$，或由切应力互等关系写为：$\tau_{xz}=\tau_{\rho z}\cos\varphi-\tau_{\varphi z}\sin\varphi$。

将上式两边乘以 dz，并从 $-\dfrac{\delta}{2}$ 到 $\dfrac{\delta}{2}$ 积分，得出横向剪力的变换式：

$$Q_x=Q_\rho\cos\varphi-Q_\varphi\sin\varphi \tag{8-76}$$

而 $Q_x$ 又可表示为：

$$Q_x=-D\frac{\partial}{\partial x}(\nabla^2w) \tag{8-77}$$

试证：将一阶导数 $\dfrac{\partial}{\partial x}$ 的变换式代入式(8-77)，并与式(8-76)相比，便可导出极坐标中的横向剪力公式，即式(8-19)中的 $Q_\rho$ 和 $Q_\varphi$ 的公式。

8-9　如图 8-14 所示，设有一内半径为 $a$ 的弹性圆形薄板，边界固定，中心设有链杆支座，设支座发生沉陷 $\eta$。求板的挠度和内力。

8-10　如图 8-15 所示，一内半径为 $a$，外半径为 $b$ 的弹性圆形薄板，外边界简支，内边界自由，内边界受均布横向剪力 $Q_0$ 作用，求板的挠度表达式。

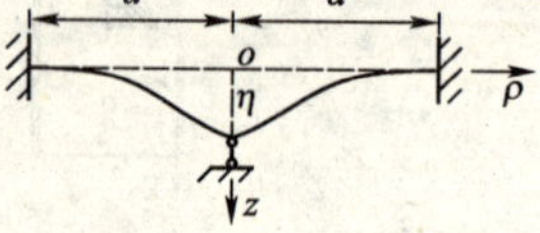

图 8-14　习题 8-9 图

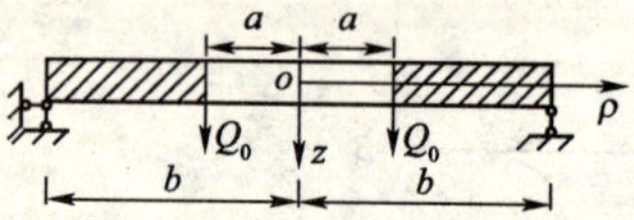

图 8-15　习题 8-10 图

# 第 9 章　有限单元法基础



有限单元法是伴随计算机的广泛应用而发展起来的一种数值解法，为了简洁清晰地表示各个基本量以及它们之间的关系，和便于程序编制及计算机进行计算，有限单元法中广泛地采用矩阵表示和矩阵运算。本教材以平面问题为主来说明有限单元法的应用。

## §9-1　平面问题的基本量及方程的矩阵表示

求解平面应力问题的基本方程有平衡微分方程、几何方程和物理方程。不论是平面应力问题还是平面应变问题，在直角坐标系中，其基本量和常用方程可用矩阵形式表示。

### 1. 体力和面力分量

$$f = \begin{Bmatrix} f_x \\ f_y \end{Bmatrix} = (f_x, f_y)^T \tag{9-1}$$

$$\bar{f} = \begin{Bmatrix} \bar{f}_x \\ \bar{f}_y \end{Bmatrix} = (\bar{f}_x, \bar{f}_y)^T \tag{9-2}$$

### 2. 应力分量、形变分量和位移分量

$$\sigma = (\sigma_x, \sigma_y, \tau_{xy})^T \tag{9-3}$$

$$\varepsilon = (\varepsilon_x, \varepsilon_y, \gamma_{xy})^T \tag{9-4}$$

$$d = (u, \nu)^T \tag{9-5}$$

### 3. 几何方程

$$\varepsilon = \left(\frac{\partial u}{\partial x}, \frac{\partial u}{\partial y}, \frac{\partial u}{\partial y} + \frac{\partial u}{\partial x}\right)^T \tag{9-6}$$

### 4. 平面应力问题的物理方程

$$\begin{Bmatrix} \sigma_x \\ \sigma_x \\ \tau_{xy} \end{Bmatrix} = \frac{E}{1-\mu^2}\begin{bmatrix} 1 & \mu & 0 \\ \mu & 0 & 0 \\ 0 & 0 & \frac{1-\mu}{2} \end{bmatrix}\begin{Bmatrix} \varepsilon_x \\ \varepsilon_y \\ \tau_{xy} \end{Bmatrix} \tag{9-7}$$

或利用式(9-3)及式(9-4)简写为

$$\sigma = D\varepsilon \tag{9-8}$$

其中的矩阵

$$D = \frac{E}{1-\mu^2}\begin{bmatrix} 1 & \mu & 0 \\ \mu & 0 & 0 \\ 0 & 0 & \frac{1-\mu}{2} \end{bmatrix} \tag{9-9}$$

只与弹性常数 $E$、$\mu$ 有关,称为平面应力问题的弹性矩阵。

平面应变问题的物理方程也可以用式(9-8)表示,但需将式(9-9)中的 $E$ 替换为 $E/(1-\mu^2)$,将 $\mu$ 换为 $\mu/(1-\mu)$。

用 $u^*$、$v^*$ 表示虚位移(即表示第七章中的 $\delta u,\delta v$),用 $\varepsilon_x^*$、$\varepsilon_y^*$、$\gamma_{xy}^*$ 表示与该虚位移相对应的虚应变[即第6章中的 $\delta\varepsilon_x$、$\delta\varepsilon_y$、$\delta\gamma_{xy}$,可由 $u^*$、$v^*$ 通过式(9-6)求出]。根据虚功方程:在虚位移过程中,外力在虚位移上所做的虚功等于应力在虚应变上所做的虚功。对于厚度为 $t$ 的薄板,平面问题虚功方程可用矩阵表示为:

$$\iint_A (d^*)^{\mathrm{T}} f \mathrm{d}x\mathrm{d}y \cdot t + \int_{s_\sigma} (d^*)^{\mathrm{T}} \bar{f} \mathrm{d}s \cdot t = \iint_A (\varepsilon^*)^{\mathrm{T}} \sigma \mathrm{d}x\mathrm{d}y \cdot t \tag{9-10}$$

其中,$f$、$\bar{f}$、$\sigma$ 分别如式(9-1)、式(9-2)、式(9-3)所示,而虚位移和虚应变的列阵为:

$$d^* = (u^* \quad v^*)^{\mathrm{T}} \tag{9-11}$$

$$\varepsilon^* = (\varepsilon_x^* \quad \varepsilon_y^* \quad \gamma_{xy}^*)^{\mathrm{T}} \tag{9-12}$$

在有限单元法中,作用于弹性体的各种外力常以作用于某些点的等效集中力来代替。如图9-1所示,在厚度为 $t$ 的薄板上,设作用于 $i$ 点的集中力沿 $x$ 及 $y$ 方向的分量为 $F_{ix}$、$F_{jy}$,作用于 $j$ 点的集中力分量为 $F_{jx}$、$F_{jy}$ 等。这些集中力以及与它们相应的虚位移可用列阵表示为:

$$F = (F_{ix} \quad F_{iy} \quad F_{jx} \quad F_{jy} \cdots)^{\mathrm{T}} \tag{9-13}$$

$$\delta^* = (u_i^* \quad v_i^* \quad u_j^* \quad v_j^* \cdots)^{\mathrm{T}} \tag{9-14}$$

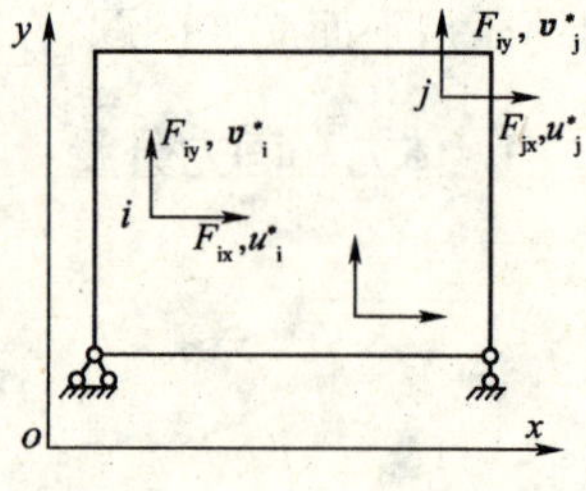

图 9-1 等效结点力

于是各外力在虚位移上的虚功为:

$$F_{ix} \cdot u_i^* + F_{iy} \cdot v_i^* + F_{jx} \cdot u_j^* + F_{jy} \cdot v_j^* + \cdots = (\delta^*)^{\mathrm{T}} F$$

代入式(9-10)的左边,即得

$$(\delta^*)^{\mathrm{T}} F = \iint_A (\varepsilon^*)^{\mathrm{T}} \sigma \mathrm{d}x\mathrm{d}y \cdot t \tag{9-15}$$

这就是集中力作用下的虚功方程。

## §9-2 有限单元法的概念

有限单元法求解弹性力学问题,是将连续体变换为离散化结构,再用结构力学方法求解。

### 1. 有限单元法分析问题的基本步骤

有限单元法求解一般连续介质的场问题时,总是遵循逐步求解的过程,其求解步骤为:

(1)结构离散化——将连续体变换为离散化结构。

将连续体划分为有限多个有限尺寸的单元,单元之间用结点连接,构成离散化的结构,这一过程称为结构的离散化。对于要分析的结构必须用恰当的有限单元来模拟(建模),离散化需要确定单元的类型、数量、尺寸大小和构成顺序。

(2)选择合适的插值函数或位移模式。

把单元中的结点位移作为基本未知量,选择恰当的位移函数来表示单元中的位移,并用节点位移来表示此位移函数,要求在单元内和单元间位移连续。

①由位移函数求单元的应变,以及把单元中的应变用节点位移来表示;

②通过材料的物理关系,把单元中的应力用节点位移来表示。

(3)推导单元刚度矩阵和荷载矢量。

由假定的位移插值函数,可用平衡条件或变分原理推导单元刚度矩阵 $k^e$ 和荷载矢量 $P^e$。

(4)集成单元方程到整体平衡方程组。

由于结构是由有限的单元构成的,所以每个单元的刚度矩阵和荷载矢量应以一定的方式进行集成,得到总体平衡方程:

$$[K']\{\delta'\} = \{F'\}$$

式中,$[K']$为结构总刚度矩阵;$\{\delta'\}$为结点位移矢量;$\{F'\}$为整体结构结点力矢量。

(5)约束条件处理。

方程$[K']\{\delta'\} = \{F'\}$没有涉及到约束,即对刚体位移未作任何的限制,故结点位移$\delta'$不会得到唯一解。因为,$\delta'$中含有结点位移被约束限制的那些已知位移值,所以要对总体平衡方程进行修正,以满足结构的真实约束情况。处理后的总体平衡方程为:

$$[K]\{\delta\} = \{F\}$$

(6)求解结点位移。

求解上述总体平衡方程,得出结点位移$\{\delta\}$。如是线形问题,则很易求解。但对于非线性问题,此时刚度矩阵已不是常量,故必须用特殊的方法如增量法求解。

(7)结点内力、单元形变、应力求解。

求出结点位移$\{\delta\}$后,就可用相关公式计算单元结点的内力、形变和应力等参量。

**[例 9-1]** 如图 9-2 所示悬臂梯形梁,已知 $A_1 = 200\text{mm}^2, A_2 = 100\text{mm}^2, l_1 = l_2 = l = 100\text{mm}$, $E_1 = E_2 = E = 2\times10^5\text{MPa}, P = 10\text{kN}$。试计算应力。

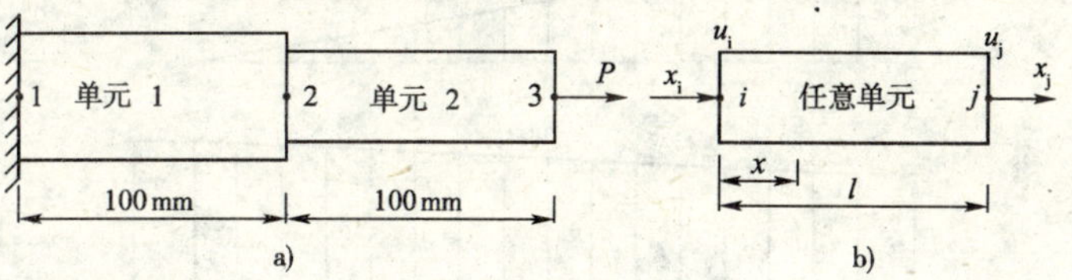


图 9-2 [例 9-1]图 1

**解:**(1)离散化结构。

将杆划分为两个单元的集合,如图 9-2 所示。这种单元为杆单元,属一维结构,每个单元只有轴向位移,共有三个结点。选择三个结点位移 $u_1$、$u_2$、$u_3$ 为基本未知量。

(2)单元位移模式。

假定任意单元 $e$[图 9-2b)]的内部位移按线性规律变化,即

$$u^e(x) = a + bx \tag{9-16}$$

任意常数 $a$、$b$ 由单元结点 $i$、$j$ 的位移值确定,即

$i$ 结点:

$$x = 0, u^e(x) = u_i$$

$j$ 结点:

$$x = l, u^e(x) = u_j$$

求得

$$a = u_i, \qquad b = (u_j - u_i)/l \tag{9-17}$$

将式(9-17)代入式(9-16),就有

$$u^e(x) = u_i + (u_j - u_i)x/l = [1 - x/l \quad x/l]\begin{Bmatrix} u_i \\ u_j \end{Bmatrix} = [N]\{\delta\}^e \tag{9-18}$$

此处

$$[N]=[N_iN_j]=[1-x/l \quad x/l] \tag{9-19}$$

在有限单元法中，$\{\delta\}^e=(u_i \quad u_j)^T$ 为单元**结点位移矢量**；$N_i$ 和 $N_j$ 称为 $i$、$j$ 的位移形状函数或插值函数，简称形函数，$[N]$ 为**形状函数矩阵**。形状函数矩阵把单元的结点位移和单元的内部任意一点的位移连接起来了。显然，形状函数矩阵中的每个元素都是坐标的函数。

由形函数可见，当 $u_i=1$，$u_j=0$，杆单元的位移 $u(x)$ 就是 $N_i$，当 $u_j=1$，$u_i=0$ 时杆单元的位移分布就是 $N_j$，形状函数的力学含义就是当单元的一个结点位移为单位值、其他结点位移为零时，单元内位移的分布规律。杆单元形状函数 $N_i$、$N_j$ 如图 9-3 所示。当结构变形之后，$i$、$j$ 结点的位移一般都不为零，这时单元内位移[式(9-18)]由结点位移和相应的形状函数组合求得，正因为形状函数反映了单元的位移分布形态，矩阵 $[N]$ 及其元素 $N_i$、$N_j$ 也由此而得名为**形状矩阵和形状函数**。

另外，通过形状函数把两个孤立的常值位移 $u_i$、$u_j$ 化为连续函数 $\mathrm{u}(x)$，数学上就是已知函数在闭区间两个端点上的值 $u_i$、$u_j$，构成一个连续函数 $\mathrm{u}(x)$，它在端点应保证等于 $u_i$、$u_j$，这样的计算步骤就是内插，形状函数 $N_i$、$N_j$ 就是实现内插的两个函数，所以 $N_i(x)$、$N_j(x)$ 又叫内插函数，$[N]$ 又叫**内插矩阵**，$\mathrm{u}(x)=N_iu_i+N_ju_j$ 又叫内插多项式。



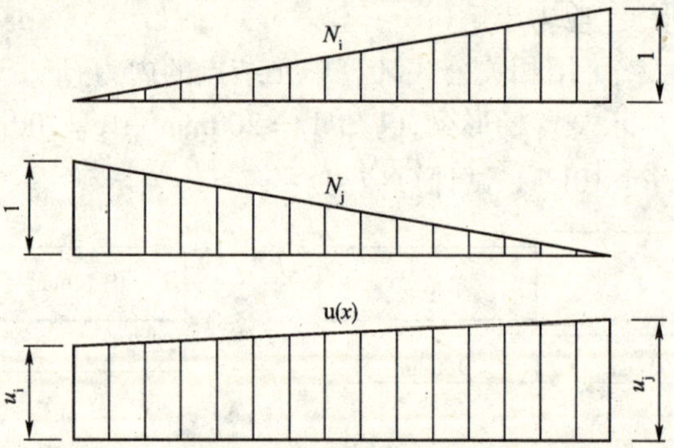


图 9-3　[例 9-1]图 2

注：形状函数除了以上力学意义外，还有更重要的数学意义。如果说结构被自然结点离散化为有限单元的集合，实现了结构模型离散化，那么，形状函数完成了数学模型的离散化，这两个离散化的步骤构成了有限单元法的理论基础。

(3)几何关系及物理关系。

有了位移函数就可以分析单元的形变及应力，根据形变分量的定义：$\varepsilon_x=\dfrac{\partial u}{\partial x}$，得

$$\{\varepsilon\}=\{\varepsilon_x\}=\frac{\mathrm{d}}{\mathrm{d}x}[N]\{\delta\}^e=\left[\frac{\mathrm{d}}{\mathrm{d}x}(1-x/l) \quad \frac{\mathrm{d}}{\mathrm{d}x}(x/l)\right]\{\delta\}^e=\frac{1}{l}[-1 \quad 1]\{\delta\}^e$$

或写成

$$\{\varepsilon\}=[B]\{\delta\}^e \tag{9-20}$$

其中，$[B]=\dfrac{1}{l}[-1 \quad 1]$ 叫做几何矩阵，它把单元节点位移 $\{\delta\}^e$ 和形变分量列阵 $\{\varepsilon\}$ 联系起来。对于轴向拉(压)杆，应力和形变之间的关系为 $\sigma_x=E\cdot\varepsilon$，用矩阵表示为：

$$\{\sigma\}=[D]\cdot\{\varepsilon\} \tag{9-21}$$

在杆单元中，$\{\sigma\}$ 是应力列阵，只有一个元素，$[D]$ 是 $1\times1$ 阶弹性矩阵。将式(9-20)代入式(9-21)，得

$$\{\sigma\}=[D]\cdot\{\varepsilon\}=[D][B]\{\delta\}^e=[S]\{\delta\}^e$$

其中，$[S]=[D][B]$叫应力转换矩阵，对于杆单元，$[S]=\frac{E}{l}[-1\quad 1]$。

(4)单元平衡方程。

单元平衡方程可由最小势能原理导出，而在推导单元平衡方程的过程中就可以得到单元的刚度矩阵$[k]^e$。对于轴向变形，整个结构的总势能为：

$$\Pi=\text{形变势能}+\text{外力势能}=\sum U^e+\sum V_p \tag{9-22}$$

$U^e(e=1,2)$为单元$e$的形变势能，$V_p$为外力势能或外力功。

①形变势能。对于本题，有

$$\begin{aligned}U^e&=\frac{1}{2}\int_V\{\varepsilon\}^T\{\sigma\}\mathrm{d}V=\frac{1}{2}\int_V[B]\{\delta\}^e)^T[D][B]\{\delta\}^e\mathrm{d}V\\&=\frac{1}{2}(\{\delta\}^e)^T\int_V[B]^T[D][B]\mathrm{d}V\{\delta\}^e\end{aligned} \tag{9-23}$$

其中，
$$[k]^e=\int_V[B]^T[D][B]\mathrm{d}V=\int_0^l\frac{1}{l}\begin{bmatrix}-1\\1\end{bmatrix}\cdot E\cdot\frac{1}{L}[-1\quad 1]\cdot A\mathrm{d}x=\frac{EA}{l}\begin{bmatrix}1&-1\\-1&1\end{bmatrix} \tag{9-24}$$

$[k]^e$为杆单元在局部坐标下单元刚度矩阵，故

$$U^e=\frac{1}{2}(\{\delta\}^e)^T\cdot[k]^e\cdot\{\delta\}^e \tag{9-25}$$

以上各式中的$E$为单元材料的弹性模量；$A$为单元的横截面积；$l$为杆单元段长度。

②外力功为：

$$W_p=-\sum(\{\delta\}^e)^T\{F\}^e=-(F_1u_1+F_2u_2+F_3u_3) \tag{9-26}$$

$F_i$为结点力。本题中在荷载$F=(F_1\quad F_2\quad F_3)=\{\text{固端反力}\quad 0\quad P\}^T$作用下，结构处于平衡状态。

③总势能：

$$\Pi=U+V=\frac{1}{2}(\{\delta\}^e)^T\cdot[k]^e\cdot\{\delta\}^e-\sum(\{\delta\}^e)^T\{F\}^e$$

根据最小势能原理$\delta\Pi=\delta[U+V]=0$，则必有

$$\frac{\partial(U+W_P)^e}{\partial\{\delta\}^e}=[k]^e\{\delta\}^e-\{F\}^e=0\quad(e=1,2)$$

故有

$$[k]^e\{\delta\}^e-\{F\}^e=0 \tag{9-27}$$

上式即为任意单元的平衡条件，也可写为：

$$\{F\}^e=[k]^e\{\delta\}^e \tag{9-28}$$

式中，$\{F\}=\{X_iX_j\}^T$为单元$e$的两端结点力矢量。上式是单元结点力和结点位移之间的关系，所以系数矩阵$[k]^e$称为单元的刚度矩阵。由图可知，单元$j$端的结点力$X_j$就是单元的轴力$N$。

(5)总体刚度矩阵和荷载矢量。

将式(9-28)中的单元刚度矩阵$[k]^e$、荷载矢量$\{F\}^e$集成，得到总体平衡方程：

$$[K']\{\delta'\}=\{F'\} \tag{9-29}$$

式中，$[K'] = \sum_{e=1}^{2}[k]^e$ 为总体刚度矩阵；$\{\delta'\} = \{u_1 \quad u_2 \quad u_3\}^T$ 为结点位移矢量；$\{F'\} = \{F_1 \quad F_2 \quad F_3\}^T$ 为结点力矢量。由已知数据，可得各单元刚度矩阵：

$$k^1 = \frac{E_1A_1}{l_1}\begin{bmatrix} 1 & -1 \\ -1 & 1 \end{bmatrix} = \begin{matrix} u_1 & u_2 & \\ \begin{bmatrix} 4\times10^5 & -4\times10^5 \\ -4\times10^5 & 4\times10^5 \end{bmatrix} & & \begin{matrix} u_1 \\ u_2 \end{matrix} \end{matrix},$$

$$k^2 = \frac{E_2A_2}{l_2}\begin{bmatrix} 1 & -1 \\ -1 & 1 \end{bmatrix} = \begin{matrix} u_2 & u_3 & \\ \begin{bmatrix} 2\times10^5 & -2\times10^5 \\ -2\times10^5 & 2\times10^5 \end{bmatrix} & & \begin{matrix} u_2 \\ u_3 \end{matrix} \end{matrix}$$

由于总的未知量有三个，故总刚度矩阵的阶数应为 3×3。将 $k^e$ 中与 $u_i$ 对应的元素相加，即得

$$[K'] = \begin{bmatrix} 4\times10^5 & -4\times10^5 & 0 \\ -4\times10^5 & 4\times10^5+2\times10^5 & -2\times10^5 \\ 0 & -2\times10^5 & 2\times10^5 \end{bmatrix}\begin{matrix} u_1 \\ u_2 \\ u_3 \end{matrix} = 2\times10^5\begin{bmatrix} 2 & -2 & 0 \\ -2 & 3 & -1 \\ 0 & -1 & 1 \end{bmatrix} \tag{9-30}$$

（列标：$u_1$　$u_2$　$u_3$）

结点力矢量为：

$$\{F'\} = \{F_1 \quad 0 \quad 1\times10^4\}^T$$

所以，总体平衡方程为：

$$2\times10^5\begin{bmatrix} 2 & -2 & 0 \\ -2 & 3 & -1 \\ 0 & -1 & 1 \end{bmatrix}\begin{Bmatrix} u_1 \\ u_2 \\ u_3 \end{Bmatrix} = \begin{Bmatrix} F_1 \\ 0 \\ 1\times10^4 \end{Bmatrix} \tag{9-31}$$

(6)约束处理(边界条件处理)。

由于对位移未加任何的限制，所以从方程式(9-31)得不到结点位移 $u_1$、$u_2$、$u_3$ 的唯一解答。从数学上来说，矩阵$[K']$具有奇异性(行列式的值为零)，不可求逆，所以得不到未知的位移分量。为此，必须引入位移边界条件，对方程进行修改。

本题的结点 1 不能移动，即 $u_1 = 0$。可划去与零位移对应的行与列，总体平衡方程变为

$$[K]\{\delta\} = \{F\} \quad \Rightarrow \quad 2\times10^5\begin{bmatrix} 3 & -1 \\ -1 & 1 \end{bmatrix}\begin{Bmatrix} u_2 \\ u_3 \end{Bmatrix} = \begin{Bmatrix} 0 \\ 1\times10^4 \end{Bmatrix} \tag{9-32}$$

(7)求位移。

解方程(9-32)，得位移

$$u_1 = 0, \qquad u_2 = 0.025\text{mm}, \qquad u_3 = 0.075\text{mm} \tag{9-33}$$

(8)求内力、应力和形变。

将已求得的位移式(9-33)和式(9-28)代入式(9-26)，得

$$N^1 = \begin{Bmatrix} X_i \\ X_j \end{Bmatrix} = k^1\delta^1 = \begin{bmatrix} 4\times10^5 & -4\times10^5 \\ -4\times10^5 & 4\times10^5 \end{bmatrix}\begin{Bmatrix} 0 \\ 0.025 \end{Bmatrix} = \begin{Bmatrix} -1\times10^4 \\ 1\times10^4 \end{Bmatrix}$$

$$N^2 = \begin{Bmatrix} X_i \\ X_j \end{Bmatrix} = k^2\delta^2 = \begin{bmatrix} 2\times10^5 & -2\times10^5 \\ -2\times10^5 & 2\times10^5 \end{bmatrix}\begin{Bmatrix} 0.025 \\ 0.075 \end{Bmatrix} = \begin{Bmatrix} -1\times10^4 \\ 1\times10^4 \end{Bmatrix}$$

因为轴力 $N$ 等于单元 $j$ 端的结点力，所以单元 1、单元 2 的内力分别为 $1\times10^4$N、$1\times10^4$N。这一结果是预料得到的，因为材料力学中用截面法可直接求得。

由内力除以截面面积就可得应力：

$$\sigma^{(1)} = 50\text{MPa}, \qquad \sigma^{(2)} = 100\text{MPa}$$

再由胡克定律可计算的形变为：

$$\varepsilon^{(1)} = 2.5 \times 10^{-4}, \qquad \varepsilon^{(2)} = 5.0 \times 10^{-4}$$

解毕。

### 2. 有限单元法中的两套坐标系

在有限单元法分析过程中，通常使用两套坐标系，如图 9-4 所示，一个是整个弹性体的参照系 $oxyz$，又称为整体坐标系；另一套坐标建立在每个单元上，坐标原点和指向都随单元而变，这种只对单元有效的坐标系称为局部坐标系 $o'x'y'z'$。一般情况下，单元刚度矩阵在局部坐标系下推导较方便，且物理概念十分明确。因为每个单元的局部坐标系的原点、方向都不相同，所以局部坐标下的单元刚度、节点力、节点位移等不能集成（叠加）。局部坐标下的单元刚度矩阵、节点力、节点位移等矢量还视问题及单元特点，必须通过一定的转换，变成整体坐标下的量，参照系相同了，就可以形成总体平衡方程。

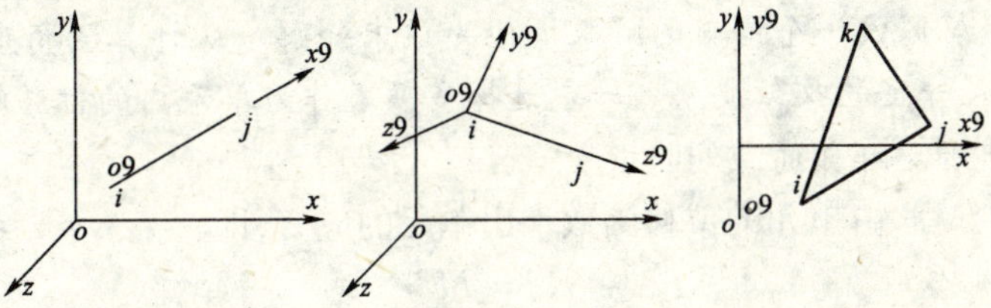


图 9-4　整体坐标与局部坐标

### 3. 单元的概念

有限单元法中，平面问题常见的单元有杆单元、梁单元、三角形单元、矩形单元、任意四边形单元和平面等参单元等，本章只以平面问题中常用的**三角形单元**为例，说明有限单元法解题的基本思路，其他单元及其应用请参阅有关有限单元法的专门著作。

在平面问题中，通常应用的是三角形单元，即在平面应力问题中它们是三角板，如图9-5a）所示的深梁；在平面应变问题中，它们是三棱柱，如图 9-5b）所示的重力坝。

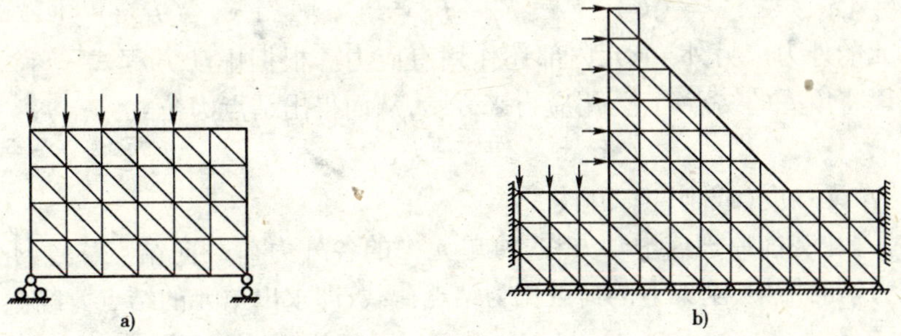


图 9-5　离散化结构

a）深梁有限单元网格　b）重力坝体有限单元网格

在平面问题中，单元结点一般都是铰接（也可为刚接）。三角形单元大都只在顶点设置结点，称为三结点三角形单元。有时在其三边的中点也设置结点，称为六结点三角形单元。在约束边界处，可视约束情况，在该处的结点上设置支座或连杆支座。**与结构力学相同**，每一单元所受的体力和面力，都按静力等效原则移置到结点上，称为**结点荷载**。这样，平面体通过离散化后变换为由若干个单元在结点处铰接的离散化结构，它受已知结点荷载和若干个边界结点约束。与桁架相比，其区别仅在于：桁架的单元是**杆件**，而离散化结构的单元是**三角形块体**。如图9-5的三角形单元，其局部坐标系与整体坐标系重合，无需进行坐标转换。

三角形单元的三个顶点为 $i$、$j$、$m$，按逆时针转向排序，其有限元法的思路与步骤如下。

1）选择合式的插值函数和位移模式

（1）取三角形单元的结点位移为基本的未知量，它们是：

$$\delta^e = (\delta_i \quad \delta_j \quad \delta_m)^T = (u_i \quad v_i \quad u_j \quad v_j \quad u_m \quad v_m)^T \tag{9-34}$$

$\delta^e$ 称为单元的结点位移列阵。

（2）应用插值公式，由单元的结点位移求出单元的位移函数，即求出关系式：

$$d = \begin{Bmatrix} u(x,y) \\ v(x,y) \end{Bmatrix} N\delta^e \tag{9-35}$$

注：因为复杂的结构在任意荷载作用下的位移解，不能用解析的办法求得，所以在一个单元的局部范围内只好假设一个恰当的解来近似为该未知解。从计算的角度来说，假设的解必须简单，还要能满足一定的收敛要求。一般选择多项式作为单元内的位移解或插值函数。

2）推导单元刚度矩阵和荷载列向量

（1）应用几何方程，由单元的位移函数求出单元的应变，即

$$\varepsilon = B\delta^e \tag{9-36}$$

其中，$B$ 是表示 $\varepsilon$ 与 $\delta^e$ 之间的几何或关系矩阵。

（2）应用物理方程，由单元的应变求出单元的应力，即求出关系式：

$$\sigma = S\delta^e \tag{9-37}$$

其中，$S$ 为应力转换矩阵。

（3）应用虚功方程，由单元的应力求出单元的结点力。

假设把单元和结点切开，如图 9-6 中的 $i$ 结点，它们之间就有相互作用力：结点对单元的作用力 $F_i = (F_{ix} \quad F_{iy})^T$，作用于单元上；单元对结点的反作用力，其绝对值与 $F_i$ 相同而方向相反，为 $-F_i = (-F_{ix} \quad -F_{iy})^T$，作用在结点 $i$ 上。这样，对三角形单元体而言，结点力

$$F^e = (F_i \quad F_j \quad F_m)^T = (F_{ix} \quad F_{iy} \quad F_{jx} \quad F_{jy} \quad F_{mx} \quad F_{my})^T \tag{9-38}$$

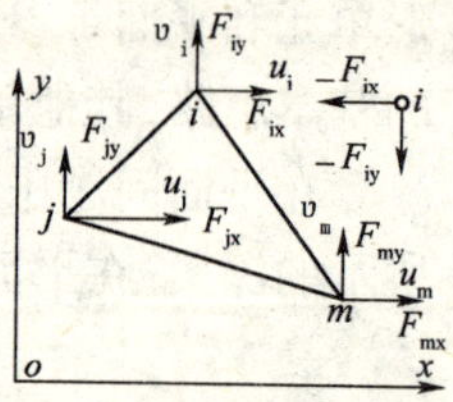


图 9-6　三角形单元

是作用于单元的外力。另外，单元内部还作用有应力。根据虚功方程式(9-15)就可以将单元的结点力 $F^e$ 用应力来表示，从而得出结点力公式：

$$F^e = k^e\delta^e \tag{9-39}$$

其中，$k^e$ 称为单元劲度（或刚度）矩阵。

（4）应用最小势能原理或虚功方程，将单元中的各外力荷载向结点移置，化为结点荷载，类似于结构力学的桁架、刚架上的荷载化为结点荷载，即求出单元的结点荷载：

$$F_L^e = (F_{Li} \quad F_{Lj} \quad F_{Lm})^T = (F_{Lix} \quad F_{Liy} \quad F_{Ljx} \quad F_{Ljy} \quad F_{Lmx} \quad F_{Lmy})^T \tag{9-40}$$

3）列出各结点的平衡方程，组成整个结构的平衡方程组

由于结点 $i$ 受环绕结点的那些单元移置而来的结点荷载 $F_{Li} = (F_{Lix} \quad F_{Liy})^T$ 和结点力 $F_i = (F_{ix} \quad F_{iy})^T$，因而 $i$ 结点的平衡微分方程为：

$$\sum_e \vec{F}_i = \sum_e \vec{F}_{Li} \qquad (i = 1,2,\cdots) \tag{9-41}$$

或者写为标量形式：

$$\sum_{e} F_{ix} = \sum_{e} \vec{F}_{Lix}, \qquad \sum_{e} F_{iy} = \sum_{e} \vec{F}_{Liy} \qquad (i = 1,2,\cdots) \tag{9-42}$$

其中，$\sum$是那些对环绕 $i$ 结点的单元求和，$n$ 表示所有应列平衡方程的结点数。式(9-41)或式(9-42)的右边为已知的结点荷载；左边是结点力，其中包含基本未知量——结点位移。将式(9-39)代入式(9-41)或(9-42)，经过整理及约束处理后，上述平衡微分方程组可以表示为：

$$K\delta = F_L \tag{9-43}$$

其中，$K$ 称为整体劲度矩阵，$F_L$ 是整体结点荷载列阵，$\delta$ 是整体结点位移列阵。由式(9-43)求出 $\delta$，从而可由式(9-35)和式(9-37)分别求出单元中的位移 $d$ 和应力 $\sigma$。

在上述求解步骤中，2)是针对每个单元进行的，称为单元分析；3)是对整个结构进行的，称为整体分析。

## §9-3 三角形单元的有限元解答

### 1. 三角形单元的位移模式及形状函数

在对三结点三角形单元组成的离散化结构进行有限单元法分析中，虽然整个连续弹性体已经变换为离散化结构，但每个单元体仍作为一个连续、均匀、各向同性的完全弹性体。

对于每个单元体，由弹性力学的基本理论可知，只要求得单元中的位移函数，就可以应用几何方程求得应变，再应用物理方程求得应力。如何由结点位移求出单元中的位移函数是首先必须解决的问题。为此，假定一个位移模式，来表示单元中的位移函数（位移插值函数），这个函数在单元的结点上应当等于结点位移值。

在三结点三角形单元中，可以假定位移分量只是坐标的线性函数，即

$$\left.\begin{aligned} u &= a_1 + a_2 x + a_3 y \\ v &= a_4 + a_5 x + a_6 y \end{aligned}\right\} \tag{9-44}$$

在 $i$、$j$、$m$ 三个结点，位移函数应当等于该结点的位移值，即

$$\begin{aligned} a_1 + a_2 x_i + a_3 y_i &= u_i \qquad & a_4 + a_5 x_i + a_6 y_i &= v_i \\ a_1 + a_2 x_j + a_3 y_j &= u_j \qquad & a_4 + a_5 x_j + a_6 y_j &= v_j \\ a_1 + a_2 x_m + a_3 y_m &= u_m \qquad & a_4 + a_5 x_m + a_6 y_m &= v_m \end{aligned}$$

由左边三个方程求解 $a_1$、$a_2$、$a_3$，由右边三个方程求解 $a_4$、$a_5$、$a_6$，再代回式(9-44)，整理得：

$$\left.\begin{aligned} u &= N_i u_i + N_j u_j + N_m u_m \\ v &= N_i v_i + N_j v_j + N_m v_m \end{aligned}\right\} \tag{9-45}$$

其中，

$$N = \frac{\begin{vmatrix} 1 & x & y \\ 1 & x_j & y_j \\ 1 & x_m & y_m \end{vmatrix}}{\begin{vmatrix} 1 & x_i & y_i \\ 1 & x_j & y_j \\ 1 & x_m & y_m \end{vmatrix}} \qquad (i,j,m) \tag{9-46}$$

注：公式后面附有记号$(i,j,m)$，表示这个公式实际上代表三个公式，其余两个公式可由下

标 $i,j,m$ 轮换得来。以后采用这种表示方法以节省篇幅。

上式也可以写成为：

$$N_i = (a + b_i x + c_i y)/2A \qquad (i,j,m) \tag{9-47}$$

其中的系数 $a_i$、$b_i$、$c_i$ 是：

$$a_i = \begin{vmatrix} x_j & y_j \\ x_m & y_m \end{vmatrix}, \quad b_i = -\begin{vmatrix} 1 & y_j \\ 1 & y_m \end{vmatrix}, \quad c_i = \begin{vmatrix} 1 & x_j \\ 1 & y_m \end{vmatrix} \quad (i,j,m) \tag{9-48}$$

而其中的 $A$ 就等于三角形 $ijm$ 的面积：

$$A = \frac{1}{2}\begin{vmatrix} 1 & x_i & y_i \\ 1 & x_j & y_j \\ 1 & x_m & y_m \end{vmatrix} \tag{9-49}$$

按照几何学，在图 9-7 所示的坐标系中，因面积 $A$ 不致成为负值，结点 $i,j,m$ 的次序必须是逆时针转向的。式(9-46)、式(9-47)中的 $N_i$、$N_j$、$N_m$ 为三角形单元的三个形状函数（简称形函数或插值函数），表明了单元 $ijm$ 的位移形态，即唯一在单元体内的变化规律。根据行列式的性质，由式(9-46)不难看出形函数具有如下的性质：

(1) 在结点上：　$(N_i)_i = 1$　$(N_i)_j = 0$　$(N_i)_m = 0$　$(i,j,m)$

(2) 在单元内任意一点各插值函数之和应等于 1，即

$$N_i + N_j + N_m = 1 \tag{9-50}$$

(3) 再注意到 $N_i$ 是 $x$、$y$ 的线性函数，可见 $N_i$ 在单元体上的分布规律，如图 9-7a) 中三角锥所示。此外，也不难看出下列公式成立：

$$\iint_A N_i \mathrm{d}x\mathrm{d}y = \frac{A}{3} \qquad \int_{ij} N_i \mathrm{d}s = \frac{1}{2}\overline{ij} \tag{9-51}$$

其中，$\overline{ij}$ 是 $ij$ 边的长度。

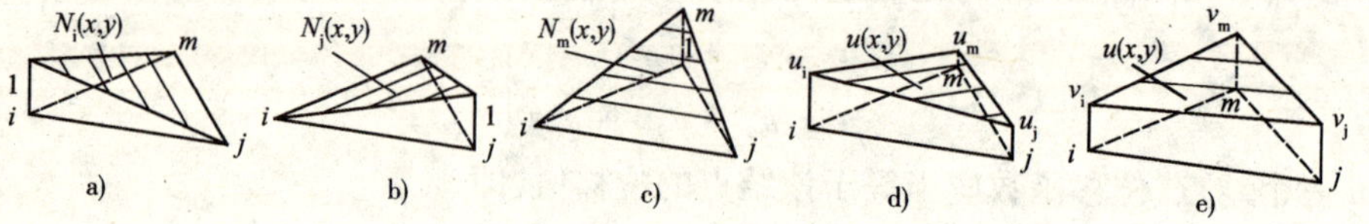


图 9-7　形函数分布规律

根据形函数的上述性质，并注意到位移分量 $u$、$v$ 都是三角形函数的线性组合，可见 $u$ 及 $v$ 的变化规律如图 9-7d) 及图 9-7e) 中的斜面三棱柱所示。

位移模式的表达式(9-45)可用矩阵表示为：

$$d = \begin{Bmatrix} u \\ v \end{Bmatrix} = \begin{Bmatrix} N_i u_i + N_j u_j + N_m u_m \\ N_i v_i + N_j v_j + N_m v_m \end{Bmatrix}$$

还可以简写为：

$$d = N\delta^e \tag{9-52}$$

其中，

$$\delta^e = (\delta_i \quad \delta_j \quad \delta_m)^T = (u_i \quad v_i \quad u_j \quad v_j \quad u_m \quad v_m)^T \tag{9-53}$$

是单元体结点位移矩阵，而

$$N = \begin{bmatrix} N_i & 0 & N_j & 0 & N_m & 0 \\ 0 & N_i & 0 & N_j & 0 & N_m \end{bmatrix} \tag{9-54}$$

称为形态矩阵或形函数矩阵。

注:在有限单元法中,应力转换矩阵、劲度矩阵建立及荷载的移置等,都依赖于位移模式。为了得出正确的解答,必须使位移模式符合下列条件,以便正确反映弹性体中真实位移的形态。

①位移模式必须能反映单元体的刚体位移。每个单元的位移一般总包含着两部分:一部分是由本单元的形变引起的;另一部分是与本单元的形变无关的,由于其他单元发生了形变而连带引起的刚体位移。甚至在弹性体的某些部分(如在靠近悬臂梁的自由端处),单元的形变很小,单元的位移主要是由于其他单元发生形变引起的刚体位移。因此,为了正确反映单元的位移形态,位移模式必须能反映该单元的刚体位移。

②位移模式必须能反映单元体的常量应变。每个单元的应变总是包含着两部分:一部分是与该单元中各点的位置坐标有关的、各点不相同的变量应变;另一部分是与位置坐标无关的、各点相同常量应变。且当单元的尺寸较小时,单元中各点的应变趋于相等,即单元的形变趋于均匀,因而常量应该就成为应变的主要部分。因此,为了正确反映单元的形变状态,位移模式必须能反映单元体的常量应变。

③位移模式应当能反映位移的连续性。在连续弹性体中,位移是连续的,不会发生两相邻部分互相脱离或互相侵入的现象。要使单元内部的位移保持连续,必须把位移模式取为坐标的单值连续函数。为了使得相邻单元的位移保持连续,就不仅要使它们在公共结点处具有相同的位移,也能在整个公共边界上具有相同的位移。这样就能使相邻单元在受力以后既不互相脱离,也不互相侵入,因而代替原为连续弹性体的那个离散化结构仍然保持为连续弹性体。理论和实践已证明:**为了有限单元法的解答在单元的尺寸逐渐趋小时能够收敛于正确解答,反映刚体位移和常量应变是必要条件,加上反映相邻单元的位移连续性,就是充分条件。**

(1)现在来说明 $u=a_1+a_2x+a_3y, v=a_4+a_5x+a_6y$ 所示的位移是反映了三角形单元的刚体位移和常量应变的。将其变为:

$$\left.\begin{aligned} u &= a_1 + a_2x - \frac{a_5-a_3}{2}y + \frac{a_5+a_3}{2}y \\ v &= a_4 + a_6x - \frac{a_5-a_3}{2}y + \frac{a_5+a_3}{2}y \end{aligned}\right\} \tag{9-55}$$

与式(3-6)对比,可见

$$u_0 = a_1, \quad v_0 = a_4, \quad w = \frac{a_5-a_3}{2}$$

它们反映了刚体位移和刚体转动。另一方面,将式(9-55)代入几何方程(3-4),可见

$$\varepsilon_x = a_2, \quad \varepsilon_y = a_6, \quad \gamma_{xy} = a_3 + a_5$$

它们反映了常量的线应变和剪应变。

总之,六个参数 $a_1$ 至 $a_6$,反映了三个刚体位移和三个常量应变。

(2)再来看上述位移模式也反映了相邻单元之间位移的连续性。任意两个相邻单元,如图9-8中的 $ijm$ 和 $ipj$,它们在 $i$ 点的位移相同,都是 $u_i$ 和 $v_i$,在 $j$ 点的位移都是 $u_j$ 和 $v_j$。由于该位移模式在每个单元中都是坐标的线性函数,在公共边界 $ij$ 上,当然也是线性变化的,所以上述两个相邻单元在 $ij$ 上的任意一点都具有相同的位移,这就保证了相邻单元之间位移的连续性。还有在每一单元的内部,位移也是连续的。因为上述的位移分量是线性函数,当然也是单值线性连续函数。

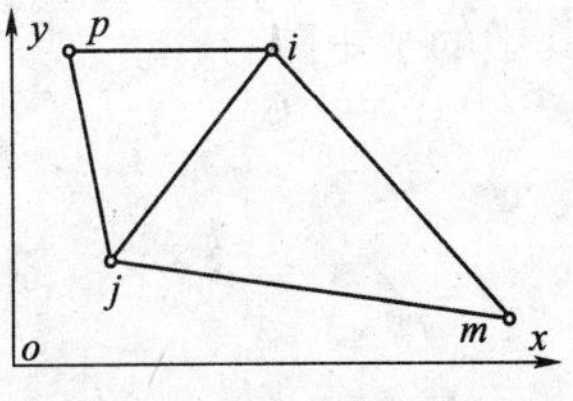

图9-8 单元间的连续

### 2. 单元的应变列阵和位移列阵

根据已经由单元的结点位移得出单元的位移函数(位移模式),可以利用弹性力学中的几何方程和物理方程分别求出单元中的应变和应力(用结点位移来表示)。对于平面应力问题,将位移函数式(9-45)及式(9-47)代入几何方程,便可得出用结点位移表示单元中应变的表达式:

$$\varepsilon = \begin{Bmatrix} \dfrac{\partial u}{\partial x} \\ \dfrac{\partial v}{\partial y} \\ \dfrac{\partial u}{\partial y} + \dfrac{\partial v}{\partial x} \end{Bmatrix} = \frac{1}{2A}\begin{bmatrix} b_i & 0 & b_j & 0 & b_m & 0 \\ 0 & c_i & 0 & c_j & 0 & c_m \\ c_i & b_i & c_j & b_j & c_m & b_m \end{bmatrix} \cdot \begin{Bmatrix} u_i \\ v_i \\ u_j \\ v_j \\ u_m \\ u_m \end{Bmatrix}$$

或者简写为:

$$\varepsilon = B\delta^e \tag{9-56}$$

其中的几何矩阵 $B$ 可写成分块形式:

$$B = (B_i \quad B_j \quad B_m) \tag{9-57}$$

而其子矩阵为:

$$B_i = \frac{1}{2A}\begin{bmatrix} b_i & 0 \\ 0 & c_i \\ c_i & b_i \end{bmatrix} \quad (i,j,m) \tag{9-58}$$

由于子矩阵 $B$ 的元素都是常量,可见应变 $\varepsilon$ 的元素($\varepsilon_x, \varepsilon_y, \gamma_{xy}$)也是常量。因此,这里所采用的三结点三角形单元,也称为平面问题的常应变单元。

再将单元的应变式(9-56)代入到物理方程(9-8),就得到用结点位移表示单元中应力的表达式:

$$\sigma = D\varepsilon = DB\delta^e \tag{9-59}$$

可见,在每一个单元中,应力分量也是常量。当然,相邻单元一般具有不同的应力,因而在它们的公共边上,应力并不连续。

将式(9-59)简写为:

$$\sigma = S\delta^e \tag{9-60}$$

则有

$$S = DB \tag{9-61}$$

将弹性矩阵的表达式(9-9)及本节中的式(9-57)代入,则得平面应力问题中的应力转换矩阵,写成分块形式:

$$S = (S_i \quad S_j \quad S_m) \tag{9-62}$$

其中的子矩阵

$$S_i = \frac{E}{2(1-\mu^2)A}\begin{bmatrix} b_i & \mu c_i \\ \mu b_i & c_i \\ \dfrac{1-\mu}{2}c_i & \dfrac{1-\mu}{2}b_i \end{bmatrix} \quad (i,j,m) \tag{9-63}$$

显然,$S$ 是常值矩阵。对于平面应变问题,要将 $E$ 替换为$\dfrac{E}{1-\mu^2}$,将 $\mu$ 换为$\dfrac{\mu}{1-\mu}$。

在三角形单元中，当位移函数取为线性位移模式时，其实是将位移函数在单元中用泰勒级数展开，略去其中 $\Delta x$、$\Delta y$ 二次以上的项而得出的结果，再经求导运算，得出的应变和应力都成为常量。可见，位移模式的误差量级是 $\Delta x$ 或 $\Delta y$ 的二阶小量，而应变和应力的误差量级是 $\Delta x$ 或 $\Delta y$ 的一阶小量。因此，应力的精度低于位移的精度。这点在划分单元和整理结果时应该加以注意。为了提高精度，一般采用两种方法：一是将单元的尺寸减小，以便较好地反映位移和应力的变化情况；二是采用包含更高次项的位移模式，使位移和应力的精度提高。

### 3. 单元的结点力列阵和劲度矩阵

现在来导出单元的结点力列阵。对于任意一个单元，均假设所受的外力荷载已经移置到结点上，并且单元与结点已经切开，如图 9-8 所示。因此，该单元只受到结点对单元的作用力，即结点力

$$F^e = (F_i \quad F_j \quad F_m) = (F_{ix} \quad F_{iy} \quad F_{jx} \quad F_{jy} \quad F_{mx} \quad F_{my})^T \tag{9-64}$$

对于单元本身而言，这些结点力是一种外力。在结点力的作用下，单元内部产生应力 $\sigma$。

假想在单元结点 i、j、m 发生了虚位移，即

$$(\delta^*) = (u_i^* \quad v_i^* \quad u_j^* \quad v_j^* \quad u_m^* \quad v_m^*)^T \tag{9-65}$$

则由式(9-56)，引起相应的虚位移为：

$$\varepsilon^* = B(\delta^*)^e \tag{9-66}$$

于是，该单元在虚位移过程中，结点力在虚位移上的虚功应当等于应力在虚应变上的虚功。由虚功方程(9-15)，得$[(\delta^*)^e]^T F^e = \iint_A (\varepsilon^*)^T \sigma \mathrm{d}x\mathrm{d}yt$，将虚功应变式(9-66)及式(9-59)代入，得

$$[(\delta^*)^e]^T F^e = \iint_A [B(\delta^*)^e]^T DB\delta^e \mathrm{d}x\mathrm{d}yt = \iint_A [(\delta^*)^e]^T B^T DB\delta^e \mathrm{d}x\mathrm{d}yt$$

由于$(\delta^*)^e$ 中的元素是常量，上式右边的$[(\delta^*)^e]^T$ 可以提到积分号以前。又由于虚位移可以是任意的，从而矩阵$[(\delta^*)^e]^T$ 也是任意的，所以等式两边与它相乘的矩阵应当相等，于是得

$$F^e = \iint_A B^T DB \mathrm{d}x\mathrm{d}yt\delta^e \tag{9-67}$$

令

$$k^e = \iint_A B^T DB \mathrm{d}x\mathrm{d}yt \tag{9-68}$$

则式(9-67)可以简写为：

$$F^e = k\delta^e \tag{9-69}$$

这就建立了该单元上的结点力与结点位移之间的关系。对于三结点三角形单元，$B$ 中的元素都是常量，而 $\iint_A \mathrm{d}x\mathrm{d}y = A$，因此，式(9-68)可以简写为：

$$k^e = B^T DBtA \tag{9-70}$$

矩阵 $k^e$ 成为单元的劲度矩阵。从式(9-69)可见，它的元素表明该单元的各结点沿坐标方向发生单位位移时引起的结点力，它决定于该单元的形状、方位和弹性常数，而与单元的位置无关，即不随单元或坐标轴的平行移动而改变。

注：通常用“刚度”表示力与形变之间关系的量，用“劲度”表示力与位移之间关系的量。故此处表示结点力与位移之间关系的矩阵称为劲度矩阵，习惯上称为刚度矩阵。

将式(9-57)及式(9-9)代入式(9-70)，即得平面应力问题中三结点三角形的劲度矩阵，写

成分块形式如下：

$$k^e = \begin{vmatrix} k_{ii} & k_{ij} & k_{im} \\ k_{ji} & k_{jj} & k_{jm} \\ k_{mi} & k_{mj} & k_{mm} \end{vmatrix} \tag{9-71}$$

其中，

$$k_{rs} = \frac{Et}{4(1-\mu^2)A}\begin{vmatrix} b_r b_s + \frac{1-\mu}{2}c_r c_s & \mu b_r c_s + \frac{1-\mu}{2}c_r b_s \\ \mu c_r b_s + \frac{1-\mu}{2}b_r c_s & c_r c_s + \frac{1-\mu}{2}b_r b_s \end{vmatrix}。\tag{9-72}$$

$$(r=i,j,m;s=i,j,m)$$

注意到 $k_{rs}=k_{rs}^{T}$，可见 $k^e$ 是对称矩阵。对于三结点三角形单元，每个节点有两个自由度，三个结点共6个自由度。单元刚度矩阵则为6×6，每个结点在 $x$ 和 $y$ 方向各一个平衡方程，三个结点共计6个平衡方程。

对于平面应变问题，需将上式中的 $E$ 替换为 $E/(1-\mu^2)$，将 $\mu$ 换为 $\mu/(1-\mu)$。从式(9-72)还可见，$k$ 与单元的大小无关，即放大或缩小单元的尺寸，其 $k$ 值不变。

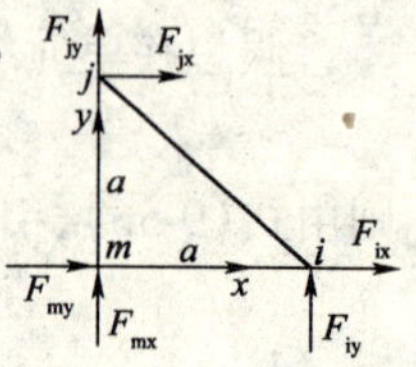

图 9-9　结点坐标

设有水平面力情况下的等腰直角三角形 $ijm$，如图9-9所示。在所选的坐标系中，$x_i=a, x_j=0, x_m=0, y_i=0, y_j=a, y_m=0$。应用式(9-48)及式(9-49)，得 $b_i=a, b_j=0, b_m=-a, c_i=0, c_j=a, c_m=-a, A=\frac{a^2}{2}$。

应用式(9-62)及式(9-63)，得该单元的应力转换矩阵：

$$s = \frac{Et}{(1-\mu^2)a}\begin{vmatrix} 1 & 0 & 0 & \mu & -1 & -\mu \\ \mu & 0 & 0 & 1 & -\mu & -1 \\ 0 & \frac{1-\mu}{2} & \frac{1-\mu}{2} & 0 & -\frac{1-\mu}{2} & -\frac{1-\mu}{2} \end{vmatrix} \tag{9-73}$$

应用式(9-71)及式(9-72)，得该单元的劲度矩阵：

$$k^e = \frac{Et}{2(1-\mu^2)}\begin{vmatrix} 1 & & & & & \\ 0 & \frac{1-\mu}{2} & & \text{对} & & \\ 0 & \frac{1-\mu}{2} & \frac{1-\mu}{2} & & \text{称} & \\ \mu & 0 & 0 & 1 & & \\ -1 & -\frac{1-\mu}{2} & -\frac{1-\mu}{2} & -\mu & \frac{3-\mu}{2} & \\ -\mu & -\frac{1-\mu}{2} & -\frac{1-\mu}{2} & -1 & \frac{1+\mu}{2} & \frac{3-\mu}{2} \end{vmatrix} \tag{9-74}$$

现在，通过这个简例，试考察一下结点力与单元中的应力这两者之间的关系。为简单明了起见，假定只有结点 $i$ 发生位移 $u_i$，如图9-10a)所示。与式(9-74)相应的结点力为：

$$(F_{ix}\ F_{iy}\ F_{jx}\ F_{jy}\ F_{mx}\ F_{my})^T = \frac{E}{2(1-\mu^2)A}(1\ 0\ 0\ \mu\ -1\ -\mu)^T u_i = F(1\ 0\ 0\ \mu\ -1\ -\mu)^T$$

其中，$F=\frac{E}{2(1-\mu^2)A}u_i$，相应的结点位移及结点力如图9-10b)所示。另一方面，由于位移 $u_i$，由式(9-73)得相应的应力分量为：

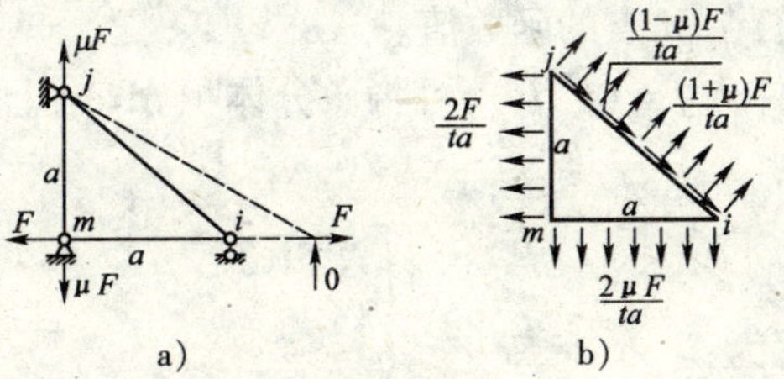


a)　　　　　　　　b)

图 9-10　等效结点力变换

$$(\sigma_x \quad \sigma_y \quad \tau_{xy})^T = \frac{Eu_i}{(1-\mu^2)a}(1 \quad \mu \quad 0)^T = \frac{2F}{ta}(1 \quad \mu \quad 0)^T$$

如图 9-10b)中 $jm$ 及 $mi$ 二面上所示。根据该单元的平衡条件，还可得出 $ij$ 面上的应力，如图 9-10 所示。现在，将这三面上的应力分别按静力等效原则移置到结点上，将得出与图 9-10a)中相同的结点应力。例如 $mi$ 边上移置到结点 $m$ 的力是向下的 $\frac{2\mu F}{at}\cdot at\cdot\frac{1}{2}=\mu F$ 等。

**4. 荷载向结点移置**(单元结点荷载列阵)

为了便于分析计算，需要把单元所受的外荷载，按静力等效的原则都向结点移置而成为结点荷载。**对于变形体，包括弹性体在内，所谓静力等效，是指原荷载与结点荷载在任何虚位移上的虚功都相等。**在一定的位移模式下，这样移置的结果是唯一的，且总能符合通常所理解的、对刚体而言的静力等效原则，即原荷载与结点荷载在任一轴上的投影之和相等，对任一轴的力矩之和也相等，或在向任一点简化时，它们具有相同的主矢量及主矩。

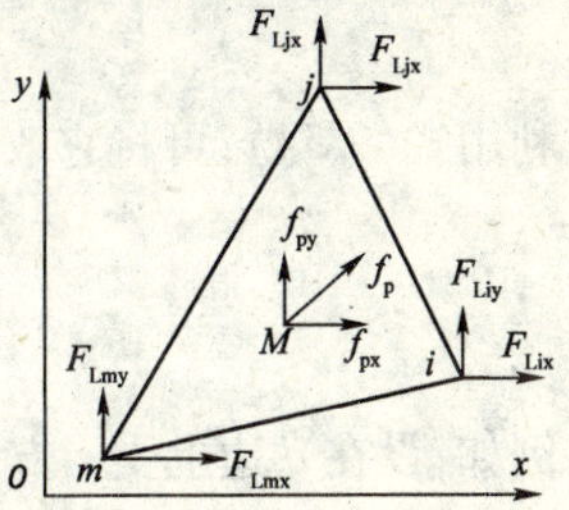


图 9-11　体力变换

设单元 $ijm$ 在坐标为$(x,y)$的任意一点 $M$，在单位厚度上受集中荷载 $f_p$ 作用，其坐标方向的分量为 $f_{px}$、$f_{py}$，如图 9-11 所示，用矩阵表示为 $f_p=(f_{px} \quad f_{py})^T$。将此集中力移置到单元的结点处，转换为结点荷载，用单元结点荷载列阵表示为：

$$F_L^e = (F_{Li} \quad F_{Lj} \quad F_{Lm})^T = (F_{Lix} \quad F_{Liy} \quad F_{Ljx} \quad F_{Ljy} \quad F_{Lmx} \quad F_{Lmy})^T \tag{9-75}$$

现在，假想单元在各结点发生了虚位移：

$$(\delta^*)^e = (u_i^* \quad v_i^* \quad u_j^* \quad v_j^* \quad u_m^* \quad v_m^*)^T \tag{9-76}$$

由位移模式(9-52)，相应于集中力 $f_p$ 的作用点$(x,y)$的虚位移为：

$$d^* = [u^*(x,y) \quad v^*(x,y)]^T = N(\delta^*)^e \tag{9-77}$$

按照静力等效原则，结点荷载在结点虚位移上的虚功，应当等于原荷载集中力在其作用点的虚位移上的虚功，即

$$[(\delta^*)^e]^T F_L^e = (d^*)^T f_p t$$

将式(9-77)代入，得

$$[(\delta^*)^e]^T F_L^e = [N(\delta^*)^e]^T f_p t = [(\delta^*)^e]^T N^T f_p t$$

由于虚位移可以是任意的，从而矩阵 $[(\delta^*)^e]^T$ 也是任意的，等式两边与它相乘的矩阵应当相等，于是得

$$F_L^e = N^T f_p t \tag{9-78}$$

利用式(9-54)，可将上式改写为：

$$\begin{aligned} F_L^e &= (F_{Lix} \quad F_{Liy} \quad F_{Ljx} \quad F_{Ljy} \quad F_{Lmx} \quad F_{Lmy})^T \\ &= t(N_i f_{px} \quad N_i f_{py} \quad N_j f_{px} \quad N_j f_{py} \quad N_m f_{px} \quad N_m f_{py})^T \end{aligned} \tag{9-79}$$

其中，$N_i$、$N_j$、$N_m$ 应当是它们在 $M$ 点的函数值。

设上述单元受有分布体力 $f=(f_x,f_y)$，可将微分体积 $t\mathrm{d}x\mathrm{d}y$ 上的体力 $ft\mathrm{d}x\mathrm{d}y$ 当作集中力，利用式(9-78)的积分，得到

$$F_L^e = \iint_A N^T f \mathrm{d}x\mathrm{d}y \tag{9-80}$$

利用式(9-54)，可将它改写为：

$$\begin{aligned} F_L^e &= (F_{Lix} \quad F_{Liy} \quad F_{Ljx} \quad F_{Ljy} \quad F_{Lmx} \quad F_{Lmy})^T \\ &= t\iint_A (N_i f_x \quad N_i f_y \quad N_j f_x \quad N_j f_y \quad N_m f_x \quad N_m f_y)^T \mathrm{d}x\mathrm{d}y \end{aligned} \tag{9-81}$$

例如，设单元 $ijm$ 的密度为 $\rho$，试求自重的等效结点荷载。因为 $f_x=0, f_y=-\rho g$，故由式(9-81)得 $F_{Lix}=F_{Ljx}=F_{Lmx}=0$，即 $F_{Liy}=-\rho gt\iint_A N_i \mathrm{d}x\mathrm{d}y\ (i,j,m)$，应用式(9-51)中的第一式，即得

$$F_{Liy} = -\frac{1}{3}\rho gtA \qquad (i,j,m)$$

注意单元的自重为 $-\rho gtA$，可见移置到每个结点的荷载均为 1/3 自重。

设单元 $ijm$ 的某一边上受有分布面力 $\bar{f}=(\bar{f}_x,\bar{f}_y)^T$，可将微分面积 $t\mathrm{d}s$ 上的面力 $\bar{f}_x t\mathrm{d}s$ 当作集中荷载，由式(9-78)得

$$F_L^e = t\int_{s_\sigma} N^T \bar{f} \cdot \mathrm{d}s \tag{9-82}$$

利用式(9-54)，可将它改写为：

$$\begin{aligned} F_L^e &= (F_{Lix} \quad F_{Liy} \quad F_{Ljx} \quad F_{Ljy} \quad F_{Lmx} \quad F_{Lmy})^T \\ &= t\int_{s_\sigma} (N_i \bar{f}_x \quad N_i \bar{f}_y \quad N_j \bar{f}_x \quad N_j \bar{f}_y \quad N_m \bar{f}_x \quad N_m \bar{f}_y)^T \mathrm{d}s \end{aligned} \tag{9-83}$$

例如，设在 $ij$ 边上受 $x$ 方向的均布面力 $q$，试求等效结点荷载。因此面力分量 $\bar{f}_x=q, \bar{f}_y=0$，故由式(9-83)得

$$F_{Lix} = qt\int_{ij} N_i \mathrm{d}s \quad F_{Ljx} = qt\int_{ij} N_j \mathrm{d}s \quad F_{Lmx} = qt\int_{ij} N_m \mathrm{d}s \quad F_{Liy} = F_{Ljy} = F_{Lmy} = 0$$

利用式(9-51)中的第二式及式(9-50)中的第三式，得

$$F_{Lix} = F_{Ljx} = \frac{1}{3}qt \cdot \overline{ij}, \quad F_{Lmx} = 0$$

其中，$\overline{ij}$为 $ij$ 边的边长。

读者试证：若在 $ij$ 边上受 $x$ 方向的线性分布面力，在 $i$ 点为 $q$，在 $j$ 点为 0，按式(9-83)求得的结点荷载为：

$$F_{Lix} = \frac{1}{3}qt \cdot \overline{ij}, \quad F_{Ljx} = \frac{1}{6}qt \cdot \overline{ij}, \quad F_{Lmx} = 0; \quad F_{Liy} = F_{Ljy} = F_{Lmy} = 0。$$

**5. 结点平衡方程组**(结构的整体分析)

(1)前面一方面将单元上的外力荷载都向结点移置而成为结点荷载 $F_L^e=(F_{Li} \quad F_{Lj} \quad F_{Lm})^T$；另一方面求出结点与单元之间的相互作用力，如图 9-6 所示：结点对单元的作用力是结点力 $F^e=(F_i \quad F_j \quad F_m)^T$；相反，单元对结点的作用力是 $F^e$ 的负值。于是，作用于结点 $i$ 上的力，有结点荷载 $F_{Li}$和结点力的负值，即

$$-F_i = -(k_{ii}\delta_i + k_{jj}\delta_j + k_{mm}\delta_m) = -\sum_{n=i,j,m} k_{in}\delta_n$$

因此，结点 $i$ 的平衡方程是：

$$\sum_e F_{\mathrm{i}} = \sum_e F_{\mathrm{Li}} \tag{9-84}$$

其中，$\sum_e$ 是对环绕结点 $i$ 的单元求和。

上式也可写为：

$$\sum_e \left( \sum_{n=i,j,m} K_{\mathrm{in}} \delta_{\mathrm{n}} \right) = \sum_e F_{\mathrm{Li}} \tag{9-85}$$

或者写为标量形式：

$$\sum_e F_{\mathrm{ix}} = \sum_e F_{\mathrm{Lix}}, \qquad \sum_e F_{\mathrm{iy}} = \sum_e F_{\mathrm{Liy}} \tag{9-86}$$

式(9-84)至式(9-86)中的编码 $i$、$j$、$m$ 仅是每个单元内部的局部编码。

(2)对于整个结构，若整体结点编码为1、2、…、$n$，则将整个结点平衡方程按整体结点编码排列起来，就组成整个结构的结点平衡方程组：

$$K\delta = F_{\mathrm{L}} \tag{9-87}$$

其中，

$$\delta = (\delta_1 \quad \delta_2 \quad \delta_3 \cdots \quad \delta_{\mathrm{n}})T \tag{9-88}$$

是整体结点位移列阵；

$$F = (F_{\mathrm{L1}} \quad F_{\mathrm{L2}} \quad \cdots \quad F_{\mathrm{Ln}})^{\mathrm{T}} \tag{9-89}$$

是整体结点荷载列阵；$K$ 是整体劲度矩阵，其元素是：

$$K_{\mathrm{rs}} = \sum_e K_{\mathrm{rs}} \tag{9-90}$$

即整体劲度矩阵的元素，例如 $K_{\mathrm{rs}}$，就是按整体结点编码的、同下标 $rs$ 的单元劲度矩阵元素叠加而得到的。

从整体平衡方程组解出结点位移 $\delta$，便可由式(9-52)和式(9-60)分别求出每个单元的位移函数和应力。

下面将通过一个简例来说明，如何对一结构进行整体分析。

**[例9-2]** 设有对角受压的正方形薄板，如图9-12a)所示，荷载沿厚度均匀分布，为2N/m。由于 $xz$ 面和 $yz$ 面均为薄板的对称面，所以只需取1/4部分作为计算的对象，如图9-12b)所示。将该对象划分为四个单元，共有六个结点。单元和结点均编上号码，其中，结点的整体编码为1～6以及各单元的结点局部编码 $i$、$j$、$m$ 均示于图中，两者的对应关系如表9-1。

**编码关系** 表9-1

| 单元号 | I | II | III | IV |
|---|---|---|---|---|
| 局部编码 | 整体编码 | | | |
| $i$ | 3 | 5 | 2 | 6 |
| $j$ | 1 | 2 | 5 | 3 |
| $m$ | 2 | 4 | 3 | 5 |

对称面上的结点没有垂直于对称面的位移分量，因此，在1、2、3三个结点设置了水平连杆支座，在4、5、6三个结点设置了铅直连杆支座。这样就得出图9-12b)所示的离散化结构。

对于每个单元，由于结点的局部编码与整体编码的对应关系已经确定，每个单元劲度矩阵中任何一子矩阵在整体劲度矩阵中的位置和力学意义也就明确了。例如，单元Ⅰ的 $k_{\mathrm{ii}}$，即 $k_{33}$，它的四个元素就是当结构的结点3沿 $x$ 方向或 $y$ 方向有单位位移时，由于单元Ⅰ的劲度而在

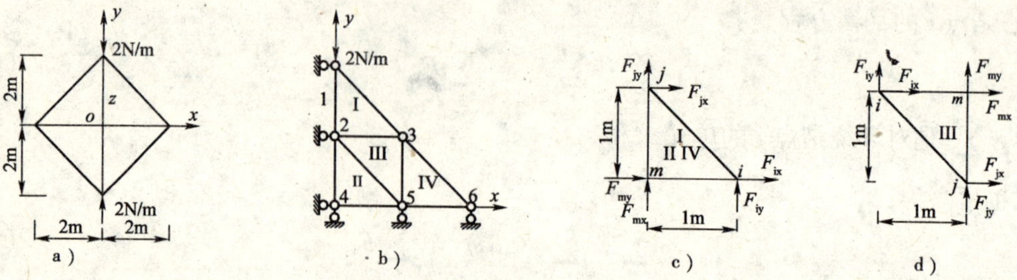


图 9-12 ［例 9-2］图

结点 3 的 $x$ 方向或 $y$ 方向引起结点力等。据此，各个单元的劲度矩阵中 9 个子矩阵的力学意义可表达如下：

单元 I

$$\begin{array}{c|ccc} F_3 & k_{ii} & k_{ij} & k_{im} \\ F_1 & k_{ji} & k_{jj} & k_{jm} \\ F_2 & k_{mi} & k_{mj} & k_{mm} \\ \hline \cdots & \delta_3 & \delta_1 & \delta_2 \end{array} \tag{9-91}$$

单元 II

$$\begin{array}{c|ccc} F_5 & k_{ii} & k_{ij} & k_{im} \\ F_2 & k_{ji} & k_{jj} & k_{jm} \\ F_4 & k_{mi} & k_{mj} & k_{mm} \\ \hline \cdots & \delta_5 & \delta_2 & \delta_4 \end{array} \tag{9-92}$$

单元 III

$$\begin{array}{c|ccc} F_2 & k_{ii} & k_{ij} & k_{im} \\ F_5 & k_{ji} & k_{jj} & k_{jm} \\ F_3 & k_{mi} & k_{mj} & k_{mm} \\ \hline \cdots & \delta_2 & \delta_5 & \delta_3 \end{array} \tag{9-93}$$

单元 IV

$$\begin{array}{c|ccc} F_6 & k_{ii} & k_{ij} & k_{im} \\ F_3 & k_{ji} & k_{jj} & k_{jm} \\ F_5 & k_{mi} & k_{mj} & k_{mm} \\ \hline \cdots & \delta_6 & \delta_3 & \delta_5 \end{array} \tag{9-94}$$

若暂不考虑位移边界条件，把图 9-12b）所示结构的整体结点平衡方程组 $K\delta = F_L$ 可写成：

$$\begin{bmatrix} K_{11} & K_{12} & K_{13} & K_{14} & K_{15} & K_{16} \\ K_{21} & K_{22} & K_{23} & K_{24} & K_{25} & K_{26} \\ K_{31} & K_{32} & K_{33} & K_{34} & K_{35} & K_{36} \\ K_{41} & K_{42} & K_{43} & K_{44} & K_{45} & K_{46} \\ K_{51} & K_{52} & K_{53} & K_{54} & K_{55} & K_{56} \\ K_{61} & K_{62} & K_{63} & K_{64} & K_{65} & K_{66} \end{bmatrix} \begin{Bmatrix} \delta_1 \\ \delta_2 \\ \delta_3 \\ \delta_4 \\ \delta_5 \\ \delta_6 \end{Bmatrix} = \begin{Bmatrix} F_{L1} \\ F_{L2} \\ F_{L3} \\ F_{L4} \\ F_{L5} \\ F_{L6} \end{Bmatrix} \tag{9-95}$$

在这里，整体劲度矩阵按分块形式写成 6 × 6 的矩阵，但它的每一个子块是 2 × 2 的矩阵，因此，它实际上是 12 × 12 的矩阵。矩阵 $K$ 中的任一子矩阵，例如 $K_{23}$，它的四个元素乃是结构的结点 3 沿 $x$ 方向或 $y$ 方向有单位位移而在结点 2 的 $x$ 方向或 $y$ 方向引起的结点力。

由于结点 3 与结点 2 在结构中是通过 I 和 III 这两个单元相联系，因而 $K_{23}$ 应是单元 I 的 $k_{23}$ 和单元 III 的 $k_{23}$ 之和。由式(9-91)可见，单元 I 的 $k_{23}$ 是它的 $k_{mi}$；由式(9-93)可见，单元 III 的 $k_{23}$ 是它的 $k_{mi}$。因此，$K$ 中的 $K_{23}$ 应是单元 I 的劲度矩阵中的 $k_{mi}$ 和单元 III 的劲度矩阵中的 $k_{im}$ 之和。换句话说，单元 I 的 $k_{mi}$ 和单元 III 的 $k_{im}$ 都应叠加到的 $k_{23}$ 的位置上去。同样，不难找到各个单元劲度矩阵中所有子矩阵在整体劲度矩阵中。于是建立 $K$ 的步骤就成为：将 $K$ 全部充零，逐个单元地建立单元的劲度矩阵，然后根据单元结点的局部编码与整体编码的关系，将单元劲度矩阵中每一子矩阵叠加到 $K$ 中的相应位置上。对所有的单元全部完成上述叠加步骤，就形成了整体劲度矩阵。这样得出图 9-12b)所示结构的整体劲度矩阵：

$$K=\begin{bmatrix} k_{jj}^{I} & k_{jm}^{I} & k_{ji}^{I} & 0 & 0 & 0 \\ k_{mj}^{I} & k_{mm}^{I}+k_{jj}^{II}+k_{ii}^{III} & k_{mi}^{I}+k_{im}^{III} & k_{jm}^{II} & k_{ji}^{II}+k_{ij}^{III} & 0 \\ k_{ij}^{I} & k_{im}^{I}+k_{mi}^{III} & k_{ii}^{I}+k_{mm}^{III}+k_{jj}^{IV} & 0 & k_{mj}^{III}+k_{jm}^{IV} & k_{ji}^{IV} \\ 0 & k_{mj}^{II} & 0 & k_{mm}^{II} & k_{mi}^{II} & 0 \\ 0 & k_{ij}^{II}+k_{ji}^{III} & k_{jm}^{III}+k_{mj}^{IV} & k_{im}^{II} & k_{ii}^{II}+k_{jj}^{III}+k_{mm}^{IV} & k_{mi}^{IV} \\ 0 & 0 & k_{ij}^{IV} & 0 & k_{im}^{IV} & k_{ii}^{IV} \end{bmatrix} \tag{9-96}$$

式中，$k$ 上的 I、II、III、IV 表示那个 $k$ 是那一个单元的劲度矩阵中的子矩阵，空白处是 $2\times2$ 的零矩阵。

对单元 I、II、IV，可求得

$$A=0.5\text{m}^2,\quad b_i=1\text{m},\quad b_j=0,\quad b_m=-1\text{m},\quad c_i=0,\quad c_j=1\text{m},\quad c_m=-1\text{m}$$

对于单元III，可求得

$$A=0.5\text{m}^2,\quad b_i=-1\text{m},\quad b_j=0,\quad b_m=1\text{m},\quad c_i=0,\quad c_j=-1\text{m},\quad c_m=1\text{m}$$

根据上列数据，并为简单起见，取 $\mu=0, t=1\text{m}$，应用式(9-72)，可见两种单元的劲度矩阵都是：

$$k=E\begin{bmatrix} 0.5 & 0 & 0 & 0 & -0.5 & 0 \\ 0 & 0.25 & 0.25 & 0 & -0.25 & -0.25 \\ 0 & 0.25 & 0.25 & 0 & -0.25 & -0.25 \\ 0 & 0 & 0 & 0.5 & 0 & -0.5 \\ -0.5 & -0.25 & -0.25 & 0 & 0.75 & 0.25 \\ 0 & -0.25 & -0.25 & -0.5 & 0.25 & 0.75 \end{bmatrix} \tag{9-97}$$

将式(9-97)中各个子块的具体数值代入式(9-96)，叠加以后，得到整体劲度矩阵为：

$$K=E\begin{bmatrix} 0.25 & 0 & -0.25 & -0.25 & 0 & 0.25 & & & & & & \\ 0 & 0.5 & 0 & -0.5 & 0 & 0 & & & & & & \\ -0.25 & 0 & 1.5 & 0.25 & -1 & -0.25 & -0.25 & -0.25 & 0 & 0.25 & & \\ -0.25 & -0.5 & 0.25 & 1.5 & -0.25 & -0.5 & 0 & -0.5 & 0.25 & 0 & & \\ & & -1 & -0.25 & 1.5 & 0.25 & 0 & 0 & -0.5 & -0.25 & 0 & 0.25 \\ & & -0.25 & -0.5 & 0.25 & 1.5 & 0 & 0 & -0.25 & -1 & 0 & 0 \\ & & -0.25 & 0 & 0 & 0 & 0.75 & 0.25 & -0.5 & -0.25 & & \\ & & -0.25 & -0.5 & 0 & 0 & 0.25 & 0.75 & 0 & -0.25 & & \\ & & 0 & 0.25 & -0.5 & -0.25 & -0.5 & 0 & 1.5 & 0.25 & -0.5 & -0.25 \\ & & 0.25 & 0 & -0.25 & -1 & 0.25 & -0.25 & 0.25 & 1.5 & 0 & -0.25 \\ & & & & 0 & 0 & & & -0.5 & 0 & 0.5 & 0 \\ & & & & 0.25 & 0 & & & -0.25 & 0.25 & 0 & 0.25 \end{bmatrix} \tag{9-98}$$

由于有位移边界条件 $u_1=u_2=u_4=v_4=v_5=v_6=0$，未知的整体位移列阵就简化为：

$$\delta=(v_1\quad v_2\quad u_3\quad v_3\quad u_5\quad v_6)^{\mathrm{T}} \tag{9-99}$$

由此得出，与这六个零位移分量相应的六个平衡方程不必建立。因此，需将式(9-98)中的第一、三、七、八、十、十二各行以及同序号的各列划去，而式(9-98)的整体劲度矩阵简化为：

$$K=E\begin{bmatrix} 0.5 & -0.5 & 0 & 0 & 0 & 0 \\ -0.5 & 1.5 & -0.25 & -0.5 & 0.25 & 0 \\ 0 & -0.25 & 1.5 & 0.25 & -0.5 & 0 \\ 0 & -0.5 & 0.25 & 1.5 & -0.25 & 0 \\ 0 & 0.25 & -0.5 & -0.25 & 1.5 & -0.5 \\ 0 & 0 & 0 & 0 & -0.5 & 0.5 \end{bmatrix} \tag{9-100}$$

现在来建立结构的整体结点荷载列阵。确定了每个单元结点荷载列阵为：

$$F_{\mathrm{L}}^{e}=(F_{\mathrm{L}i}\quad F_{\mathrm{L}j}\quad F_{\mathrm{L}m})^{\mathrm{T}}=(F_{\mathrm{L}ix}\quad F_{\mathrm{L}iy}\quad F_{\mathrm{L}jx}\quad F_{\mathrm{L}jy}\quad F_{\mathrm{L}mx}\quad F_{\mathrm{L}my})^{\mathrm{T}}$$

以后，根据各个单元的结点局部与整体编码的对应关系，不难确定其三个子块 $F_{\mathrm{L}i}$、$F_{\mathrm{L}j}$、$F_{\mathrm{L}m}$ 在 $F_{\mathrm{L}}$ 中的位置。例如，对于图 9-12b)所示的结构，在不考虑位移边界条件的情况下，有

$$F_{\mathrm{L}}=\begin{Bmatrix} F_{\mathrm{L1}} \\ F_{\mathrm{L2}} \\ F_{\mathrm{L3}} \\ F_{\mathrm{L4}} \\ F_{\mathrm{L5}} \\ F_{\mathrm{L6}} \end{Bmatrix}=\begin{Bmatrix} F_{\mathrm{L}j}^{\mathrm{I}} \\ F_{\mathrm{L}m}^{\mathrm{I}}+F_{\mathrm{L}j}^{\mathrm{II}}+F_{\mathrm{L}i}^{\mathrm{III}} \\ F_{\mathrm{L}i}^{\mathrm{II}}+F_{\mathrm{L}m}^{\mathrm{III}}+F_{\mathrm{L}j}^{\mathrm{IV}} \\ F_{\mathrm{L}m}^{\mathrm{II}} \\ F_{\mathrm{L}i}^{\mathrm{II}}+F_{\mathrm{L}j}^{\mathrm{III}}+F_{\mathrm{L}m}^{\mathrm{IV}} \\ F_{\mathrm{L}i}^{\mathrm{IV}} \end{Bmatrix}$$

因结构只在 1 点有向下的荷载 1N/m，故上式中有非零元素的子块只有 $F_{\mathrm{L}}=F_{\mathrm{L}i}^{\mathrm{I}}=\begin{Bmatrix}0\\-1\end{Bmatrix}$。在考虑了位移边界条件以后，与式(9-99)相应的、简化了的整体结点荷载列阵即成为

$$F_{\mathrm{L}}=F_{\mathrm{L}i}^{\mathrm{I}}=(-1\quad 0\quad 0\quad 0\quad 0\quad 0)^{\mathrm{T}} \tag{9-101}$$

按照式(9-100)所示的 $K$，及式(9-99)、式(9-101)所示的 $\delta$、$F_{\mathrm{L}}$ 得出结构的整体平衡方程组为：

$$E\begin{bmatrix} 0.5 & & & & & \\ -0.5 & 1.5 & & & & \\ 0 & -0.25 & 1.5 & & & \\ 0 & -0.5 & 0.25 & 1.5 & & \\ 0 & 0.25 & -0.5 & -0.25 & 1.5 & \\ 0 & 0 & 0 & 0 & -0.5 & 0.5 \end{bmatrix}\begin{Bmatrix} v_1 \\ v_2 \\ u_3 \\ v_3 \\ u_5 \\ u_6 \end{Bmatrix}=\begin{Bmatrix} -1 \\ 0 \\ 0 \\ 0 \\ 0 \\ 0 \end{Bmatrix}$$

求解以后，得结点位移为：

$$\begin{Bmatrix} v_1 \\ v_2 \\ u_3 \\ v_3 \\ u_5 \\ u_6 \end{Bmatrix}=\frac{1}{E}\begin{Bmatrix} -3.253 \\ -1.253 \\ -0.088 \\ -0.374 \\ 0.176 \\ 0.176 \end{Bmatrix},(\mu=0)$$

根据已求出的 $A$ 值,$b$ 值和 $c$ 值,可由式(9-62)、式(9-63)得出单元的应力转换矩阵:

对于单元Ⅰ、Ⅱ、Ⅳ(注意 $\mu=0$)为:
$$S=E\begin{bmatrix}1&0&0&0&-1&0\\0&0&0&1&0&-1\\0&0.5&0.5&0&-0.5&-0.5\end{bmatrix}$$

对于单元Ⅲ(注意 $\mu=0$)为:
$$S=E\begin{bmatrix}-1&0&0&0&1&0\\0&0&0&-1&0&1\\0&-0.5&-0.5&0&0.5&0.5\end{bmatrix}$$

于是可用式(9-60)求得各单元中的应力如下:

$$\begin{Bmatrix}\sigma_x\\\sigma_y\\\tau_{xy}\end{Bmatrix}_{\mathrm{I}}=E\begin{bmatrix}1&0&0&0&-1&0\\0&0&0&1&0&-1\\0&0.5&0.5&0&-0.5&-0.5\end{bmatrix}\begin{Bmatrix}u_3\\v_3\\0\\v_1\\0\\v_2\end{Bmatrix}=\begin{Bmatrix}-0.088\\-2.000\\0.440\end{Bmatrix}\mathrm{Pa}$$

$$\begin{Bmatrix}\sigma_x\\\sigma_y\\\tau_{xy}\end{Bmatrix}_{\mathrm{II}}=E\begin{bmatrix}1&0&0&0&-1&0\\0&0&0&1&0&-1\\0&0.5&0.5&0&-0.5&-0.5\end{bmatrix}\begin{Bmatrix}u_5\\0\\0\\v_2\\0\\0\end{Bmatrix}=\begin{Bmatrix}-0.176\\-1.253\\0\end{Bmatrix}\mathrm{Pa}$$

$$\begin{Bmatrix}\sigma_x\\\sigma_y\\\tau_{xy}\end{Bmatrix}_{\mathrm{III}}=E\begin{bmatrix}-1&0&0&0&1&0\\0&0&0&-1&0&1\\0&-0.5&-0.5&0&0.5&0.5\end{bmatrix}\begin{Bmatrix}0\\v_2\\u_5\\0\\u_3\\v_3\end{Bmatrix}=\begin{Bmatrix}-0.088\\-0.374\\0.308\end{Bmatrix}\mathrm{Pa}$$

$$\begin{Bmatrix}\sigma_x\\\sigma_y\\\tau_{xy}\end{Bmatrix}_{\mathrm{IV}}=E\begin{bmatrix}1&0&0&0&-1&0\\0&0&0&1&0&-1\\0&0.5&0.5&0&-0.5&-0.5\end{bmatrix}\begin{Bmatrix}u_6\\0\\u_3\\v_3\\u_5\\0\end{Bmatrix}=\begin{Bmatrix}0\\-0.374\\-0.132\end{Bmatrix}\mathrm{Pa}$$

### 6. 解题的具体步骤(单元的划分)

在应用有限单元法求解问题时,计算工作量是很大的。因此,一般只能利用事先编好的程序进行计算。以三角形单元为例,具体的计算步骤大致如下:

(1)将计算对象划分成许多三角形单元,也就是织成三角形网格,并按照一定的规律将所有的结点和单元分别编码。

(2)选定一个直角坐标系。按照计算程序的要求,填写各种输入信息。主要有:每个结点

的坐标值 $x_1$、$y_1$、$x_2$、$y_2$、…等；每个单元的单元信息；$i$、$j$、$m$ 三个结点的整体编码；材料弹性常数值；各种荷载信息，即荷载点的点号及荷载大小等；约束信息，即哪些结点哪个方向上的位移为零或为某已知值。将这些信息按照计算程序规定的格式输入。

(3)使用已经编好的程序上机计算。计算程序中对输入的各种信息进行加工、运算，一般均有如下的步骤：输入初始数据，形成整体劲度矩阵 $K$；形成整体结点荷载 $F_L$；求解线性代数方程组，解得结构的整体结点位移列阵 $\delta$；计算各单元的应力分量及主应力、主向；打印计算结果。

(4)对计算结果进行整理、分析，用表格或图线示出所需的位移及应力。

在以上的步骤中，工作量最大的步骤(3)，可由计算机来完成。但是，其他三步工作或多或少需用人工进行，而且这三步工作的好坏，对于计算结果的好坏起着决定性的作用。

(5)单元划分中要注意的几个问题。

①在划分单元时，就整体来说，单元的大小(即网格的疏密)要根据精度的要求和计算机的速度及容量来确定。

②在单元划分图上，对于不同部位的单元，应当采用不同的大小来划分。

③当结构具有对称面而荷载对称于该面或反对称于该面时，应当利用对称性或反对称性，只对结构的 1/2 或 1/4 进行计算，以减少计算工作量。

④如果计算对象受有集度突变的分布荷载，或受有集中荷载，也应当把这部分的单元划分得小一些，并在荷载突变或集中之处布置结点，以使应力的突变得到一定程度的反映。

⑤当结构具有凹槽或孔洞时，在凹槽或孔洞附近将发生应力集中。为了正确反映此项应力，必须把该处的网格画得很密。

用有限单元法计算弹性力学问题时，特别是采用常应变单元时，应当在计算之前精心划分网格，在计算之后精心整理成果。这样来提高所得应力的精度，而且往往比简单的加密网格更为有效。

### 7. 计算成果的整理

计算成果包括应力和位移两方面。在位移方面，一般都无需进行整理，利用计算结果中的结点位移分量，就可以画出结构的位移图线。以下仅对应力方面的计算成果进行讨论。

因为三结点三角形单元是常应变单元，也是常应力单元，算出的这个常应力，即三角形单元形心处的应力。据此就得出一个图示应力的通用办法：在每个单元的形心，沿着应力的主向，以一定的比例尺标出主应力的大小，拉应力用箭头表示，如图 9-13 所示。就整个结构的应力状况来看，这是一个很好的图示方法。因为应力的大小和方向在整个结构物中的变化规律都可以约略地表示出来。但是，由于三结点三角形单元的精度较低，为了由计算成果推出结构内某一点的接近实际的应力，必须通过某种平均计算来得到。

(1)绕结点平均法，就是把环绕某一结点的各单元中的常量应力加以平均，用来表征该结点处的应力。以图 9-14 中结点 1 处的 $\sigma_x$ 为例，就是取

$$(\sigma_x)_1 = \frac{1}{6}[(\sigma_x)_A + (\sigma_x)_B + (\sigma_x)_C + (\sigma_x)_D + (\sigma_x)_E + (\sigma_x)_F]$$

为了这样平均得来的应力能够较好地表征结点处的实际应力，环绕该结点的各个单元，他们的面积不能相差太大，他们在该结点所张的角度也不能相差太大。

用绕结点平均法计算出来的结点应力，在内结点处具有较好的表征性，但在边界结点处则可能表征性很差。因此，边界结点处的应力不宜直接由单元应力的平均计算得来，而要由内结点处的应用插值公式向外推算得来。以图 9-14 中的边界结点 0 处的应力为例，就是要由内结点 1、2、3 处的应力用抛物线插值公式推算得来，这样可以大大改进它的表征性。据此，为了整理某一截面上的应力，在这个截面上至少要布置五个结点。

(2)二单元平均法，就是把两个相邻单元中的常量应力加以平均，用来表征公共边中点处的应力。以图 9-15 所示的情况为例，就是取

$$(\sigma_x)_1 = \frac{1}{2}[(\sigma_x)_A + (\sigma_x)_B], \qquad (\sigma_x)_2 = \frac{1}{2}[(\sigma_x)_C + (\sigma_x)_D]$$

等等，为了这样平均得来的应力具有较好的表征性，两个相邻单元的面积不能相差太大。

如果内点 1、2、3 等的光滑连线与边界相交在 0 点，如图 9-15，则边界上的 0 点处的应力可由上述几个内点处的应力用插值公式向外推算得来，其表征性一般也是很好的。

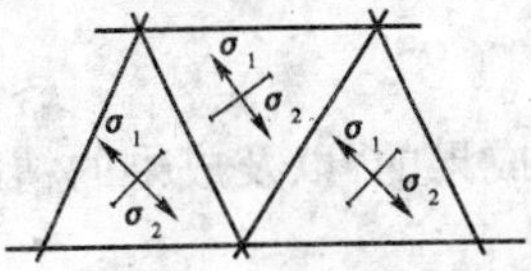

图 9-13　主拉应力

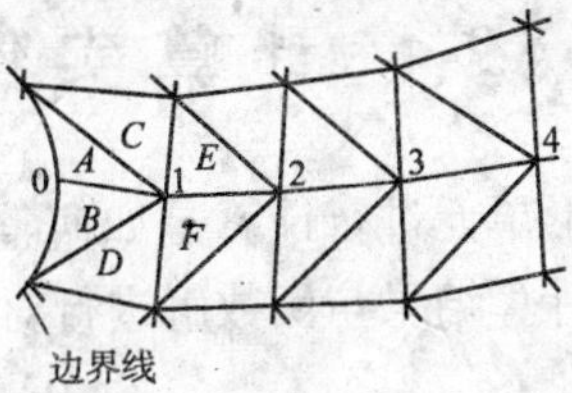

图 9-14　绕结点平衡

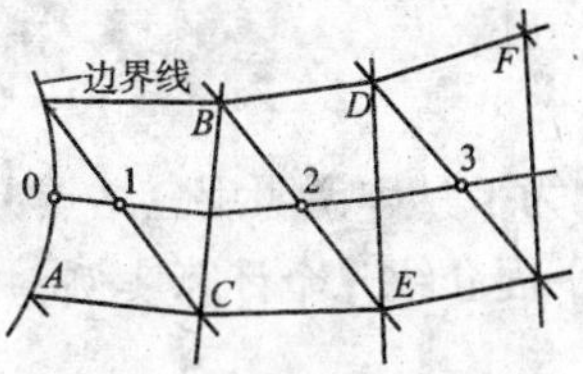

图 9-15　边界结点处理

在应力变化并不剧烈的部位，由绕结点平均法和二单元平均法得来的应力，表征性不相上下。在应力变化比较剧烈的部位，特别是在应力集中之处，由绕结点平均法得来的应力，其表征性就比较差了。

主应力及应力主向，可以由平均后的应力分量算得，也可以直接对主应力或应力主向加以平均。只要用来平均的各个单元的应力主向比较接近，则两种平均的结果就相差不大。

在推算边界点或边界结点处的应力时，可以先推算应力分量再求主应力，也可以对主应力进行推算。在一般情况下，前者的精度比较高一些，但差异并不是很明显的。

注：如果相邻的单元有不同的厚度或不同的弹性常数，则在理论上应力应当有突变。因此，只容许对厚度及弹性常数都相同的单元进行平均计算，以免完全失去这种应有的变化。

在弹性体的凹槽附近，平行于边界的主应力往往是数值较大而且变化比较剧烈。在推求最大的主应力时，必须充分注意如何达到最高的精度，例如图 9-16a）所示的凹槽，设边界或边界结点 1、2、3、4 等处平行于边界的主应力 $(\sigma)_1$、$(\sigma)_2$、$(\sigma)_3$、$(\sigma)_4$ 等，已经用上述方法求得，可以把凹槽处的一段边界曲线展为直线轴 $x$，如图 9-16b）所示，点绘 $(\sigma)_1$、$(\sigma)_2$、$(\sigma)_3$、$(\sigma)_4$ 等，画出平滑的图线。如果图线的坡度不太陡，就可以由图线上量得最大主应力 $(\sigma)_{max}$ 的数值。但是，如果图线的坡度很陡，则须按照 $(\sigma)_1$、$(\sigma)_2$、$(\sigma)_3$、$(\sigma)_4$ 的数值，为 $\sigma$ 取插值函数 $\sigma = f(x)$，然后命 $\frac{d}{df}f(x) = 0$，求出 $x$ 在这一范围内的实根，再代入 $f(x)$，以求出 $(\sigma)_{max}$。

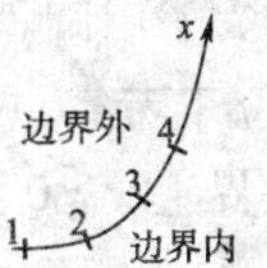

a)

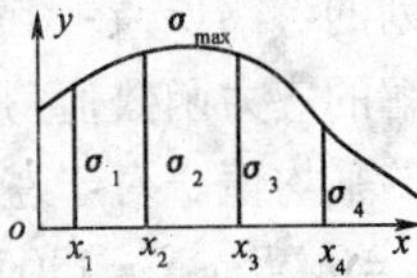

b)

图 9-16　应力插值函数

当弹性体有凹尖角时，尖角处的应力是很大的（在完全弹性体的假定下，它在理论上是无限大）。因此，围绕尖角的一些单元中的应力就会很大，且尖角处的网格越密（即该处的单元

越小)，这些单元中的应力就越大，可能大到惊人的程度。实际上，由于尖角处的材料已经发生局部的屈服、开裂或滑移，在完全弹性体的假定下算出的这些大应力是不存在的。为了正确估算尖角处的应力，必须考虑局部屈服、开裂或滑移的影响。在没有条件考虑这些影响时，可以这样简单地处理：把围绕尖角的单元取得充分小(例如在坝体中可取为十几厘米或几十厘米)，而在分析安全度时，对这些单元中的最大应力不予理会，只要其他单元中的应力不超过材料的容许应力，就认为该处是安全的。如果其他单元中的应力超过容许应力，就要采取适当的措施。最有效的措施就是把凹尖角改为凹圆角，即对局部问题进行局部处理，可以有效地减少应力集中现象。不要企图用加大整体尺寸来降低局部应力，因为那样是徒劳的，至少在经济上是完全不合理的。

随着计算机容量及计算速度的提高，如有限单元法的精度、信息容量、计算速度、问题的复杂性等，现在都已经较容易地解决了，使有限单元法也得到迅速的发展和广泛的应用。

## §9-4 计算实例

为了具体说明用三结点三角形单元进行计算是如何整理应力成果的，以及成果的精度如何，下面介绍几个计算实例，并将计算结果与函数解进行对比。



### 1. 楔形体受自重及齐顶水压作用

只有当楔形体为无限长时才有简单的函数解，而当其为有限长单元时，只能用有限长的楔形体作为计算对象，所以截取无限长楔形体 10m 长的部分，如图 9-17 所示，而把函数解中对 $y=0$处给出的位移作为已知。为了便于说明问题，这里采用了均匀且比较疏的网格。

**[例 9-3]** 如图 9-17 所示，楔形体(水坝)的弹性模量取为 $E=2\times10^{10}$Pa，泊松比取为 $\mu=0.167$，厚度取为 $t=1$m(作为平面应力问题)，自重 $p=2.4\times10^4$N/m$^3$，水的密度取为 $\rho=10^3$kg/m$^3$。用二单元平均法整理 $y=1$m 截面上的 $\sigma_y$ 时，结果如表 9-2 所示。$\sigma_y$ 的单位为 $10^4$Pa。这里不用图线而用表格，是因为在图线上很难把较小的误差表示出来。表中所列的考察点，在图 9-17 上用圆点表示。表中所列有限单元解的应力函数值，是位于考察点上方及下方的两单元中 $\sigma_y$ 的平均值。对于左边界上 $x=0$ 处的 $\sigma_y$，我们根据表 9-2 中 $x=0.35$m、$x=1.05$m、$x=1.75$m 三点处 $\sigma_y$ 的推算，得出该处的 $\sigma_y=-3.75\times10^4$Pa，与函数解 $-3.23\times10^4$Pa 相比，误差为 $-0.52\times10^4$Pa。对于右边 $x=6.3$m处的 $\sigma_y$，我们根据表 9-2 中 $x=5.95$m、$x=5.25$m、$x=4.55$m 三点处 $\sigma_y$ 的推算，得出该处的 $\sigma_y=-18.22\times10^4$Pa，与函数解 $-18.35\times10^4$Pa 相比，误差为 $-0.13\times10^4$Pa。

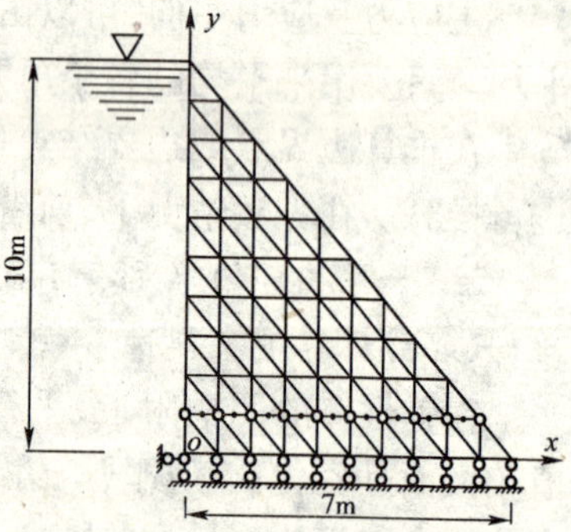


图 9-17 [例 9-3]图

用绕结点平均法整理 $y=1$m 截面上的 $\sigma_y$ 时，结果如表 9-3 所示，$\sigma_y$ 的单位为 $10^4$Pa。表中所列的结点在图 9-17 上用圆圈表示。可见在边界上的结点处，结点平均应力表征性是比较差的。但是，根据表 9-3 中 $x=0.7$m、$x=1.4$m、$x=2.1$m 三点处的平均应力进行推算，得出边界结点$x=0$处的 $\sigma_y=-3.77\times10^4$Pa，与函数解相比，误差为 $-0.54\times10^4$Pa；根据 $x=5.6$m、$x=4.9$m、$x=4.2$m 三点处的平均应力进行推算，得出边界结点 $x=6.3$ 处的 $\sigma_y=-18.24\times10^4$Pa，与函数解相比，误差为 $-0.11\times10^4$Pa。这样，用绕结点平均法和用二单元平均法整理出来的成果，它们的表征性就不相上下了。

用二单元平均法整理的 $\sigma_y$ 的解　　表 9-2

| 结点的 $x$(m) | 0.35 | 1.05 | 1.75 | 2.45 | 3.15 | 3.85 | 4.55 | 5.25 | 5.96 |
|---|---|---|---|---|---|---|---|---|---|
| 有限单元解 | -4.52 | -6.07 | -7.62 | -9.17 | -10.75 | -12.35 | -13.99 | -15.66 | -17.36 |
| 函数解 | -4.07 | -5.75 | -7.44 | -9.12 | -10.80 | -12.48 | -14.15 | -15.83 | -17.51 |
| 误　差 | -0.45 | -0.32 | -0.18 | -0.05 | -0.05 | -0.13 | -0.16 | -0.17 | -0.15 |

用绕结点平均法整理的 $\sigma_y$ 的解　　表 9-3

| 结点的 $x$(m) | 0 | 0.7 | 1.4 | 2.1 | 2.8 | 3.5 | 4.2 | 4.9 | 5.6 | 6.3 |
|---|---|---|---|---|---|---|---|---|---|---|
| 有限单元解 | -4.35 | -5.30 | -6.84 | -8.39 | -9.96 | -11.55 | -13.17 | -14.82 | -16.51 | -17.73 |
| 函数解 | -3.23 | -4.91 | -6.59 | -8.28 | -9.96 | -11.64 | -13.32 | -14.99 | -16.67 | -18.35 |
| 误　差 | -1.12 | -0.39 | -0.25 | -0.11 | 0 | 0.09 | 0.15 | 0.17 | 0.16 | 0.62 |

## 2. 简支梁受均布荷载作用

**[例 9-4]**　图 9-18 所示为一简支梁，高 3m，长 18m，承受均布荷载 $10N/m^2$ 的作用，$E = 2\times10^4Pa$，泊松比取为 $\mu = 0.167$，厚度取为 $t = 1m$，作为平面应力问题，由于对称，只对右边一半进行有限单元计算，如图 9-18b）所示。在 $y$ 轴上的各结点处布置水平连杆支座。

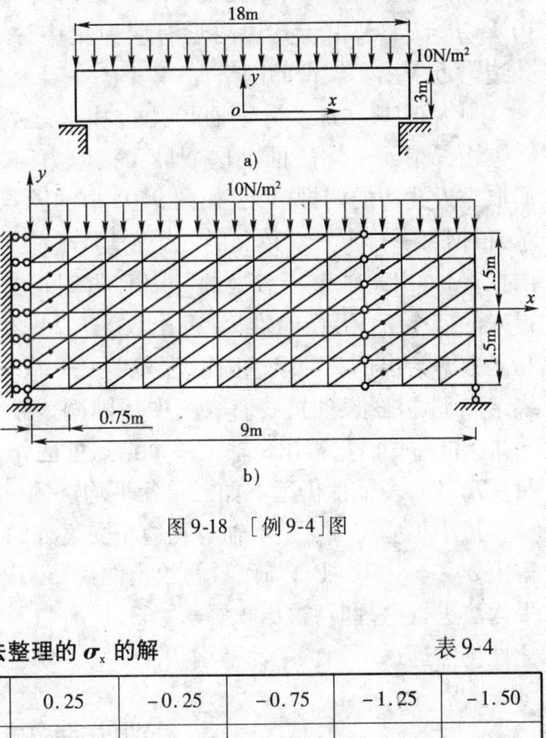

图 9-18　[例 9-4]图

用二单元平均法整理 $x = 0.375m$ 截面上的 $\sigma_x$ 时（考察点在图上用圆点表示），整理结果如表 9-4 所示，$\sigma_x$ 的单位为 Pa。之所以选取这个截面，是因为其上的 $\sigma_x$ 接近最大。表中 $y = 1.50m$（梁顶）及 $y = -1.50m$（梁底）处的有限单元解，是由三个考察点处的 $\sigma_x$ 用插值公式来推算的。表中的函数解，是指按弹性力学平面问题计算的结果，但和材料力学中按浅梁计算的结果很相近，基本上是随着 $y$ 按直线变化的。

用二单元平均法整理的 $\sigma_x$ 的解　　表 9-4

| 结点的 $y$(m) | 1.50 | 1.25 | 0.75 | 0.25 | -0.25 | -0.75 | -1.25 | -1.50 |
|---|---|---|---|---|---|---|---|---|
| 有限单元解 | -235 | -196 | -119 | -41 | 38 | 117 | 201 | 245 |
| 函数解 | -272 | -225 | -34 | -44 | 44 | 134 | 2256 | 272 |
| 误　差 | -37 | 29 | -15 | 3 | -6 | -17 | -24 | -27 |

对于剪应力 $\tau_{xy}$，弹性力学函数解给出的数值和材料力学中关于浅梁的解答相同，在横截面上是按抛物线变化的。我们用二单元平均法整理 $x = 7.125m$ 的截面上的 $\tau_{xy}$ 时（考察点在图上用圆点表示），得出来该截面上 $y = 0$ 处的最大剪应力为 35.3Pa，与函数解 35.6Pa 相比，误差只有 -0.3Pa。用绕结点平均法整理 $x = 6.45m$ 的横截面上的剪应力时（考察点在图上用圆

圈表示)，得出该截面上 $y=0$ 处的最大剪应力为 31.9Pa，与函数解 33.8Pa 相比，误差也只有 $-1.9$Pa。但是，对于靠近梁顶及梁底处，用两种方法整理出来的剪应力却都具有较大的误差。因此，如果要使边界附近的剪应力 $\tau_{xy}$ 具有与弯应力 $\sigma_x$ 相同的精度，这里的网格需画得密一些。但一般并不必这样做，因为边界附近的剪应力是次要的。

整理挤压应力 $\sigma_y$ 时，不论用二单元平均法或用绕结点平均法，所得的结果都和函数解相差很大。这是符合下属一般规律的一个实例：如果弹性体在某一方向具有特别小的尺寸，则这一方向的正应力的有限单元解将具有特别大的误差。但是，这个应力一般都是最次要的应力，因而完全没有必要为这个应力特别加密网格。

### 3. 圆孔附近的应力集中

图 9-19 表示一块带圆孔的方板的四分之一，它在 $x$ 方向受有均布压力 25N/m² 的作用。方板边长为 24m，圆孔的半径为 3m，板的厚度取为 1m。作为平面应力问题，由于对称，在 $x$ 轴上的各结点处安置 $y$ 方向的连杆支座，在 $y$ 轴上的各结点处安置 $x$ 方向的连杆支座。取 $E=2\times10^4$Pa，$\mu=0.20$，由于孔边附近有应力集中，故在孔边附近采用了较密的网格。

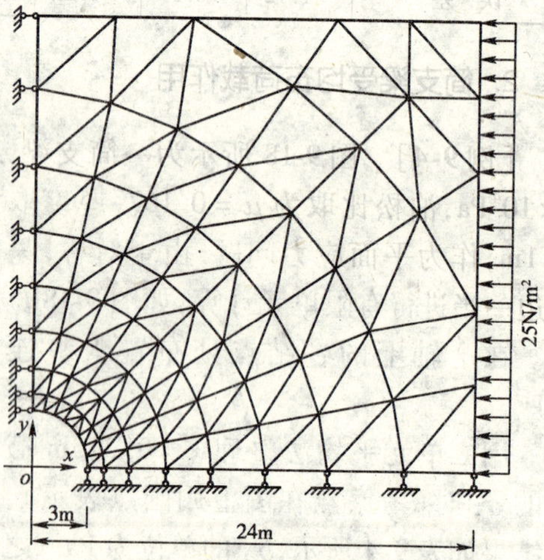

图 9-19　带孔方板有限元网格图

最大正应力 $\sigma_{max}$ 是 $x$ 轴与孔边相交之处的 $\sigma_y$。用二单元平均法推求这个最大正应力时，我们取靠近孔边的四排单元，如图 9-19 中的原点所示，根据每一排上三对单元的三个平均 $\sigma_y$ 值沿环向推算，得出 $x$ 轴上一点处的 $\sigma_y$ 值，再根据这样得来的四个 $\sigma_y$ 沿径向推算，得出 $\sigma_{max}=24.2$Pa，与函数解给出的 25.0Pa 相比，误差为 0.8Pa。用绕结点平均法推算时，我们取图中用圆圈表示的四排结点，根据每一排上三个结点处的平均 $\sigma_y$ 值沿环向推算，得出 $x$ 轴上一个结点处的 $\sigma_{max}=17.7$Pa，与函数解给出的 25.0Pa 相比，误差为 $-7.3$Pa，表征性仍远不如二单元平均法。

最小正应力 $\sigma_{min}$ 是 $y$ 轴与孔边相交之处的 $\sigma_x$。与上相似的用二单元平均法进行整理时，得出 $\sigma_{min}=-76.4$Pa，与函数解给出的 $-75.0$Pa 相比，误差为 $-1.4$Pa。与上相似的用绕结点平均法进行整理时，得出 $\sigma_{min}=-63.1$Pa，与函数解给出的 $-75.0$Pa 相比，误差为 $-11.9$Pa，表征性仍然远远不如二单元平均法。

## 思考题与习题

9-1　为什么要先组集总刚度矩阵后进行约束处理？可否先进行约束处理后组集总刚度矩阵？

9-2　设阶梯形杆件由两个等截面杆单元Ⅰ与Ⅱ组成，共三个结点，编号如图 9-20 所示，试写出总刚度矩阵，并分别用三种方法处理约束条件，计算出节点位移。

9-3　试写出图 9-21 所示平面刚架的约束信息。

9-4　试证在三结点三角形单元内的任意一点，有：$N_i+N_j+N_m=1$，$N_ix_i+N_jx_j+N_mx_m=x$，

$N_i y_i + N_j y_j + N_m y_m = y$。

9-5 如图 9-22 所示以平面应力状态下的三结点等边三角形单元，其边长为 $a$，$\mu = 1/6$。

(1)试求出应力转换矩阵 $S$ 及单元劲度矩阵 $k$。

(2)试求出 $k$ 中的每行之和及每列之和，并说明其原因。

(3)设单元发生结点位移 $u_i = u_j = u_m = 1$、$v_i = v_j = v_m = 0$，或发生结点位移 $u_i = u_j = v_i = 0$、$v_j = 1$、$u_m = -\sqrt{3}/3$、$v_m = 1/2$，试求单元中的应力，并说明其原因。

(4)设单元在 $jm$ 边上有线形分布的压力，其在 $j$ 点及 $m$ 点的集度分别为 $q_j$ 和 $q_m$，试求等效结点荷载。

**答案**：$F_{Lix} = F_{Liy} = 0$，$F_{Ljx} = \frac{\sqrt{3}ta}{12}(2q_j + q_m)$，$F_{Ljy} = \frac{ta}{12}(2q_j + q_m)$，$F_{Lmx} = -\frac{\sqrt{3}ta}{12}(q_j + 2q_m)$，$F_{Lmy} = -\frac{ta}{12}(q_j + 2q_m)$。

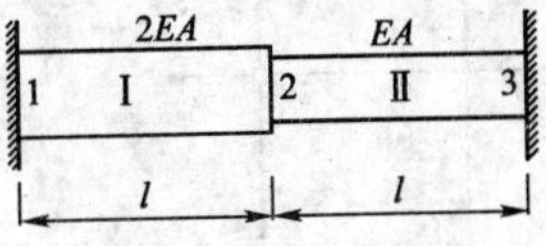


图 9-20 题 9-2 图

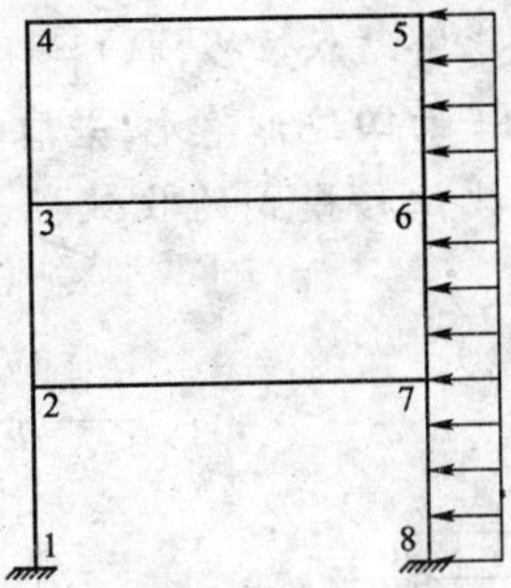


图 9-21 题 9-3 图

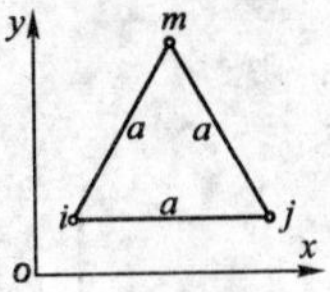


图 9-22 题 9-5 图

9-6 对于图 9-23 所示的离散结构，试求其 1、2 结点位移及铰支座 3、4、5 的反力（按平面应力问题，取 $\mu = 1/6$）。

**答案**：$v_1 = -\frac{77}{66}\frac{F}{Et}$，$v_1 = -\frac{14}{23}\frac{F}{Et}$；$F_{3x} = -\frac{11}{46}F$，$F_{3y} = \frac{11}{46}F$，$F_{4x} = \frac{7}{46}F$，$F_{4y} = \frac{6}{23}F$，$F_{5x} = \frac{3}{23}F$，$F_{5y} = 0$。

9-7 对于图 9-24 所示结构，试求整体劲度矩阵 $k$ 中的子矩阵 $k_{41}$、$k_{42}$、$k_{44}$、$k_{46}$。

**答案**：$k_{41} = Et\begin{vmatrix} -0.50 & -0.25 \\ 0 & -0.25 \end{vmatrix}$，$k_{42} = \begin{vmatrix} 0 & 0 \\ 0 & 0 \end{vmatrix}$，$k_{44} = Et\begin{vmatrix} 1.50 & 0.25 \\ 0.25 & 1.50 \end{vmatrix}$，$k_{46} = Et\begin{vmatrix} 0 & 0 \\ 0 & 0 \end{vmatrix}$（取 $\mu = 0$）。

9-8 试求图 9-25 所示结构的结点位移和应力，取 $t = 1\text{m}$，$\mu = 0$。

**答案**：$u_1 = \frac{1}{2E}(3F_1 + F_2)$，$v_2 = -\frac{1}{2E}(F_1 + 3F_2)$。

若 $F_1 = F_2 = F$，求出 I、Ⅱ单元的平均应力是：$\sigma_x = -F_2$，$\sigma_y = -F_2$，$\tau_{xy} = 0$。

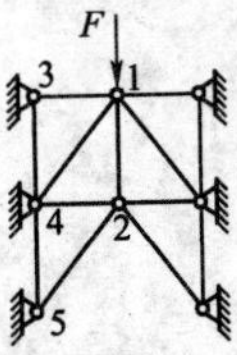


图 9-23 题 9-6 图

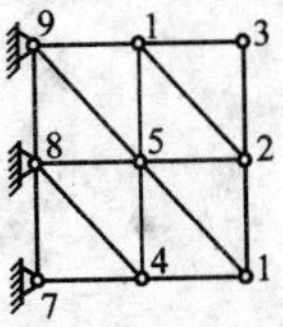


图 9-24 题 9-7 图

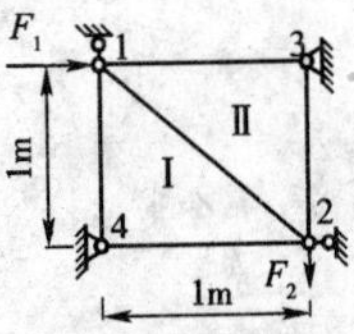


图 9-25 题 9-8 图

9-9 试按图 9-26 所示网格求解结点位移，取 $t=1\text{m}, \mu=0$。

**答案**：a) $v_1 = -51.2\dfrac{1}{E}, v_2 = -48.8\dfrac{1}{E}$；b) $v_1 = -\dfrac{F}{2E}, v_2 = -\dfrac{3F}{2E}$；c) $v_1 = \dfrac{9F+8\rho g}{12E}$，$v_2 = \dfrac{F+8\rho g}{4E}$。

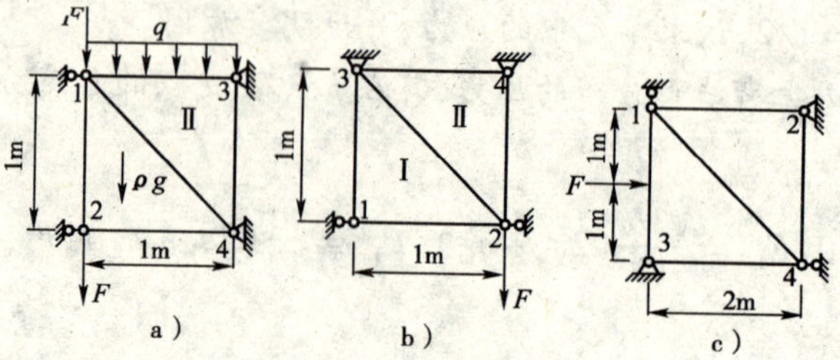


图 9-26 题 9-9 图

9-10 试按图 9-27 所示网格求解结点位移，取 $t=1\text{m}, \mu=0$。

9-11 对图 9-28 所示四结点平面四边形单元，若取位移模式为 $u=a_1+a_2x+a_3y+a_4xy$、$v=a_5+a_6x+a_7y+a_8xy$。试考察此位移模式的收敛性条件，并列出求解其系数 $a_1$ 至 $a_8$ 的方程。

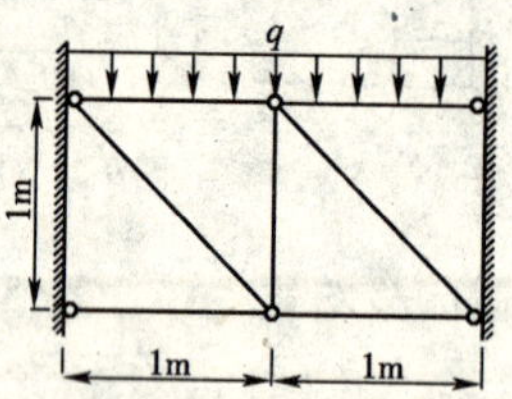


图 9-27 题 9-10 图

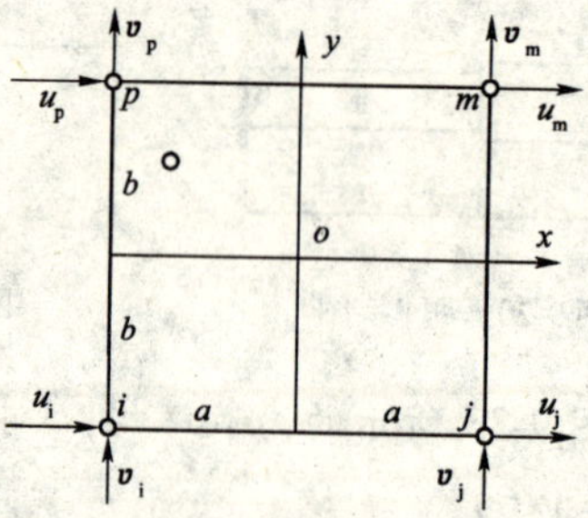


图 9-28 题 9-11 图

# 附录 A　泛函及变分法基本知识

## 附 A.1　泛函的极值问题

### 1. 函数的定义

当一个变量 $y$ 以确定的关系依赖另一个变量 $x$ 时，$x$ 称为自变量，$y$ 则称为 $x$ 的函数，记为 $y=f(x)$。

### 2. 泛函的定义

在数学物理变量中，有一种变量 $J$ 依赖于在一定约束条件下函数关系可以任意变化的函数 $y(x)$。而 $y(x)$ 称为**自变函数**。简单地说，泛函是依赖于自变函数的变量，或者可以称为函数的函数，记为

$$J = J[y(x)] \tag{附 A-1}$$

与一般函数一样，泛函也有极值和驻值问题。

**[例 A-1]**　已知平面问题中的两个点分别为 $A(x_1,y_1)$ 和 $B(x_2,y_2)$，求连接 $A$ 和 $B$ 两点最短的曲线方程。

**解：**这是数学上的最短线问题。连接 $A$、$B$ 两点的曲线长度 $l$ 为：

$$l = \int_A^B \mathrm{d}s = \int_A^B \sqrt{(\mathrm{d}x)^2 + (\mathrm{d}y)^2} = \int_{x_1}^{x_2} \sqrt{1 + (y'(x))^2}\mathrm{d}x = l[y(x)]$$

显然，曲线长度 $l$ 与曲线方程 $y(x)$ 有关，即 $l$ 依赖于自函数 $y(x)$。因而，$l$ 是一个泛函，问题变成了在 $y(x)$ 满足约束条件 $y(x_1)=y_1$ 和 $y(x_2)=y_2$ 下，求泛函 $l$ 的极值问题。

**[例 A-2]**　在平面问题中给定两点 $A$ 和 $B$，若将一条长度为 $l$ 的绳索挂在 $A$ 点和 $B$ 点上，设 $L>\overline{AB}$。假定绳索不可伸长，求绳索处于稳定平衡状态时的形式。

**解：**设绳索的曲线方程为：

$$y=f(x)$$

则绳索的长度为：

$$l = \int_A^B \mathrm{d}s = \int_{x_1}^{x_2} \sqrt{1 + (y'(x))^2}\mathrm{d}x = L[\mathrm{y}(x)]$$

绳索处于稳定平衡状态时，重心位置最低，即应有

$$\bar{y} = \frac{1}{l}\int_{x_1}^{x_2} y\sqrt{1 + (y'(x))^2}\mathrm{d}x = \bar{y}_{\max}$$

则问题归结为在 $y=f(x)$ 满足一定约束条件下求泛函 $\bar{y}$ 的极值问题，这个问题就是悬索线问题。

### 3. 泛函极值的定义

由上面两例可知，当自变函数 $f(x)$ 改变时，泛函的值也将随之改变。故可以仿照函数极

值的定义,定义**泛函的极值**。

若泛函 $J[y(x)]$ 在 $y=y_0(x)$ 的邻近任意一条曲线上的值都不大于或不小于 $J[y_0(x)]$,也就是在 $y_0(x)$ 的邻域 $|y_0(x)-y(x)|\leqslant\varepsilon$($\varepsilon$ 表示一个无穷小量)内的任一条曲线上的值,都存在

$$J[y(x)]-J[y_0(x)]\leqslant 0 \quad 或 \quad J[y(x)]-J[y_0(x)]\geqslant 0$$

则称泛函 $J[y(x)]$ 在曲线 $y=y_0(x)$ 上达到极小值或极大值,统称为极值。

凡是有关泛函的极值问题,数学方法称为**变分问题**。泛函变分主要是研究如何求泛函极值的方法。

## 附 A.2　函数与泛函的变分

### 1. 函数的微分与变分

1)函数的微分

设 $y(x)$ 是自变量 $x$ 的函数,由自变量增量 $\mathrm{d}x$ 所引起的函数增量的线性主部

$$\mathrm{d}y=y'(x)\,\mathrm{d}x$$

就称为函数的微分。在微分过程中,$y(x)$ 保持不变。

2)函数的变分

当 $y(x)$ 是某个泛数的自变函数时,函数本身可以直接变成与它相邻的容许函数 $\overline{y}(x)$:

$$\overline{y}(x)=y(x)+\varepsilon\eta(x) \tag{附 A-2}$$

这种因函数关系的直接变化所引起的自变函数的增量:

$$\delta y(x)=\overline{y}(x)-y(x)=\varepsilon\eta(x) \tag{附 A-3}$$

就称为**函数的一阶变分**,简称**变分**,记为 $\delta y$。在变分过程中,函数 $y(x)$ 的自变量 $x$ 保持不变,$\delta y$ 是同一阶自变量处相邻两条线间的函数值之差。

在以上函数变分的定义中,$\varepsilon$ 是与 $x$ 无关的无穷小量,$\eta(x)$ 是 $y(x)$ 的同类函数,即与 $y(x)$ 具有相同光滑程度的函数。

对具有 $n$ 阶连续导数的函数,变分和求导的顺序可以交换,即

$$\delta y^{(n)}=(\delta y)^{(n)}=\varepsilon\eta^{(n)}(x) \tag{附 A-4}$$

$$\delta[l(y)]=l(\delta y)=\varepsilon l[\eta(x)] \tag{附 A-5}$$

式中,$l$ 表示某一线性微分算子。

### 2. 复合函数的变分定义

设复合函数 $F(x,y,y',\cdots,y^{(n)})$ 与自变量 $x$、自变函数 $y(x)$ 及其各阶导数有关,由自变函数的变分 $\delta y$ 所引起的函数增量 $\Delta F$ 的线性主部,就称为**复合函数**的一阶变分,记为 $\delta F$,且

$$\delta F=\frac{\partial F}{\partial y}\delta y+\frac{\partial F}{\partial y}\delta y'+\frac{\partial F}{\partial y'}\delta y'+\cdots+\frac{\partial F}{\partial y^{(n)}}\delta y^{(n)} \tag{附 A-6}$$

符合函数的高阶变分定义,即

$$\delta^2 F=\delta(\delta F);\cdots;\delta^{(n)}F=\delta(\delta^{(n-1)}F) \tag{附 A-7}$$

应当指出,由于变分可以独立地选择,与自变函数及其各阶导数无关,故有

$$\frac{\partial}{\partial \dot{y}^{(L)}}(\delta y^{(m)}) = \frac{\partial}{\partial y^{(L)}}(\delta y)^{(m)} = 0$$

### 3. 泛函的变分定义

若把复合函数 $F$ 在其定义域 $a \leqslant x \leqslant b$ 内积分，则定义了一个依赖于自变函数 $y(x)$ 的泛函：

$$J = \int_a^b F(x, y, y', \cdots, y^{(n)})\,\mathrm{d}x \tag{附 A-8}$$

注：式(附 A-8)积分形式的泛函是最常见的泛函，但并不是任何泛函都能用积分形式来表示。泛函 $J$ 与复合函数 $F$ 的区别在于：

①复合函数 $F$ 依赖于自变量 $x$，而泛函 $J$ 则依赖于自变函数 $y(x)$；

②若给定自变量 $x$，复合函数 $F$ 给定，而泛函 $J$ 则不给定。

以上泛函和复合函数的定义，可以给出泛函的变分定义如下：

被积函数 $F$ 的一阶变分在其定义域 $a \leqslant x \leqslant b$ 上的定积分，就称为由式(附 A-8)定义的泛函 $J$ 的**一阶变分**，简称为**泛函的变分**，表示为

$$\delta J = \int_a^b \left( \frac{\partial F}{\partial y}\delta y + \frac{\partial F}{\partial y}\delta y' + \frac{\partial F}{\partial y'}\delta y' + \cdots + \frac{\partial F}{\partial y^{(n)}}\delta y^{(n)}\,\mathrm{d}x \right) \tag{附 A-9}$$

类似的，可以定义各阶泛函的变分：

$$\delta^k J = \int_a^b \delta^k F \mathrm{d}x \tag{附 A-10}$$

当函数 $y(x)$ 及其导数 $y'(x)$、$\cdots$、$y^{(n)}(x)$ 分别具有变分 $\delta y$ 和 $\delta y'$、$\cdots$、$\delta y^{(n)}$ 时，泛函的增量显然为：

$$\delta J = \int_a^b (\delta f)\,\mathrm{d}x \quad 或 \quad \delta \int_a^b f \mathrm{d}x = \int_a^b (\delta f)\,\mathrm{d}x$$

这就是说，只要积分的上下限保持不变，变分的运算与定积分的运算可以变换次序。

## 附 A.3 变 分 法

### 1. 变分法的基本问题

在满足约束条件的容许函数中，求能使泛函 $J[y(x)]$ 取极值的自变函数 $y_0(x)$，若 $\Delta J > 0$，则为极小值；若 $\Delta J < 0$，则为极大值。其中

$$\Delta J = J[y(x)] - J[y_0(x)]$$

式中，$y(x)$ 为 $y_0(x)$ 邻域内的任意容许函数。

与函数极值的判别法则类似，泛函取极值的必要条件(称为驻值条件)为泛函的一阶变分等于零，即

$$\delta J = 0 \tag{附 A-11}$$

泛函取极值的充分条件为：$\delta J = 0$，若 $\delta^2 J > 0$，则为极小值；若 $\delta^2 J < 0$，则为极大值。

在实际应用中，通常只考虑驻值条件，充分条件则由物理问题上对极值性的判别来代表。

### 2. 变分法的基本预备定理

设 $\phi(x)$ 是闭区间 $a \leqslant x \leqslant b$ 上的连续函数，$\delta y$ 是该闭区间上的自变函数 $y(x)$ 的变分，如果

$\delta y$ 在满足约束条件的前提下任意变化时,式(附 A-12)始终成立:

$$\int_a^b \phi(x)\delta y \mathrm{d}x = 0 \tag{附 A-12}$$

则被积函数 $\phi(x)$ 在闭区间 $a \leqslant x \leqslant b$ 上必定处处为零。

这个定理的证明可以采取反证法。假设被积函数 $\phi(x)$ 不处处为零,则由于 $\delta y$ 的任意性,总是可以找到这样的 $\delta y$,使之与 $\phi(x)$ 在闭区间 $a \leqslant x \leqslant b$ 上的变化趋势一致,从而使得积分

$$\int_a^b \phi(x)\delta y \mathrm{d}x > 0$$

这就与问题给出的条件相反,因而 $\phi(x)$ 必定处处为零。

### 3. 欧拉解法

讨论如下的一个泛函:

$$J[y(x)] = \int_a^b F(x,y,y',y'')\mathrm{d}x + Qy(b) \tag{附 A-13}$$

假设泛函的自变函数 $y(x)$ 在 $x=a$ 处满足以下约束条件:

$$y(a)=m, \quad y'(a)=n$$

而在 $x=b$ 处为自由边界,求泛函 $J[y(x)]$ 的极值。

对此问题,欧拉给出了如下的求解方法。即根据问题的约束条件,有

$$\delta y(a)=0, \qquad \delta y'(a)=0$$

$$\delta y(b)\neq 0, \qquad \delta y'(b)\neq 0$$

根据泛函的驻值条件,有 $\delta J=0$,把式(附 A-13)代入,利用泛函和函数的一阶变分定义,有

$$\delta J = \int_a^b \delta F(x,y,y',y'')\mathrm{d}x + Q\delta y(b) = \int_a^b (F_y\delta y + F_{y'}\delta y' + F_{y''}\delta y'')\mathrm{d}x + Q\delta y(b) = 0 \tag{附 A-14}$$

利用分部积分公式,有

$$\int_a^b F_{y'}\delta y'\mathrm{d}x = -\int_a^b (F_{y'})'\delta y\mathrm{d}x + F_{y'}\delta y\Big|_a^b$$

$$\int_a^b F_{y''}\delta y''\mathrm{d}x = -\int_a^b (F_{y''})'\delta y'\mathrm{d}x + F_{y''}\delta y'\Big|_a^b$$

$$= -\int_a^b (F_{y''})''\delta y\mathrm{d}x - (F_{y''})'\delta y\Big|_a^b + F_{y''}\delta y'\Big|_a^b$$

代入式(附 A-14),经整理可得

$$\delta J = \int_a^b\left(F_y - \frac{\mathrm{d}}{\mathrm{d}x}F_{y'} + \frac{\mathrm{d}^2}{\mathrm{d}x^2}F_{y''}\right)\delta y(x)\mathrm{d}x + \left[\left(F_{y'} - \frac{\mathrm{d}}{\mathrm{d}x}F_{y''}\right)\Big|^b + Q\right]\delta y(b)$$

$$+ F_{y''}\Big|^b \delta' y(b) - \left(F_{y'} - \frac{\mathrm{d}}{\mathrm{d}x}F_{y''}\right)\Big|_a \delta y(a) - F_{y''}\Big|_a \delta' y(a) = 0$$

利用问题的约束条件,上式可简化为:

$$\delta J = \int_a^b\left(F_y - \frac{\mathrm{d}}{\mathrm{d}x}F_{y'} + \frac{\mathrm{d}^2}{\mathrm{d}x^2}F_{y''}\right)\delta y(x)\mathrm{d}x + \left[\left(F_{y'} - \frac{\mathrm{d}}{\mathrm{d}x}F_{y''}\right)\Big|^b + Q\right]\delta y(b) + F_{y''}\Big|^b \delta' y(b) = 0$$

由 $\delta y(x)$、$\delta y(b)$ 和 $\delta' y(b)$ 的相互独立性,并根据上述的预备定理,最后推得

$$F_y - \frac{\mathrm{d}}{\mathrm{d}x}F_{y'} + \frac{\mathrm{d}^2}{\mathrm{d}x^2}F_{y''} = 0 \tag{附 A-15}$$

以及

$$F_{y'(b)} - \frac{\mathrm{d}}{\mathrm{d}x}F_{y''(b)} + Q = 0, F_{y''(b)} = 0 \qquad \text{(附 A-16)}$$

方程(附 A-15)称为欧拉微分方程,而关系式(附 A-16)则称为自然边界条件。

欧拉微分方程实际上就是复合函数 $F$ 在定义域内所要满足的微分方程,而自然边界条件实际上是复合函数 $F$ 在自由边界处所要满足的附加条件。它们都是由泛函驻值条件导出的。这样,原来求泛函极值的变分问题就变为在自然边界条件下求解欧拉微分方程的边值问题。这就是变分问题的**欧拉解法**。

**[例 A-3]** 设曲线 $y = y(x)$ 被指定通过 $A$、$B$ 两点,也就是 $y(x)$ 具有边界条件 $y(a) = m$, $y(b) = n$。试由泛函 $J(y(x)) = \int_a^b F(x, y, y')\mathrm{d}x$ 的极值条件(过曲线 $A$、$B$ 两点距离最短),求出函数 $y(x)$。

**解:** 在这里

$$J = l = \int_a^b \sqrt{1 + (y')^2}\mathrm{d}x$$

于是由式(附 A-13),可知

$$F = \sqrt{1 + (y')^2}$$

从而由式(附 A-15)的极值条件,有

$$0 - \frac{\mathrm{d}}{\mathrm{d}x}\left[\frac{y'}{\sqrt{1 + (y')^2}}\right] = 0$$

即

$$\frac{y'}{\sqrt{1 + (y')^2}} = C$$

其中,$C$ 是任意常数。求解这一方程,得 $y' = C_1$,从而得

$$y = y(x) = C_1 x + C_2$$

可见,最短曲线为一直线。任意常数 $C_1$、$C_2$ 可由边界条件求得。

# 附录 B　应用变分原理推导有限单元法基本方程

上面导出的有限单元法,可以看成是结构力学位移法在离散化结构中的推广应用。其中导出的求解结点位移的基本方程,是结点的平衡方程组。这种导出方法的特点是,物理概念明确,步骤清晰,容易为工程技术人员所理解。

但在有限单元法中,应用更为广泛的是从变分原理中推导出有限单元法的基本方程。这就是将连续体中的经典变分原理推广应用到离散化结构。下面来说明如何将位移变分法应用到三结点三角形单元组成的离散化结构。

根据前面所述,经典变分法可以表示为,平面弹性体中的形变势能(内力势能),可以用矩阵表示为:

$$U = \frac{1}{2}\iint_A \boldsymbol{\varepsilon}^{\mathrm{T}}\boldsymbol{\sigma}\mathrm{d}x\mathrm{d}yt \tag{附 B-1}$$

外力势能可以用矩阵表示为:

$$V = -\left(d^{\mathrm{T}}f_{\mathrm{p}}t + \int_{s_\sigma} d^{\mathrm{t}}\bar{f}\mathrm{d}s \cdot t + \iint_A d^{\mathrm{T}}f\mathrm{d}x\mathrm{d}yt\right) \tag{附 B-2}$$

其中,$f$ 是体力,$\bar{f}$ 是面力;$f_{\mathrm{p}}$ 是单位厚度上作用的集中外力,作用于$(x,y)$点,相应的位移是 $d$;$A$ 是平面弹性体的体积;$s_\sigma$ 是受面力 $\bar{f}$ 作用的边界线。

弹性体的总势能是:

$$E_{\mathrm{p}} = U + V \tag{附 B-3}$$

极小势能原理可以表达为:

$$E_{\mathrm{p}} = \min, \quad 或 \quad \delta E_{\mathrm{p}} = 0,或\frac{\partial E_{\mathrm{P}}}{\partial d} = 0 \tag{附 B-4}$$

其中,泛函 $E_{\mathrm{p}}$ 的自变量是位移函数 $d=(u,v)^{\mathrm{T}}$。

现在应用极小势能原理来导出有限单元法的基本方程。首先,取结点位移为基本未知量,对于一个单元,$\delta^{\mathrm{e}}=(\delta_{\mathrm{i}}\ \ \delta_{\mathrm{j}}\ \ \delta_{\mathrm{m}})^{\mathrm{T}}$;然后,建立单元的位移模式 $d=N\delta^{\mathrm{e}}$;再次,由几何方程求出单元的应变 $\boldsymbol{\varepsilon}=B\delta^{\mathrm{e}}$;最后,由物理方程求出单元的应力 $\boldsymbol{\sigma}=S\delta^{\mathrm{e}}=DB\delta^{\mathrm{e}}$。

由于连续体已经变换为离散化结构,它的势能应当是各单元势能的总和。因此,离散化结构的形变势能是:

$$\begin{aligned} U &= \sum_e U^{\mathrm{e}} = \sum_e \frac{1}{2}\iint_{A_{\mathrm{e}}}\boldsymbol{\varepsilon}^{\mathrm{T}}\boldsymbol{\sigma}\mathrm{d}x\mathrm{d}yt = \sum_e \frac{1}{2}\iint_{A_{\mathrm{e}}}(B\delta^{\mathrm{e}})^{\mathrm{T}}DB\delta^{\mathrm{e}}\boldsymbol{\varepsilon}^{\mathrm{T}}\mathrm{d}x\mathrm{d}yt \\ &= \sum_e \frac{1}{2}(\delta^{\mathrm{e}})^{\mathrm{T}}\left(\iint_{A_{\mathrm{e}}}B^{\mathrm{T}}DB\mathrm{d}x\mathrm{d}yt\right)\delta^{\mathrm{e}} \end{aligned}$$

其中,$A_{\mathrm{e}}$ 是三角形单元的面积。引用式(9-68)的记号,得

$$U = \sum_e \frac{1}{2}(\delta^{\mathrm{e}})^{\mathrm{T}}k\delta^{\mathrm{e}} \tag{附 B-5}$$

同样,外力势能是:

$$V = \sum_e V^e = -\sum_e (d^T f_p t + \int_{s_e} d^T \bar{f} ds t + \iint_{A_e} d^T f dx dy t)$$

$$V = -\sum_e (\delta^e)^T (N^T f_p t + \int_{s_e} N^T \bar{f} ds t + \iint_{A_e} d^T f dx dy t)$$

其中，$S_e$ 是三角形单元中受面力 $\bar{f}$ 作用的边界。引用式(9-78)、式(9-80)、式(9-82)中的记号，用 $F_L^e$ 表示上式中右边括号内的项，则

$$V = -\sum_e \frac{1}{2}(\delta^e)^T F_L^e \tag{附 B-6}$$

将式(附 B-5)和式(附 B-6)代入总势能式(附 B-3)，得到

$$E_p = U + V = \sum_e \left[\frac{1}{2}(\delta^e)^T k \delta^e - (\delta^e)^T F_L^e\right] \tag{附 B-7}$$

并注意，对于离散化结构，泛函 $E_p$ 的自变量为结点位移 $\delta_i (i = 1,2,3,\cdots,n)$。因此，极小势能原理可表达为：

$$\frac{\partial E_P}{\partial \delta_i} = 0 \qquad (i = 1,2,3,\cdots,n) \tag{附 B-8}$$

引用矩阵的运算公式，设 $a$、$b$ 均为矩阵，则

$$\frac{\partial}{\partial a}(a^T b a) = 2ba \tag{附 B-9}$$

$$\frac{\partial}{\partial a}(a^T c) = c \tag{附 B-10}$$

总势能 $E_p$[式(附 B-7)]可以看成是 $\delta^e$ 的函数，而 $\delta^e = (\delta_i \quad \delta_j \quad \delta_m)^T$。因此，极值条件式(附 B-8)成为：

$$\left(\frac{\partial E_P}{\partial \delta^e}\right)^T \frac{\partial \delta^e}{\partial \delta_i} = 0 \quad (i = 1,2,3,\cdots,n) \tag{附 B-11}$$

应用式(附 B-9)和式(附 B-10)，将式(附 B-7)的总势能 $E_p$ 对 $\delta^e$ 求导，得出

$$\frac{\partial E_P}{\partial \delta^e} = \sum_e (k\delta^e - F_L^e) = \sum_e \left[\begin{pmatrix} F_i \\ F_j \\ F_m \end{pmatrix} - \begin{pmatrix} F_{Li} \\ F_{Lj} \\ F_{Lm} \end{pmatrix}\right] \tag{附 B-12}$$

以及 $\delta^e$ 对 $\delta_i$ 的求导，得

$$\frac{\partial_e}{\partial \delta_i} = \begin{Bmatrix} 1 \\ 0 \\ 0 \end{Bmatrix} \tag{附 B-13}$$

再将式(附 B-12)的转置及式(附 B-13)代入(附 B-11)，便得到

$$\sum_e (F_i - F_{Li}) = 0 \quad (i = 1,2,\cdots,n)$$

或

$$\sum_e F_i = \sum_e F_{Li} \quad (i = 1,2,\cdots,n) \tag{附 B-14}$$

从上式可见，原来连续体的总势能极值条件，已经代替为总势能在所有结点处的极值条件。条件式(附 B-14)与前面导出的有限单元基本方程式(9-84)及式(9-87)完全一致。

由此可见，对于各种力学问题，只要存在与微分方程对应的变分原理，都可以从变分原理导出有限单元法的基本方程，并进行求解。

# 参考文献


[1] 徐芝纶. 弹性力学简明教程. 北京:高等教育出版社,2002.

[2] 卓伟东. 应用弹性力学. 北京:科学出版社,2004.

[3] 蒋玉川,张建海,李章政. 弹性力学与有限元法. 北京:科学出版社,2006.

[4] 李亚智,赵美英,万小朋. 有限元法基础与程序设计. 北京:科学出版社,2004.

[5] 徐秉业. 弹性与塑性力学例题与习题. 北京:机械工业出版社,1981.

[6] T. R. Chdrupatla, A. D. Belegundu. Intruductiong to Finite Element in Engineering. 北京:机械工业出版社,2005.